大电网安全稳定智能分析与控制

——基于电力大数据和人工智能技术

胡伟　张磊　董昱　黄悦华　孙云超　马坤　著

中国电力出版社
CHINA ELECTRIC POWER PRESS

内 容 提 要

随着电网规模不断扩大、电压等级的不断提高、高比例可再生能源广泛接入、电网交直流互联模式日益复杂、电力系统中受控设备急剧增多，加上多源异构海量调度数据未能深入分析利用、控制模式难以精细化和准确化，导致现有电力系统分析和控制手段面临很大的挑战。目前传统的电力系统分析、调度和控制手段已经难以满足当前高电压、交直流、多能源的电网需求，有必要利用大数据和人工智能等新兴技术，充分利用电力系统运行过程中监控和量测系统产生的多源、异构海量数据，实现对电网运行状态的智能分析和判断，并自主给出电网运行的优化调度和控制策略，从而实现电力系统的智能分析与控制。本书利用人工智能和大数据技术在处理海量数据和不准确物理模型方面的优势，对采集到的电网异常数据进行智能校核，对电网运行进行智能安全分析和评估，研究潜在的安全稳定问题，提高大电网的可观性和可控性，构建了完整的大电网安全稳定智能分析与控制研究体系。

全书共包括 8 章，分别为概述、电力大数据及人工智能技术、大电网安全稳定智能分析数据预处理技术、电力系统运行控制性能的在线评估、电网安全属性特征选择方法、安全域概念下的电网安全评估方法、稳定域下基于深度学习的电力系统暂态稳定评估和基于稳定评估规则的电力系统实时紧急控制方法。

本书可供电力系统从事规划、设计、运行和管理的人员在实际工作中参考，也可供高等院校电气工程相关专业的师生学习参考。

图书在版编目（CIP）数据

大电网安全稳定智能分析与控制：基于电力大数据和人工智能技术 / 胡伟等著 . -- 北京：中国电力出版社，2025. 4. -- ISBN 978-7-5198-9496-2

Ⅰ . TM7-39

中国国家版本馆 CIP 数据核字第 2025H97Z40 号

出版发行：中国电力出版社
地　　址：北京市东城区北京站西街 19 号（邮政编码 100005）
网　　址：http://www.cepp.sgcc.com.cn
责任编辑：邓慧都　罗　艳（010-63412315）
责任校对：黄　蓓　张晨荻
装帧设计：郝晓燕
责任印制：石　雷

印　　刷：北京雁林吉兆印刷有限公司
版　　次：2025 年 4 月第一版
印　　次：2025 年 4 月北京第一次印刷
开　　本：710 毫米 ×1000 毫米　16 开本
印　　张：19
字　　数：361 千字
定　　价：120.00 元

前言

随着世界各国可再生能源的快速发展，电能占终端能源消费比重不断提高，使得电力系统不断快速发展，以满足对可再生能源的接纳能力和保障可持续的电力供应能力。但是随着电网规模不断扩大、电压等级的不断提高、高比例可再生能源广泛接入、电网交直流互联模式日益复杂、电力系统中受控设备急剧增多，加上多源异构海量调度数据未能深入分析利用、控制模式难以精细化和准确化，导致现有电力系统分析和控制手段面临很大的挑战。目前传统的电力系统分析、调度和控制手段已经难以满足当前高电压、交直流、多能源的电网需求，有必要利用大数据和人工智能等新兴技术，充分利用电力系统运行过程中监控系统、量测系统和方式计算系统等产生的多源、异构的海量数据，实现对电网运行状态的深度挖掘和智能分析与判断，并自动给出电网运行的优化调度和控制策略，从而实现电力系统的智能分析与控制。

本书面向我国电力系统的安全 – 优化 – 经济运行的重大需求，针对多因素多时空尺度下电力系统智能协调优化运行的科学问题和关键技术，积极开展跨学科交叉和科学前沿的研究。本书有效利用人工智能和大数据技术在处理海量数据和不准确物理模型方面的优势，对采集到的电网异常数据进行智能校核与分析，对电网运行进行智能安全分析和评估，自动发掘潜在的安全稳定问题，提高大电网的可观性和可控性，构建了完整的大电网安全稳定智能分析与控制研究体系。

本书所介绍的研究成果，大部分来源于清华大学电机工程与应用电子技术系和三峡大学电气和新能源学院承担的国家重点研发计划项目、国家高技术研究发展计划（863 计划）项目、国家自然科学基金项目以及国家电网有限公司重点科技项目等多项科学技术项目的研究成果。本书详细地论述了电力大数据和人工智能技术在电力系统运行性能评估、电网安全性和电网稳定性等三方面的应用，涵盖内容全面。本书提出了大电网安全稳定智能分析的海量数据预处理和智能校核技术，保障了电力大数据的正确性和有效性；其次开展了电力系统运行控制性能的智能在线评估，包括一次调频、二次调频和无功电压控制在线监测评估；然后针对安全域概念下的电网安全评估方法开展研究，提出了基于人工智能和电力大数据技术的电网安全属性特征选择方法，以及基于 SVM 算法和增量学习的动态安全域智能在线拟和与自动更新方法；最后提出基于深度学习的电力系统暂态稳定智能评估方法，并基于稳定评估规则提出了电力系统实时紧急控制策略。本书的论述过程由浅入深，包含丰富的算例。书中提出的大量人工智能分析和控制方法已通过实验室仿真和实际工程实践的验证，具有很强的实用性。

本书可供电力系统从事规划、设计、运行和管理的人员在实际工作中参考，也可供高等院校电气工程相关专业的师生学习参考。

本书的研究成果大部分来源于作者所在的课题组及他们指导的诸多研究生共同工作所得，同时书中涉及的部分研究工作得到了清华大学电机工程与应用电子技术系的闵勇、鲁宗相、陈磊等老师，三峡大学电气和新能源学院的李振华、杨楠等老师，以及华北电力大学电气与电子工程学院郑乐老师的大力帮助与支持；另外国家电力调度控制中心、国家电网有限公司华中分部、国网湖北省电力有限公司、国网四川省电力有限公司、国网江苏省电力有限公司、国网宁夏电力有限公司、中国电力科学研究院的诸多专家也提出了宝贵意见，在此一并向他们表示感谢。

在项目研究和本书编写过程中，还得到了华中科技大学、浙江大学、武汉大学、东北电力大学和山东大学的诸多老师的热情帮助；中国电力出版社对本书的出版也给予了宝贵的支持和帮助，谨借此机会表达深深的谢意。

由于作者水平有限，且部分研究工作尚待深入，书中难免存在疏漏和不当之处，恳请读者们批评指正。

著者

2024 年 10 月

目 录

前言

5　电网安全属性特征选择方法 ························ 116

6　安全域概念下的电网安全评估方法 ················· 162

7 稳定域下基于深度学习的电力系统暂态稳定评估 …… 200

8 基于稳定评估规则的电力系统实时紧急控制方法 …… 245

概述

1.1　大电网安全稳定智能分析与控制的背景

随着全国联网规模的不断扩大和电压等级的不断提高，电网互联模式日益复杂，电力系统中受控器件急剧增多，控制模式难以协调优化统一，电网设备的老化和损坏带来系统故障隐患。以上各种因素使得电网安全稳定运行难度不断增大，停电事故时有发生。大停电事故的开端往往伴随着暂态故障的发生，一旦电力调度控制中心无法对暂态故障的后果做出正确的预判并及时干预，电网的暂态稳定性将会被破坏，极易发展成为后续的连锁故障，造成大面积停电事故的发生。导致这些大停电的一个重要因素是在事故开始阶段，电网的调控中心无法迅速预测故障后系统暂态稳定性并采取有效的控制措施隔离故障避免事故扩大，甚至由于调度人员的误操作加剧事故的发展。同时由于电力系统事故发展速度快、时间短、涉及范围广，依靠人为的判断和操作不能达到准确可靠，准确而有效的故障后自动安全稳定分析和紧急控制决策是未来电力系统必不可少的环节之一。因此，采用适当的技术方法和手段，分析当前电力系统，特别是大规模特高压交直流混联系统的特性，研究潜在的安全稳定问题，提高电力系统的可视性和可控性，是当前电网安全运行分析的重点。

电力系统建模是公认的几大难题之一，尤其是大型电网模型没有统一的结论，难以从理论推演的角度对电力系统进行稳定性分析。根据目前电力系统理论计算所得到的电网稳定分析结果往往过于保守，既不利于电网的高效节能运行，也不利于未来的规划发展。因此，有必要开拓新的思路，从更实际的角度和方法出发，来对电力系统稳定性进行更有效合理的分析。得益于电力系统数据采集系统和通信技术的发展，目前广泛应用于各级电力系统的数据采集与监视控制系统（Sapervisory Control Aad Data Acquisition，SCADA）和广域测量系统（Wide Area Measurement System，WAMS）系统已经积累了大量电力系统实际运行的数据。但是，由于缺乏足够的分析手段，难以从海量的数据中进一步挖掘出有用的信息。利用数据挖掘技术和可视化技术，对电力系统中实际测量或仿真计算得到的大量数据进行分析，可以将这些数据转化成有用的信息和知识，改变"数据丰富，但信息贫乏"的现状，也能使采集得到的大量数据物尽其用。形象地说，利用大数据和数据挖掘可以建立起一个经验丰富的机器调度员，它将利用从海量数据中分析和提取到的知识对电力系统进行实时指挥和控制。

本书利用数据挖掘技术和人工智能方法在处理海量数据和不准确物理模型方面的优势，挖掘暂态稳定计算过程中积累的海量数据，学习暂态数据中包含的稳定信息和规则，利用学习到的稳定规则可以实现故障后暂态稳定性的快速、准确评估以及控制决策，可以为电网调度和控制提供重要的决策依据。

1.2 大电网安全稳定智能分析及控制决策现状

1.2.1 电力系统安全性分析的研究现状

长久以来，对电网安全稳定问题进行分析的有效方法是逐点法，即按照指定运行方式在固定的故障方式下，通过仿真计算得到结果的一类方法，通过选定典型运行方式、典型故障，逐点验证该运行方式是否满足安全稳定约束。这些安全稳定约束包括：静态稳定约束、小扰动稳定约束、暂态稳定约束等。校验安全稳定约束的方法有很多，以暂态稳定评估为例，有仿真法、直接法、故障响应法等。在逐点法的基础上，若将满足系统安全稳定运行条件的运行点用域的概念来描述，就引出了安全域方法。从某种程度上来说，实际系统中所使用的安全稳定运行规则也是将系统的整体运行空间划分成了"可安全稳定运行"的空间和"不可安全稳定运行"的空间，也可以视为一种保守性很强的安全域，实际上它是电网真实安全域的子集。安全域指的是能够在预想故障集下保证系统安全稳定的运行点的集合，分为保证静态稳定的静态安全域、保证电压稳定的安全域、保证小扰动稳定的安全域、保证暂态稳定的动态安全域，实际电网需要运行在由以上安全域交集构成的综合安全域上。由于暂态稳定在电力系统中的重要性，动态安全域的研究一直是重点也是难点。

由此，电网安全稳定问题的研究就可以转化为对安全域的研究。若能够获取安全域的边界，则运行在安全域内的运行点都可以保证系统在预想故障集上能够稳定运行，运行在安全域外的运行点的系统会出现安全稳定问题。据此就可以很方便地实现电网的在线安全评估。从域的角度研究电网安全稳定问题还能提供系统当前运行点距离安全域边界的距离信息，从而能够提供安全裕度和最优控制信息，更加有利于实现电网的预防控制，起到很好的安全预警的作用。

在动态安全域的基本性质方面，由于安全域在数学描述中进一步包含了机电暂态过程，且具有特高维度和非线性关联关系等相关性质，所以无法直接从数学解析上求解安全域的表达式和几何性质。有关文献证明了多个超平面叠加的方式可以实现动态安全域边界的近似，也即安全域可以表示为以下的超平面叠加的形式，见式（1–1）。

$$\sum_{i=1}^{n} \alpha_{j,i} P_i + \sum_{i=0}^{n} \beta_{j,i} Q_i 1, \forall j \in \{1, \cdots, m_s\} \qquad (1\text{–}1)$$

式中：$\alpha_{j,i}$ 和 $\beta_{j,i}$ 表示对应的常数系数；m_s 表示安全域边界面的总数。而且在给定系统的拓扑连接方式和元件的情况下，对应着唯一连通且确定的安全域。

有关文献进一步考虑了动态安全域所具有的微分拓扑特性，论证了功率空间的电力系统动态安全域存在以下特点。

（1）内部连通，动态安全域内部具有稠密的特点，没有空洞。

（2）边界连续，即 $\partial \Omega_d$ 表示的安全域边界不会缠绕交错，也不存在扭曲扩展性，在同一种失稳模式下其对应的局部表面也是连续的。

（3）边界紧致，即 $\partial \Omega_d$ 可以是有限个失稳子模式表面的并集所共同决定的。

有关文献通过仿真分析证明了系统在不同出力比例下对应的安全域边界存在平行关系，且超平面变动的方向和原始的不稳定平衡点有关。另有文献通过对交直流并联系统的分析说明了动态安全域的参数范围，一般可以包括母线电气量和线路的潮流量等相关指标。

在动态安全域求解方面，分别有基于仿真分析的逐点法和基于简化模型和能量函数的解析法，下面分别做介绍。

（1）逐点法。逐点法是指通过大量的仿真计算获取临界点，再结合动态安全域具有的基本性质对边界进行近似，即拟合得到式（1–2）。

$$\sum_{i=1}^{n} \alpha_i P_i = 1 \qquad (1\text{–}2)$$

式中：α_i 是超平面方程的常数系数项；P_1，$\cdots$，P_n 分别表示系统在故障前的临界有功注入向量，这组向量能够使得系统满足暂态稳定，并且一般以 $\sum_{i=1}^{n} \alpha_i P_i < 1$ 为满足暂态稳定，反之则为不满足暂态稳定要求。

式中通过 α_i 的绝对值大小衡量相关节点的节点注入功率 P_i 对系统整体稳定性的影响，若系数为正则说明功率增加不利于系统进一步保持暂态稳定，运行点会朝着偏离安全域方向运动，反之则会改善系统的暂态稳定特性。

有关文献首次将正交选点搜索方向和最小二乘法结合，并且使用简化的势能界面方法快速对单次结果进行判断，而拟合出了实用的动态安全域范围，但所能处理的系统规模相对较小。相关文献在此基础上将求解方法拓展，通过对电机双轴反应、调速系统以及 SVC 等模型的简化，实现了对华中电网实际系统的动态安全域有效求解，进一步证实了超平面的相关性质，但是实际对应的搜索空间仍然较大。

（2）解析法。解析法主要针对逐点法搜索空间较大的问题，考虑从电力系统的模型机理出发对动态安全域的研究给出解析性的描述。有关文献对电力系统的结构模型进行了关键保留和线性化，使用系统的初始状态以及暂态能量函数直接法，在工程精度内给出了一种动态安全域边界求解的解析表达式求解方法。有关文献进一步考虑了事故后系统轨迹切向量与临界注入条件对应的暂态稳定域边界法向量之间的正交性，以超平面的形式给出了对应的解析式。有关文献进一步将功率注入空间从有功扩展到复功率空间，实现了更高精度的安全域求解，此时超平面的描述形式变为

$$\sum_{i=1}^{n} (\alpha_i P_i + \beta_i Q_i) = 1 \qquad （1-3）$$

有关文献进一步研究了临界超平面的描述方式，对某一特定的失稳模式其临界方程进一步扩展为

$$\sum_{\forall i \in G} (\alpha_i P_i + \beta_i V_i) + \sum_{\forall j \in L} (\eta_j P_j + \lambda_j Q_j) + \mu P_d = 1 \qquad （1-4）$$

即此时超平面由发电机节点的有功与电压、负荷节点的有功与无功，以及直流传输功率共同决定。

有关文献基于 PMU 系统数据的特性研究了以相角和电压为输入空间的动态安全域特性，有利于实现对应的预警功能。有关文献进一步考虑新能源高比例接入场景的需求，研究了含有双馈风机系统的动态安全域求解方法，时域仿真的结果进一步证明了其精度和超平面性质的合理性。有关文献使用失稳模式识别的求解方法改善了动态安全域求解过程中对临界点的搜索策略，提高了安全域求解的效率，但所提方法在极端系统情况下会提高搜索负担。

在动态安全域的应用方面，动态安全域具有的超平面性质可以大幅提高电力系统优化计算、稳定控制、安全监控等环节的计算效率。有关文献考虑在将动态安全域的求解结果应用于紧急控制措施，使用安全域边界所需的迁移距离大小来对不同控制措施的有效性进行评估，相比于一般约束方法大幅提高了计算效率。有关文献从可视化角度开发了动态安全域评估工具 PSDSR 以便调度人员实时获取并利用全局信息，从而进一步确定当前条件下有效的调度控制策略。

1.2.2　电力系统暂态稳定评估方法研究现状

目前，常用的暂态稳定评估方法有基于大规模仿真计算的时域仿真法和基

于李雅普诺夫稳定性理论的直接法。时域仿真法首先建立电力系统所有元件详细的数学模型，然后利用数值计算工具求解大规模微分代数方程组，计算得到暂态事故发生前后系统状态变量和代数变量的时间响应曲线，从而评估暂态稳定性。时域仿真法具有计算精度高的特点，因此一直以来作为检验其他暂态稳定评估方法的标准。但是，时域仿真法计算量大、耗时长，只能用于离线计算，无法满足在线评估暂态稳定性的要求。直接法构造一个称为"能量函数"（Energy Function）的函数来反映电力系统的暂态特征，是判断暂态稳定的充分不必要条件，具有十分严密的数学基础。但是，"能量函数"的形式非常复杂，目前还没有统一的构造方法，因此直接法只能应用于一些较简单的系统，使用复杂模型下复杂系统很难找到满足条件的"能量函数"来对系统的暂态稳定性进行判别。因此，现有的方法无法满足在线暂态稳定评估对于计算快速和评估准确性的要求，新的在线暂态稳定评估方法亟待研究。

1.2.2.1 基于时域仿真的暂态稳定评估方法

时域仿真法先建立电力系统各个元件、电力网络和故障以及控制系统的数学模型，然后用一组微分代数方程组（Differential Algeraic Equation，DAE）来表示电力系统在遭受大扰动前后的动态过程，如式（1-5）和式（1-6）所示。

$$\dot{x} = f(x, y, u) \tag{1-5}$$

$$0 = g(x, y, u) \tag{1-6}$$

式中：x 是系统的状态变量，如发电机的功角、转速、励磁电压等等；y 是系统的代数变量，如母线电压、相角等；u 是系统的控制变量，如原动机输出、负荷水平等。

式（1-5）为一组微分方程，包含了原动机、发电机、励磁、调速器和系统中其他动态元件以及控制系统的动态过程；式（1-6）为一组代数方程，包含了网络与发电机之间的潮流交换以及网络内部的潮流约束。

建立起了系统模型后，时域仿真法会首先计算故障前系统的稳态潮流解，作为微分方程的初值，然后通过计算机来求解式（1-5）和式（1-6）的数值解，计算状态变量随时间的变化轨迹。然后，研究人员根据各个发电机相对功角曲线的收敛或者发散来判断系统的稳定情况，如一旦某一台或多台机组与系统中剩余机组的功角差超过一定阈值，即判定为暂态失稳。阈值的选取由研究人员的经验判断，从 140° 至 360° 均有文献报道。研究暂态稳定的时间区间通常是扰动结束后 3 ～ 5s，对于有潜在区间振荡模式的大型电力系统，时间区间可以延长至 10 ～ 20s。

为了减少计算时间，主要可以从两个方面来优化数值计算：一方面在损失一部分精度的情况下使用简单模型进行计算、预处理 Jacobian 矩阵、简化节点电压计算等；另一方面，是利用分布式并行计算的方式来减少仿真时间，主要分为时间并行算法、空间并行算法和波形松弛算法三个研究方向。时间并行方法将微分方程，式（1-5）差分化之后与代数方程，式（1-6）联立求解，可以保持严格牛顿法的收敛特性。空间并行的思想是将大的电力系统物理上分成若干个小的子网，每个子网在不同的核上分别单独单步计算。波形松弛算法与空间并行类似，也是将大的系统分解成若干个小系统分别求解，不同点在于波形松弛算法一是利用不同子系统间的交替迭代进行计算，因此每个子系统可以进行多步计算。

综上所述，随着算法的改进以及计算设备性能的提升，时域仿真法的计算速度已经有了较大的提升，使用简化模型的大系统暂态仿真时间可以缩短至3s。然而，由于暂态事故发展的周期更短，现有的时域仿真法的计算性能还不能满足实时评估的要求。

1.2.2.2　基于直接法的暂态稳定评估方法

时域仿真法计算量大，计算速度慢，于是直接法受到了学者的广泛关注。直接法首先勾画出系统的稳定域（Stability Region），然后通过判别故障清除之后系统是否处于稳定域内，就可判断系统的稳定性。

直接法最核心的内容是对故障后系统稳定域的定义与判别，首先研究者结合暂态稳定故障发生、发展的过程来介绍对于稳定域的定义。经过适当假设与建模，电力系统可以看成是一个非线性自治系统，其动态过程由一组微分方程组来描述，如式（1-7）所示

$$\dot{x} = f(x), x \in R^n, f: R^n \to R^n \qquad (1-7)$$

式中：x 是 n 维的状态变量，$\dot{x}$ 表示其一阶导数；f 表示光滑的可微函数。对于一个暂态稳定问题，系统的动态过程可以分为三个阶段来描述。

（1）扰动前：初始状态下，系统运行于稳定平衡集（equilibrium set）X_e，即 $f(X_e) = 0$。平衡集的种类有很多，比如平衡点和极限环等。电力系统中，绝大多数情况下 X_e 为单一的平衡点，称为稳定平衡点（Stable Equilibrium Point，SEP）。

（2）扰动中：t_F 时刻系统发生扰动，如线路发生短路或者接地故障、电气设备出现故障等，系统的动态过程将由式（1-8）描述。扰动中，离扰动近发电机组的电磁功率将会突然减少，而机械功率基本保持不变，因而造成机械功率与电磁功率的不平衡，使其转子开始加速，功角差不断拉大

$$\dot{x} = f_F(x), t_F \leqslant t < t_P, x(t_F) = X_e \qquad (1-8)$$

（3）扰动后：t_P 时刻系统最后一次扰动清除，系统的动态过程将由式（1-9）描述。其中 XFP 表示扰动清除时刻系统的状态。扰动清除后，作用于

系统的外力消失，系统重新变成一个封闭系统，在扰动中积累的能量开始释放，造成了系统变量的振荡。

$$\dot{x} = f_P(x), t_P \leq t < \infty, x(t_P) = X_{FP} \tag{1-9}$$

假设故障后系统（1-9）的稳定平衡点是 X_P（X_P 与 X_e 可能是同一个点，也可能不是），即 $f_P(X_P) = 0$，则暂态稳定问题可以归纳为判断故障后系统能否收敛至稳定平衡点 X_P（如果 X_P 是一个点，那么系统是渐近稳定的），即 $\lim\limits_{t \to \infty} x(t) \to X_P$。用严格的数学表达描述暂态稳定为：

对任意 $\varepsilon > 0$，如果存在 $\delta = \delta(\varepsilon, t_P) > 0$ 使式（1-10）满足，则系统是稳定的。

$$\|X_{FP}\| < \delta \Rightarrow \|x(t) - X_P\| < \varepsilon, \ \forall t \geq t_P \tag{1-10}$$

如果系统是稳定的，并且存在 $\eta(t_P) > 0$ 使式（1-11）满足，则系统是渐近稳定的。

$$\|X_{FP}\| < \eta(t_P) \Rightarrow \|x(t) - X_P\| \to 0, \ t \to \infty \tag{1-11}$$

由非线性系统理论可知，任一非线性系统的渐近稳定平衡点的周围一定存在一个稳定域，从任何处于稳定域内的初始状态出发，最终一定会趋向于该稳定平衡点。由李雅普诺夫第一方法可知，对于自治系统（1-9），其在平衡点 X_e 处的 Jacobian 矩阵记为 J，如果 J 没有零实部的特征根，则该平衡点 X_e 为双曲平衡点。进一步，当且仅当 J 所有的特征根实部都为负时，则该平衡点 X_e 为渐近的稳定平衡点。若 J 有 m 个正实部的特征根，则该平衡点 X_e 为 m 型不稳定平衡点（Unstable Equilibrium Point，UEP）。一个双曲平衡点的稳定流形和不稳定流形分别定义如式（1-12）：

$$W^s(X_e) = \{x \in R^n : \lim_{t \to +\infty} \Phi(t, x) = X_e\}$$
$$W^u(X_e) = \{x \in R^n : \lim_{t \to -\infty} \Phi(t, x) = X_e\} \tag{1-12}$$

式中：$\Phi(t, x)$ 是自治系统的轨线。如果 X_e 是稳定平衡点，则定义 $A(X_s) = W^s(X_s)$ 为该稳定平衡点的稳定域，稳定域边界记为 $\partial A(X_s)$。

于是，确定扰动后系统是否稳定的本质是判断最后一次扰动清除后系统的状态是否位于扰动后系统 SEP 的稳定域内，估计故障后稳定平衡点稳定域的方法主要有两种，一种是基于李雅普诺夫函数或能量函数的方法，另一种是基于拓扑理论的方法。

（1）基于能量函数的直接法。李雅普诺夫定理指出，如果存在一个原函数正定、导函数非正定的函数，则非线性系统稳定，该函数称为李雅普诺夫函数。李雅普诺夫定理给出了判断非线性系统平衡点稳定性的充分条件，但是并没有对稳定域做任何描述。LaSalle 不变集原理放松了对函数正定的要求，并且刻画了稳定域的特性，给出了稳定域的估计方法。根据 LaSalle 不变集原理，求解稳定域等价于寻找满足该原理的能量函数 $V(x)$；求解稳定域边界等价于确定基于能量函数的临界能量 V_{cr}。

在能量函数的构造上，使用到的系统模型较为简单是暂态能量函数法的一大缺点。最开始的能量函数中，发电机模型一般采用经典的二阶模型，不考虑调速器等控制系统的动态行为。经过大量的研究，励磁系统模型、HVDC 模型、带调速器的三阶发电机模型、考虑负荷动态的模型等逐渐被添加到能量函数中。每加入一个新模型，都需要构造与之相应的能量函数，而构造能量函数并没有一个统一的可行的方法，因此限制了能量函数法的发展。

在临界能量的确定上，最初是将 SEP 周围所有 UEP 中能量最低点的能量作为临界能量，计算量巨大，而且分析结果非常保守。之后的研究中，一种方向考虑了故障后系统的实际轨迹和转移电导在故障前后的变化情况，发展出了多种不同的方向，如主导不稳定平衡点法（Controlling UEP，CUEP）、势能界面法（Potential Energy Boundary Surface，PEBS）以及结合 CUEP 和 PEBS 方法的稳定域边界的主导不稳定平衡点法（Boundary of Stability Region based Controlling UEP，BCU），是目前最为有效的暂态能量函数方法之一。另一类方法是基于非线性动力学稳定边界的拓扑理论方法，将稳定域边界描述为所有 UEP 的稳定流形的并集，不依赖于能量函数，具有通用性，适用于一般的非线性动力系统。

其他的一些方法，如扩展等面积法则（Extended Equal Erea Criteria，EEAC）、单机能量函数法、PEBS/RUEP/EEAC 综合法等，都可以归为该方法的范围，这里不再一一描述。

（2）基于拓扑理论的直接法。非线性动力系统稳定边界的拓扑理论从理论的角度对满足假设条件的非线性动力系统稳定边界的拓扑特征做出了描述，即稳定平衡点的稳定边界由边界上所有不稳定平衡点的稳定流形的并集构成。因此，基于拓扑理论的直接法关注两个核心问题，分别是稳定边界上不稳定平衡点的计算以及这些不稳定平衡点稳定流形的确定。

不稳定平衡点的计算问题数学上属于多解非线性方程组的求解问题，求解方面是非常困难的。虽然基于能量函数法的直接法中也涉及不稳定平衡点的求解，但是由于只需要求解最近 UEP 或者主导 UEP，其难度远远小于基于拓扑理论的直接法中对不稳定平衡点的求解。求解不稳定平衡点稳定流形的精确解非常困难，目前的方法都是求取近似解，常见的有 UEP 处稳定边界的泰勒展开一次超平面近似、基于规范型方法的二次近似等。

1.2.2.3 基于故障后系统响应的暂态稳定评估方法

随着广域量测系统（Wide Area Measurement System，WAMS）的日益成熟，利用故障后系统实际的轨迹也可快速判断系统的稳定性。利用故障后的量测信息，一方面可以与时域仿真法或者直接法相结合，对传统方法进行改进，如利用系统故障切除时刻的量测值替代故障中微分方程的数值解作为故障后系统的初值，既节省了计算成本，又能使初值更接近真实情况，提高准确性。另一方面，由于广域量测信息包含了全局的、实时的巨大信息，直接从海量的量测数据中选取能反映系统暂态稳定特性的量测信息，再结合事先设计的稳定性判据来进行稳定评估。已有文献中报道的量测信息包括功率－功角特性曲线、发电机转速－功角特性曲线、发电机转速－功角相轨迹等，甚至发电机转速差－功角差变化曲线等信息也可用于判断暂态稳定性。广义来讲，基于机器学习方法的暂态评估方法也是归类于此方法，编者将在下一节中详细说明。

1.2.2.4 基于数据挖掘的稳定性评估方法

如前文所述，传统方法应用与暂态稳定评估在某些方面已经遇到了瓶颈。随着机器学习的兴起，给了电力系统研究人员提供了有效的工具。与此同时，电力系统已经积累了海量的离线仿真数据，计算机性能也得到了巨大的提升，这些都客观上促进了基于机器学习方法的电力系统暂态稳定评估方法的发展。因此，20世纪80年代以后，研究人员在该领域进行了大量工作，从输入特征的选择、特征分析的算法、评估模型的算法与输出等方面进行了研究，典型的流程如图1-1所示。

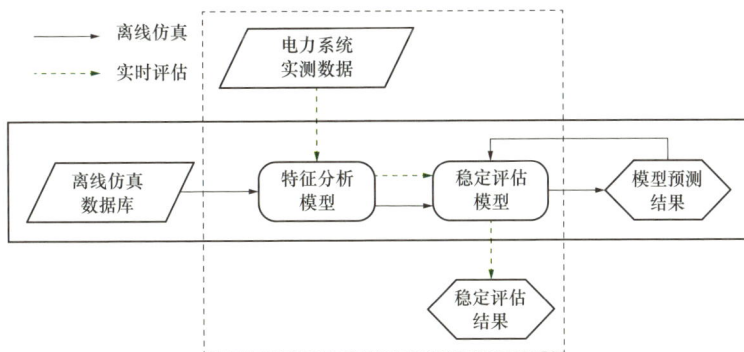

图1-1 机器学习用于暂态稳定评估流程图

1.2.3 紧急控制决策方法研究现状

本书中描述的紧急控制决策是集中式的控制决策，通过控制中心下发紧急控制措施利用尽可能小的代价使故障后系统恢复稳定。相比于目前电网中使用的离线决策，实时紧急控制决策对计算速度的要求极高，传统的穷举搜索仿真方法不适用。在各种紧急控制决策方法中，启发式方法、基于响应的方法以及基于安全域或稳定域的方法是实现实时紧急控制决策的可行研究方向。

1.2.3.1　启发式紧急控制决策方法

启发式紧急控制决策方法通过少量的仿真寻找紧急控制方案，避免大量的仿真搜索。有关文献利用复杂系统理论将发电机和网络解耦，直接计算发电机同步能力，提出切机切负荷的有效性指标，依据指标排序进行切机切负荷仿真。该方法的仿真量相比于穷举搜索仿真的方法大大减小。有关文献从 DAE 方程出发，推导出系统暂态稳定约束指标相对于各紧急控制措施的灵敏度，该灵敏度的计算量与备选的紧急控制措施数量无关，只需要两次积分计算即可。利用求得的灵敏度建立优化模型即可求解控制代价最小的紧急控制措施。有关文献从系统能量的角度出发，分析故障后系统不平衡能量与稳定性的关系，说明了有效的不平衡功率能够影响加速和减速机组的能量从而镇定系统。基于该不平衡功率提出了控制指标，同样利用灵敏度的方法建立优化模型实现决策。该方法同样避免了大量的仿真搜索，只需在故障后进行两段 Hybrid 时域仿真。有关文献利用混合法，结合仿真和修正的暂态能量函数计算临界切除量，同样通过两次仿真即可得到紧急控制策略。

随着高性能计算的不断发展，超实时仿真技术的提升，依赖于少量仿真的启发式紧急控制决策方法有良好的发展前景。

1.2.3.2　基于响应的紧急控制决策方法

基于响应的紧急控制方法直接通过 PMU 采集系统故障后动态量进行紧急控制决策，避免仿真计算，适于实时阶段的应用。有关文献通过系统中发电机的转速轨迹预测故障后系统稳定性，若不稳则先将系统等效为两机模型，通过加速面积和减速面积决定切机量。为了保证控制后系统稳定，采取循环监视控制的方法，由于该方法属于反馈控制，控制速度较慢。另有文献同样利用等面积法则进行控制决策，但该研究推导出临界切机量下系统加速能量的特性，避免了不稳定平衡点的求解，进一步减少了计算量。有关文献将系统故障轨迹信息引入脆弱割集概念，首先利用电压校正方法筛选出故障后系统的脆弱割集，由于脆弱割集中的关键支路的相角差或功率和稳定性关系密切，因此可以作为控制的指标，利用该指标对切机切负荷的灵敏度建立优化问题，这里的灵敏度可以直接用分布因子方法求得，不需要仿真计算。有关文献通过故障后轨迹信息计算得到系统中临界机组对的稳定性指标相对于紧急控制措施的灵敏度，进而构造暂态稳定约束，建立优化问题模型。有关文献首先用 EEAC 方法判断系统的稳定性，若不稳定则进行机群识别，将发电机分为临界机群和其他机群，然后利用广义预测控制理论对系统进行闭环的稳定控制。在小系统上的仿真测试表明该方案理论上可行，但与实际应用还有相当大的距离。

基于响应的紧急控制决策方法大多是首先利用基于响应的稳定评估判断系统稳定性，然后对系统简化和等值得到切机切负荷对系统稳定性的影响，进而构造优化模型求解，方法的效果与简化和等值的准确性有很大关系。

1.2.3.3 基于安全域或稳定域的紧急控制决策方法

基于安全域和稳定域的紧急控制决策原理是通过切机切负荷等措施改变边界使得系统回到稳定区域。有关研究假设系统主导不稳定平衡点附近的稳定域边界在系统参数变化时不突变，由此来利用主导不稳定平衡点的移动表征稳定边界的移动。通过推导切机切负荷措施对主导不稳定平衡点的影响求得控制灵敏度，最后建立优化问题，确定切机切负荷量。有关文献经过大量仿真研究提出了根据实用动态安全域进行紧急控制决策的方法。研究指出切除临界机群中的发电机和非临界机群中的负荷能够使得实用动态安全域的边界外移，将运行点从域外变成域内，恢复系统稳定性。另外切机切负荷措施引起的实用动态安全域边界的移动可以近似线性叠加，由此构造稳定性约束和控制模型。另有文献进一步研究了切机切负荷时刻对动态安全域边界外移距离的影响，研究指出对于多摆失稳的系统，切机切负荷速度和控制效果不一定呈正相关，提出了一种最优时间紧急控制策略。基于动态安全域或稳定域的紧急控制方法的效果很大程度上依赖于算法对安全域稳定域实用化处理的准确程度。

1.3 本书内容

第 1 章：本章是全书的概述部分，首先介绍大电网安全稳定智能分析与控制决策的时代背景，然后分别从电力系统安全域、电力系统暂态稳定评估方法以及电力系统紧急决策方法方面介绍了大电网安全稳定智能分析及控制决策现状。

第 2 章：本章首先介绍电力大数据的基本情况及电力大数据技术在电力系统中的应用，然后介绍常用人工智能的算法及其在电力系统中的应用现状。

第 3 章：本章介绍了异常数据以及离群点检测的常用方法，选取了自组织特征映射神经网络 SOM 算法和基于密度的 DBSCAN 算法作为核心算法的基础。而后针对已有算法存在的不足，提出了简化及改进的方法。通过仿真，验证了改进方法的有效性。

第 4 章：本章给出了不同电网状态（大扰动、小扰动等）下的一、二次调频能力及无功电压控制能力的评价指标及在线计算方法，并给出了实例分析。本章给出的评价指标及其计算方法可对电网的调频及无功电压控制能力进行量化，对实际电网的运行和控制具备指导意义。

第5章：本章先围绕特征选择的问题讨论、方法分类、常用组合方法对特征选择进行概述，然后对三种高效准确的电网安全属性特征选择方法展开介绍，包括它们的方法原理和方法流程等，进一步利用算法实例，基于系统和样本设计实验对方法进行验证。

第6章：本章先围绕电力系统的安全域、暂态稳定评估的相关内容对安全域概念下的电网安全稳定评估进行概述，然后重点介绍三种基于人工智能和电力大数据技术的电网暂态稳定评估方法，包括动态安全域的获取、在线更新和迁移方法，并通过算法实例进行分析验证。

第7章：本章以暂态稳定数据为研究对象，深度学习技术为研究工具，结合电力系统领域知识和深度学习技术特点，从评估框架、评估方法两个层面，深入研究了故障后暂态稳定快速评估方法。

第8章：本章提出一种考虑电力系统保守性的暂态稳定评估方法，不再寻找两个区域的分界面，而是通过界定灰色地带，确保灰色地带以外区域的评估结果准确可信，落入灰色地带的情况通过其他方法进一步评估。然后在实时暂态稳定评估的基础上，对实时紧急控制决策进行初步探索，提出一种实时紧急控制决策方法。该方法的关键在于利用离线训练得到的稳定裕度指标表达式，实时计算系统稳定性对不同紧急控制措施的灵敏度，利用灵敏度进行实时决策。

参考文献

［1］ 杨海涛，祝达康，李晶，等.特大型城市电网大停电的机理和预防对策探讨［J］.电力系统自动化，2014，38（6）:128-135.

［2］ 余贻鑫.电力系统安全域［M］.北京：中国电力出版社，2014.

［3］ 余贻鑫，董存，LEE Stephen T.复功率注入空间中电力系统的实用动态安全域［J］.天津大学学报，2006（2）:129-134.

［4］ 余贻鑫，曾沅，冯飞.电力系统注入空间动态安全域的微分拓扑特性［J］.中国科学E辑：技术科学，2002（4）:503-509.

［5］ 余贻鑫.安全域的方法学及实用性结果［J］.天津大学学报：自然科学与工程技术版，2003，36（5）:4.

［6］ 樊纪超，余贻鑫.交直流并联输电系统实用动态安全域研究［J］.中国电机工程学报，2005，25（23）:6.

［7］ 余贻鑫，栾文鹏.利用拟合技术决定实用电力系统动态安全域［J］.中国电机工程学报，1990（S1）:24-30. DOI:10.13334/j.0258-8013.pcsee.1990.s1.005.

［8］ 曾沅，樊纪超，余贻鑫，卢放，黄耀贵 . 电力大系统实用动态安全域［J］. 电力系统自动化，2001，25（16）:5.

［9］ 曾沅，余贻鑫 . 电力系统动态安全域的实用解法［J］. 中国电机工程学报，2003，023（005）:24-28.

［10］ 闵亮，余贻鑫，Stephen T Lee，Pei Zhang. 失稳模态识别方法及其在动态安全域中的运用［J］. 电力系统自动化，2004，28（11）:5.

［11］ 赵文忠，史军 . 复功率注入空间的电力系统概率安全性指标研究［J］. 山东大学学报（工学版），2009，39（06）:135-138.

［12］ 曾沅，常江涛，秦超，苏寅生，李鹏，刘春晓 . 基于相轨迹分析的实用动态安全域构建方法［J］. 中国电机工程学报，2018，38（07）:1905-1912+2206.

［13］ 董存，余贻鑫 . 相角 - 电压空间上的实用动态安全域［J］. 电力系统及其自动化学报，2005，17（6）:5.

［14］ 秦超，刘艳丽，余贻鑫，曾沅，马烁 . 含双馈风机电力系统的动态安全域［J］. 电工技术学报，2015，30（18）:157-163.

［15］ 崔晓君 . 基于临界失稳模式的电力系统动态安全域求解方法［D］. 天津大学，2016.

［16］ 孙刚 . 基于安全域的电力系统优化潮流［D］. 天津大学，2005.

［17］ 杨延滨，余贻鑫，曾沅，贾宏杰，牛犇，何南强，唐智育，张毅明，付红军 . 实用动态安全域降维可视化方法［J］. 电力系统自动化，2005，29（12）:5.

［18］ Kundur P. Power System Stability and Control（影印版）. 北京：中国电力出版社，2002.

［19］ Chiang H. Direct Methods for Stability Analysis of Electric Power System：Theoretical Foundation，BCU Methodologies，and Applications［M］. New Jersey：John Wiley & Sons，2010.

［20］ 汪芳宗 . 基于高度并行松弛牛顿方法的暂态稳定性实时分析计算的并行算法［J］. 中国电机工程学报，1999，19（11）: 14-17，27.

［21］ 王建，陈颖，沈沉 . 基于逆 Broyden 逆牛顿法的分布式暂态稳定仿真算法［J］. 电力系统自动化，2010，34（5）: 7-12.

［22］ 宋新立，汤涌，刘文悼，等 . 电力系统全过程动态仿真的组合数值积分算法研究［J］. 中国电机工程学报，2009，29（28）: 23-29.

［23］ 汪芳宗，陈德树，何仰赞 . 大规模电力系统暂态稳定性实时仿真及快速判断［J］. 中国电机工程学报，1993，13（6）: 15-21.

［24］ 杜正春，甘德强，刘玉田，等 . 电力系统在线动态安全评价的一

种快速数值积分方法［J］.中国电机工程学报，1996，16（1）：29-32.

［25］ C. Decker，M. Falcao，E. Kaszkurewicz. Parallel implementation of a power system dynamics simulation methodology using the conjugate gradient method［J］. IEEE Transactions on Power System，1992，7（1）：458-465.

［26］ Li Y，Zhou X，Wu Z，et al. Parallel algorithms for transient stability simulation on PC cluster［C］. International Conference on Power System Technology，2002：1592-1596.

［27］ 顾丹珍，艾芊，陈陈，等.基于ATP-EMTP的大型电力系统暂态稳定仿真［J］.电力系统自动化，2006，30（21）：54-56，65.

［28］ 汪涵.大规模电力系统暂态稳定并行计算研究［博士学位论文］.杭州：浙江大学，2012.

［29］ Hsiao-Dong C，Chia-Chi C，Cauley G. Direct stability analysis of electric power systems using energy functions：theory，applications，and perspective［J］. Proceedings of the IEEE，1995，83（11）：1497-1529.

［30］ Hsiao-Dong C，Felix W，Pravin Varaiya. Foundations of the potential energy boundary surface method for power system transient stability analysis［J］. IEEE Transactions on Circuits and Systems，1988，35（6）：712-728.

［31］ Hsiao-Dong C，Felix W，Pravin Varaiya. A BCU method for direct analysis of power system transient stability［J］. IEEE Transactions on Power Systems，1994，9（3）：1194-1208.

［32］ Xue Y，Van Custem T，Ribbens-Pavella M. Extented equal area criterion justifications，generalizations，and applications［J］. IEEE Transactions on Power Systems，1989，4（1）：44-51.

［33］ Xue Y，Van Custem T，Ribbens-Pavella M. A simple direct method for fast transient stability assessment of large power system［J］. IEEE Transactions on Power Systems，1988，3（2）：400-412.

［34］ 蔡泽祥，倪以信.考虑暂态稳定紧急控制的扩展等面积法则［J］.中国电机工程学报，1993，13（6），20-26.

［35］ 倪以信，姚良忠，蔡泽祥.直接暂态稳定分析综合法［J］.中国电机工程学报，1992，12（6）：63-68.

［36］ 叶圣永.基于机器学习的电力系统暂态稳定评估研究［D］.成都：

西南交通大学，2010.

［37］ M. Pavella，D. Ernst，D. Ruiz-Vega. Transient stability of power systems：a unified approach to assessment and control［M］. Boston：Kluwer Academic Publishers，2000.

［38］ IEEE/CIGRE joint task force on stability terms and definitions. Definition and classification of power system stability［J］. IEEE Transactions on Power Systems，2004，19（2）：1387-1401.

［39］ 刘辉.电力系统暂态稳定域近似边界可信域研究及其应用［D］.北京：清华大学，2008.

［40］ 陈磊.直接法研究及其在含异步电动机模型的暂稳分析中的应用［D］.北京：清华大学，2008.

［41］ J. LaSalle. Some extensions of Lyapunov's second method［M］. IRE Transactions on Circuit Theory，1960，7（4）：520-527.

［42］ J. LaSalle. Generalized invariance principles and the theory of stability［M］. Center for Dynamical System，Division of Applied Mathematics，Siloam Springs，1970.

［43］ A. El-Abiad，K. Nagappan. Transient stability regions of multimachine power systems［J］. IEEE Transactions on Power Apparatus and Systems，1966，PAS-85（2）：169-179.

［44］ J. Zaborszky，G. Huang，B. Zhang，et al. On the phase portrait of a class of large nonlinear dynamic systems such as power system［J］. IEEE Transactions on Automatic Control，1988，33（1）：4-15.

［45］ H. Chiang，M. Hirsch，F. Wu. Stability regions of nonlinear autonomous dynamical systems［J］. IEEE Transactions on Automatic Control，1988，33（1）：16-27.

［46］ H. Yee，B. Spalding. Transient stability analysis of multimachine power systems by the mdehod of hyperplanes［J］. IEEE Transactions on Power Apparatus and Systems，1977，PAS-96（1）：276-284.

［47］ S. Saha，A. Fouad，W. Kliemann，et al. Stability boundary approximation of a power system using the real normal form of vector fields［J］. IEEE Transactions on Power Systems，1997，12（2）：797-802.

［48］ C. Liu，J. Thorp. New methods for computing power system dynamic response for real-time transient stability prediction［J］. IEEE Transactions on Circuits and Systems，2000，47（6）：324-337.

［49］ 刘广建，卢继平．基于功角特性曲线的发电机运行状况实时分析
［J］．电网技术，2006，30（S1）：41-45.

［50］ 赵磊，单渊达．基于轨迹信息的发电机暂态稳定指标分析方法［J］．
电网技术，2002，26（8）：25-28.

［51］ L. Wang，A. Girgis. A new method for power system transient instability
detection［J］．IEEE Transactions on Power Delivery，1997，12（3）：
1082-1088.

［52］ 谢欢，张保会，于广亮，等．基于相轨迹凹凸性的电力系统暂态稳
定性识别［J］．中国电机工程学报，2006，26（5）：38-42.

［53］ 顾卓远，汤涌，孙华东，等．一种基于转速差–功角差变化趋势的
暂态功角稳定辨识方法［J］．中国电机工程学报，2013，33（31）：
65-73.

［54］ 倪向萍，梅生伟，张雪敏．基于复杂网络理论的输电线路脆弱度评
估方法［J］．电力系统自动化，2008，32（4）：1-5.

［55］ 毕兆东，王建全，韩祯祥．基于数值积分法灵敏度的快速切负荷算
法［J］．电网技术，2002，8：4-7.

［56］ 张雪敏，梅生伟，卢强．基于功率切换的紧急控制算法研究［J］．
电网技术，2006，30（13）：26-31.

［57］ 任伟，房大中，陈家荣，陈兴华，李传栋．大电网暂态稳定紧急控
制下切机量快速估计算法［J］．电网技术，2008，19：10-15.

［58］ Liu X D，Ying L；Liu Z J，Huang Z G，Miao Y Q，Jun Q，Jiang Q
Y，Chen W H. A novel fast transient stability prediction method based
on PMU［C］．Power & Energy Society General Meeting. Calgary，
Canada，2009，1（5）：26-30.

［59］ Rajapakse A D，Gomez F，Nanayakkara K，Crossley P A，Terzija
V V. Rotor angle instability prediction using post–disturbance voltage
trajectories［J］．IEEE Transaction on Power System，2010，25（2）：
947-956.

［60］ 顾卓远，汤涌，张健，等．基于相对动能的电力系统暂态稳定实时
紧急控制方案［J］．中国电机工程学报，2014，34（7）：1095-1102.

［61］ 吴为，汤涌，孙华东．基于系统加速能量的切机控制措施量化研究
［J］．中国电机工程学报，2014，34：6134-6140.

［62］ 张剑云，孙元章．基于脆弱割集选择紧急控制地点的灵敏度分析方
法［J］．电网技术，2007，11：21-26.

［63］ 卢芳，于继来，李彧，高贺男．基于临界机组对的暂态稳定紧急控

制策略［J］. 电网技术, 2012, 10:153-158.

［64］ 滕林, 刘万顺, 负志皓, 等. 电力系统暂态稳定实时紧急控制的研究［J］. 中国电机工程学报, 2003, 1:65-70.

［65］ 张瑞琪, 闵勇, 侯凯元. 电力系统切机/切负荷紧急控制方案的研究［J］. 电力系统自动化, 2003, 18:6-12.

［66］ 余贻鑫, 刘辉, 曾沅. 基于实用动态安全域的最优暂态稳定紧急控制［J］. 中国科学:工程科学材料科学, 2004, 34（5）:556-563.

［67］ 王曦冉, 章敏捷, 邓敏, 等. 基于动态安全域的最优时间紧急控制策略算法［J］. 电力系统保护与控制, 2014, 12:71-77.

2

电力大数据及人工智能技术

2.1　概述

随着电网建设规模的逐渐庞大以及智能电网的发展推进，电力系统逐渐朝着信息化、数字化的方向发展。电网领域信息化水平的提升与电网数据规模的扩大，数据应用及价值挖掘工作意义逐渐凸显。人工智能技术具有应对高维、时变、非线性问题的强大学习能力以及强优化处理能力，凭借其优势和特点可有效解决复杂电力系统面临的各种挑战，为数字化的能源电力赋予了新的动能。高性能计算为人工智能提供了强大的计算能力，大数据为人工智能提供了丰富的训练样本，机器学习和深度学习等为人工智能提供了更好的学习模型及算法，三者合力推动了人工智能技术的重大进步。电力大数据技术的发展以及人工智能技术与电力系统的深度融合，将逐步实现智能传感与物理状态相结合、数据驱动与仿真模型相结合、辅助决策与运行控制相结合，从而有效提升驾驭复杂系统的能力，提高电力系统运行的安全性和经济性。

2.2　电力大数据技术

2.2.1　电力大数据特点

随着智能配电网信息化、自动化、互动化水平的提高以及与物联网的相互渗透与融合，电力企业量测体系内部积累了大量数据，如用户用电数据、调度运行数据、GIS 数据、设备检测和监测数据以及故障抢修数据等。在量测体系之外，电力企业还积累了大量运营数据，如客户服务数据、企业管理数据以及电力市场数据等。电力系统作为经济发展和人类生活依赖的能量供给系统，地理位置分布广泛，电力设备的基数庞大，对设备的稳定性和安全运行要求较高，一旦出现故障会带来巨大损失，这些特点决定了电力系统运行时产生的电力数据数量庞大、增长快速、类型丰富，完全符合大数据的所有特征，是典型的大数据。在智能电网深入推进的形势下，电力系统的数字化、信息化、智能化不断发展，电力大数据拥有了更多的数据源，例如智能电表从数以亿计的家庭和企业终端带来的数据，电力设备状态监测系统从数以万计的发电机、变压器、开关设备、架空线路、高压电缆等设备中获取的高速增长的监测数据等。除去电力企业内部数据，还有许多潜在的外部数据源，如互联网、移动设备和出租汽车的 GPS，以及公共服务部门数据库等所提供的大数据可供挖掘与利用。因此在电力大数据爆炸式增长的新形势下，传统的数据处理技术遇到瓶颈，不能满足从海量数据中快速获取知识与信息的分析需求，电力大数据融合是电力行业信息化、智能化发展的必然要求。表 2-1 展示了传统数据与大数据的区别和联系，主要表现在数据量、数据传输及生成速度、数据多样性和数据价值上。

表 2-1　　　　　　　　　　传统数据与大数据的区别和联系

内容	传统数据	大数据
数据量	GB-TB	TB-PB 以上
速度	数据量稳定，增长不快	持续实时产生数据，年增长在 60% 以上
多样性	结构化数据	结构化数据、半结构化数据、多维数据、视频数据、音频数据等多样数据
分析手段	统计和报表	数据挖掘和统计分析

电力大数据的来源越来越多样，其主要包含电网基本数据与运营监控数据。电网基本数据主要有电网模型、参数等数据，电网运营监测数据则包含数以万个发电机、母线、隔离开关、变压器和高压电缆等的实时数据，这些数据随着时间的推移而不断更新。与当前对大数据特征的认知类似，电网大数据同样具有 4 个 "V" 的特征，即 Volume，Variety，Velocity 和 Value。电力大数据具有大数据的一般性特征，即数据规模大、产生速度快和种类多样，具体说明如下：

（1）Volume：电力大数据涉及发电、输电、变电、配电、用电、调度各环节，在长期的运行过程中，各个环节都积累了大量的数据。随着智能电网的建设应用以及监控手段的日益精细化，数据还将进一步的爆炸式增长，因此需要高可扩展的存储方案，通过渐进式的建设来满足日益增长的数据存储需求。智能配电网大数据的规模不断扩大，逐渐从 TB 级向 PB 级发展，但是这并不意味着每个数据源或数据集都需要拥有海量数据。实际上，只要该数据源或数据集中的数据对于分析目标具有统计意义，就可以将其纳入大数据的范畴。

（2）Variety：数据类型繁多，从狭义上看，主要是指智能配电网大数据包含了结构化数据、半结构化数据，以及非结构化数据等多种存储类型的数据。而广义的数据类型繁多还包括数据状态、数据时序特性，以及数据关系等的多样性。主要表现在两个方面：一是如前所述，涉及众多的设备、传输线路和工作环节，因此数据种类繁杂；二是数据保存的方式多样，既有以文件形式保存的非结构化数据，也有以数据库形式保存的半结构化和结构化数据。二者结合起来，导致用户看到的数据类别更加多样。

（3）Velocity：电力系统是一个实时的巨大系统，涉及众多的设备和传输线路，任何一个环节出现错误都有可能造成不可估量的损失，因此对这些设备、线路状态的实时监控十分必要，由此数据的产生速度非常快。

（4）Value：毫无疑问，智能配电网大数据具有巨大的潜在应用价值，但是这些价值却隐藏于规模巨大的多源海量数据之中。智能配电网大数据的价值在不同数据源、不同时间断面、不同数据类型中的分布并不均匀，而且一些机理性的知识往往被淹没在统计结果之中。

除此之外，在电网运行控制分析过程中产生大量的离线仿真数据，国内外电网仿真应用一般采用文件或关系数据库。目前电网运行状态数据需从 EMS 系统的内存实时数据库经过状态估计导出形成 CIM/E 文件，再经过数据拼接形成电网仿真核心计算程序 PSASP 或 BPA 输入文件，现今国家电力调度控制中心的在线系统的上述过程大约 2min。在数据模型的计算方面，国内外电网仿真数据应用使用了广泛用在规划设计、调度运行领域的电网仿真核心计算程序，例如：PSASP、PSD–BPA、PSS/E、PowerWorld 等。目前电网分析计算的数据来源主要包括两类：一类是离线形成的计算数据文件，如 BPA、PSASP 格式的数据文件，这类数据以母线/支路（Bus/Branch）模型形式储存；二是由 EMS 系统提供的电网实时数据，通常存储在单计算机节点实时数据库（内存数据库）中，这类数据以节点/开关（Node/Break）模型形式储存。

2.2.2 电力大数据面临的挑战

海量的数据为研究者提供了丰富的研究主体，但是，如果没有强有力的分析工具，要如何理解这些数据成了人们面临的难题。在电力大数据应用的过程中，面临着巨大的挑战。

（1）数据质量：在大数据分析中，数据质量的好坏直接影响了分析结果的准确性和实时性。电力系统中，大量的数据传感器都处于非常复杂的自然环境或电磁环境中，数据采集过程中难免会存在错误数据，导致数据质量偏低。为了提高大数据分析的准确性和实时性，对数据质量提出了更高的要求。

（2）数据类型：如前所述，电力数据的种类繁多，集合了结构化数据和非结构化数据，需要考虑对不同类型数据的融合与处理。

（3）数据安全：电力大数据涉及众多电力用户的隐私信息，并且电力行业的地域覆盖范围极广，各地的数据安全水平不一致，对数据安全提出了很高的要求。另一方面，电力大数据还包含了大量的国家能源数据信息，如何建立健全的信息安全防护体系，也是电力大数据应用中需要面临的挑战。

（4）数据存储与处理：电力大数据通常有 PB、EB 的数据量，对数据的存储和计算能力提出了很高的要求。一方面，需要对基础设施更新换代，以适应数据存储、交换、处理的要求；另一方面，需要开发效率更高的数据挖掘算法，以满足快速处理的要求。

2.2.3　电力大数据技术在电力系统中的应用

大数据技术是人工智能的基础，一切人工智能算法的学习都离不开训练样本数据，特别是以数据驱动为基础的机器学习、深度学习算法，数据的全面性、完整性对学习的效果至关重要。在电力系统中，电力大数据技术可以应用到以下几个方面：①电力系统的范围特征（包括时间和空间上的）与统计特征，往往包含有几千个状态变量；②混合存在的离散信息（诸如网络拓扑结构的改变或保护的动作等）和连续信息（如某些连续变化的状态变量）；③对某些不确定量的掌握和处理（如噪声和不完整信息等）。当使用经典的电力系统分析方法来处理这些数据的时候，通常只能针对常规的目标得到一些一般应用的结果。但使用电力大数据技术可解决一些传统方法无法解决或解决起来有一定难度的问题，对于某些特定的常规问题，使用该技术有时也会具有更高的效率或能得到更好的结果。

下面是电力大数据技术在电力系统当中的一些应用：

（1）对电力系统运行状态的分类。电力系统被分为正常状态、警戒状态、紧急状态、测试状态或恢复状态。这种把电力系统分为各种状态的分类是重要的。因为一旦电力系统的状态被确定下来，那么对于该状态的一个合适的指令就会被发给操作员，完成操作。电力大数据技术有助于这种分类处理过程。

（2）负荷预测与用户特征提取。电力负荷预测是电力调度系统的一项非常重要的工作，然而电力负荷数据的变化规律和特征是复杂的，往往不能用统一有效的模型来进行概括，而此种预测正是数据挖掘的强项。

（3）利用数值法则分析电力系统故障间的关系。这一类数据挖掘利用了数值法则形式，通过学习一种功能，可利用给定的数据来预测新输入的值。数据挖掘可发现不同事故发生时产生的某些关系，从而可对电力系统故障提供可靠的描述。

（4）电力系统的稳定性分析和安全性评估。这一类知识发现往往以决策树或依存表形式存在，如利用决策树可把电力系统分为稳定状态和不稳定状态，利用其他一些机器学习技术对电力系统的安全性进行评估等。当然，这也需要对某些规则的合理描述。

（5）电力系统运行中变化与异化的检测和预测。利用电力大数据技术可从以前存储的大量历史数据中发现许多重要的潜在变化规律，再利用电力系统的领域知识对其加以系统化，以进一步利用。这种类型的数据挖掘对于电力系统负荷预测、电力市场中的电价制定策略等，都是非常有意义的。

（6）利用对事故案例分析得到的归纳法则来构造专家系统。可利用电力大数据技术对电力系统故障报告数据库进行分析，形成某种归纳法则，该法则可应用于针对不同类型故障的诊断专家系统。这种利用归纳法则形成专家系统的方法要相对容易很多。

（7）经济调度。电力系统的经济调度首先考虑全系统的经济性。电网经济调度是以电网安全运行调度为基础，以降低电网线损为目标的调度方式。电力大数据技术既可以应用在经济调度中的安全运行方面，也可以应用在模型求解优化中，如寻找优化方向等。

2.3　人工智能技术

2.3.1　人工智能技术发展现状

人工智能是计算机科学的一门重要分支，是目前一个十分活跃的研究领域，已越来越受到人们的重视。人工智能（Artificial Intelligence，AI）技术是一门新科技，它是研究用于模拟、延伸和扩展人的智能的理论和方法的技术。它是计算机科学、控制论、信息论、神经生理学、心理学、语言学等多学科互相渗透而发展起来的一门综合性边缘学科。

人工智能技术长期存在两个竞争范式：符号主义与连接主义，分别对应于第一代人工智能的知识驱动方法与第二代人工智能的数据驱动方法。然而依靠单个范式无法触及人类真正的智能，第三代人工智能是知识与数据融合驱动，是人工智能技术发展的必经之路。AI 技术在技术驱动阶段取得了最大的动力。人工智能的概念最早由图灵在 1950 年提出，他设计了一个测试，即图灵测试，用来判断机器是否具有智能。1956 年，达特茅斯会议正式将人工智能作为一个学科命名，并开启了人工智能的研究历程。从那时起，人工智能经历了几次兴衰，分别被称为"寒冬"和"热潮"。2006 年 Hinton 团队提出了深度置信网络，使得神经网络以深度学习之名再次崛起，引领了新一轮人工智能热。目前，研究者正处于第三次人工智能热潮，也被称为"深度学习革命"。深度学习是指一种利用多层神经网络进行数据表示和学习的方法，它可以处理复杂的非线性问题，并实现端到端的学习。

目前 AI 技术也取得了显著的成就。如：1997 年 IBM "深蓝" 击败了国际象棋冠军，2011 年苹果公司发布了手机语音助手 Siri，2016 年 Alpha Go 战胜围棋世界冠军李世石；波士顿大狗，美国波士顿大学和麻省理工学院推出四条腿的机器人，后来由波士顿动力公司把它商品化做成商品，这条狗能走能行，自主决策、自主学习能力非常强，自稳定性也非常好，主要关系到四项关键技术：一是远程控制技术，二是负重爬坡，三是行进速度非常快，四是平衡能力非常强。此外在基于 AI 的模式识别方面：人脸识别、文本识别、车牌识别和指纹识别等功能也逐渐成熟。在自动工程方面的成就主要有自动驾驶技术、印钞工厂流水线生产和猎鹰系统的自动绘图等。

2.3.2 几种常用人工智能技术

人工智能技术原理和算法是实现人工智能应用的基础和核心，它们决定了人工智能的能力和性能。近年来，各种人工智能技术在数据解析度、学习力和计算能力方面有很大突破，以深度学习、强化学习和迁移学习等为代表的新一代人工智能技术在模糊逻辑、专家系统、传统机器学习等多类技术发展中演进，表现出喜人的应用效果，本节将围绕几种常用人工智能技术展开介绍。

2.3.2.1 支持向量机方法简介

传统的解析或数值方法难以求得实际系统的稳定边界，本书通过数据挖掘方法拟合稳定边界。稳定评估是分类问题，稳定边界实际上是稳定和不稳定区域的分界面。支持向量机（Support Vector Machine，SVM）是一种通过拟合两种区域的分界面来解决分类问题的数据挖掘方法，其分类效果好且模型简单透明、物理意义明确。

SVM 是一种监督学习算法，在介绍 SVM 之前先明确几个相关概念：

（1）样本：由输入向量 X 和输出 y 两部分组成，其中 y 代表分类结果。对于电力系统稳定评估问题，X 是系统的物理量，y 代表系统稳定性，如 1 代表稳定，–1 代表不稳定。

（2）输入特征：样本的输入向量 X 的各维代表的物理量。如故障清除时刻的某发电机有功输出等。

（3）分类规则：通过监督学习已知样本得到的输入输出关系，也称为 "分类器"，对于电力系统稳定评估问题分类规则也称为 "稳定评估规则"。

（4）训练：利用已知样本寻找分类规则的过程。用于训练的样本称为训练样本。

SVM 的原理是利用映射函数将训练样本映射到高维空间中，在高维空间中找到一个线性超平面，使得该超平面到两边样本点的距离最远，如式（2–1）

所示

$$\min_{w,b,\zeta} \frac{1}{2} w^{\mathrm{T}} w + C \sum_{i=1}^{n} \zeta_i$$

$$s.t.\ y_i[w^{\mathrm{T}}\varphi(X_i) + b] \geqslant 1 - \zeta_i \tag{2-1}$$

$$\zeta_i \geqslant 0, i = 1, \cdots, n$$

式中：n 为训练样本的个数；(X_i, y_i) 为第 i 个训练样本；$\varphi(X)$ 是从低维空间到高维空间的映射函数；ζ 是松弛变量；C 是对松弛变量的惩罚因子；$C>0$；b 是门槛值；w 是超平面的参数向量。这个优化问题中优化变量为 w，b 以及 ζ。

$w^{\mathrm{T}}\varphi(X) + b$ 是训练得到的分类规则表达式。在应用时，将 X 带入此表达式，即可通过该表达式的符号得到分类结果。约束条件若为 $y_i[w^{\mathrm{T}}\varphi(X_i) + b] \geqslant 1$，则分类规则表达式的符号与 y_i 的符号相同，即要求所有的样本分类正确。这样的约束条件过于严格，求解困难。因此约束中引入松弛变量 ζ，允许一部分样本错分。优化目标由两部分组成：一部分是 $w^{\mathrm{T}}w$，其越小则两种样本之间的距离越大；第二部分为 $C\sum_{i=1}^{n}\zeta_i$，其越小则错分样本越少。

对于（2-1）这个带约束的优化问题，其拉格朗日函数如式（2-2）所示

$$L(w,b,\zeta,\alpha,\lambda) = \frac{1}{2}w^{\mathrm{T}}w + C\sum_{i=1}^{n}\zeta_i - \sum_{i=1}^{n}\lambda_i\zeta_i$$

$$- \sum_{i=1}^{n}\alpha_i\{y^{\mathrm{st}}_i[w^{\mathrm{T}}\varphi(X^{\mathrm{st}}_i) + b] - 1 + \zeta_i\} \tag{2-2}$$

式中：α_i 和 λ_i 为式（2-1）的拉格朗日乘子，且 $\alpha_i \geqslant 0$，$\lambda_i \geqslant 0$，$i=1, \cdots, n$。

根据最优性条件，最优点满足式（2-3）

$$\frac{\partial L}{\partial w} = 0 \Rightarrow w = \sum_{i=1}^{n}\alpha_i y_i \varphi(X_i) \tag{2-3}$$

在求解 SVM 时，通常将式（2-1）转化为其对偶问题，如式（2-4）所示。这样做的好处是可将映射函数的计算转化为核函数的计算，直接在低维空间完成计算，避免映射过程中可能出现的维数爆炸的问题。另外，该对偶问题是典型的二次规划问题，相比于原问题有成熟的求解方法。

$$\min\theta(\alpha)$$

$$s.t. \sum_{i=1}^{n}\alpha_i y_i = 0 \tag{2-4}$$

$$0 \leqslant \alpha_i \leqslant C \qquad i = 1, \cdots, n$$

在对偶问题中，α_i 为优化变量。目标函数 $\theta(\alpha)$ 的表达式如式（2-5）所示

$$\theta(\alpha) = \frac{1}{2} \sum_{j=1}^{n} \sum_{i=1}^{n} \alpha_i \alpha_j y_i y_j K(X_i, X_j) - \sum_{i=1}^{n} \alpha_i \qquad (2-5)$$

式中：$K(X_i, X_j)$ 为核函数，其为映射函数的内积，如式（2-6）所示

$$K(X_i, X_j) = \varphi(X_i)^{\mathrm{T}} \varphi(X_j) \qquad (2-6)$$

常用的核函数有线性核函数、多项式核函数和径向基函数等，分别如式（2-7）～式（2-9）所示

$$K(X_i, X_j) = X_i^{\mathrm{T}} X_j \qquad (2-7)$$

多项式核函数

$$K(X_i, X_j) = (\gamma X_i^{\mathrm{T}} X_j + 1)^{\mathrm{d}} \qquad (2-8)$$

式中：γ 和 d 为参数。

径向基函数

$$K(X_i, X_j) = e^{-\gamma \|X_i - X_j\|^2} \qquad (2-9)$$

式中：γ 为参数。

利用式（2-4）所示的对偶问题求出拉格朗日乘子 α 后，根据式（2-3）可以将分类规则的表达式化为式（2-10）。

$$f^{\mathrm{SVM}}(X) = \sum_{i=1}^{n} \alpha_i y_i K(X_i, X) + b \qquad (2-10)$$

$f^{\mathrm{SVM}}(X)$ 的正负决定该样本的分类。从式（2-10）的形式可以看出，α_i 的取值决定了训练样本在分类规则中起到的作用大小。所有 $\alpha_i = 0$ 的样本对规则没有作用，而 α_i 非零的样本是决定分类边界的样本，这些样本称为支持向量。支持向量对应的约束 $y_i[w^{\mathrm{T}}\varphi(X_i) + b] \geqslant 1 - \zeta_i$ 为起作用约束，它们是边界附近的样本。

2.3.2.2　集成学习算法

集成学习算法的思想是，按照一定策略训练出多个弱监督模型并组合得到一个强监督模型，使其表现性能大大提升。集成学习算法由于原理简单、精度较高被广泛用于实际应用中。

一般认为，对于基于统计理论的机器学习模型来说，一个各方面表现都好的在理论上几乎是不存在的，它往往只在某个方面表现较好，或是因为他们作为低自由度模型具有较高的偏置项，又或是他们具有高自由度而在模型结果上存在较大的方差，所以被称为弱监督模型。集成学习是机器学习领域的一种模型融合的经典方式，其基本思想是对于给定的样本和目标问题，将按照一定策略训练出多个弱监督模型组合便能发挥群体的智慧，由此得到一个强监督模

型，使得对应的表现性能大幅改善。因此，集成学习具有通过构建并结合多个学习器来完成对应的学习任务的特点，在实际应用中对问题的求解能产生比较大幅的改善。

集成学习的结构如图 2-1 所示，输入样本会首先进行一般性的模型训练，并得到一组个体学习器，基于这组学习器的某种组合策略和方式会最终产生整个集成学习模型的输出。

在这里，从训练数据产生的个体学习器有着较为宽泛的内涵，几乎所有的基础机器学习模型，例如决策树算法 DT、神经网络算法 ANN 等，都可以作为集成学习的个体学习器。进一步考虑个体学习器是否存在差异，集成学习又可以分为两大类型，同质（Homogeneous）的或者异质（Heterogenous）集成学习。

（1）同质集成学习。同质化的集成学习中，一般只会由单一的同种类型的基础学习器组成，且会通过对输入样本的有选择性调整实现差异化的训练结果，从而达到多样化输出的目的。

（2）异质集成学习。异质集成学习则会包含不同类型的个体学习器，例如同时以决策树和神经网络作为个体学习器，通过在输出结合方面进行一定的处理实现最终的输出整合。

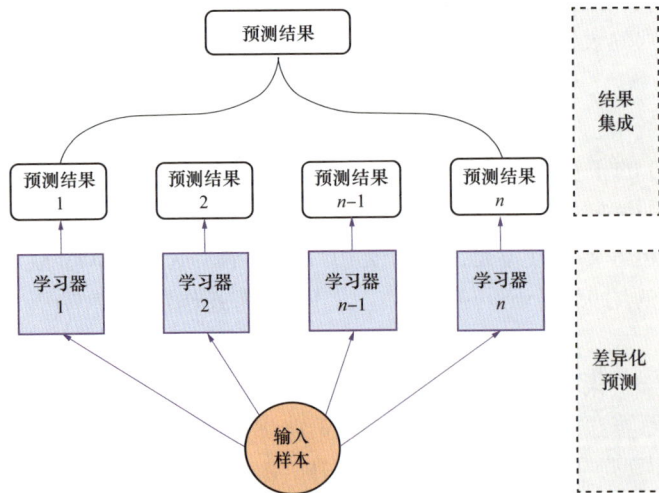

图 2-1　集成学习的基础结构

通过组合多个学习器，集成学习的表现一般优于单个学习器，即多个弱学习器的组合可以产生超越基础学习器最佳模型性能的集成模型，但为了实现这个目的，也就是良好的有效率的集成，个体学习器应该"好但不同"，即个体学习器应该有一定的"准确率"和充分的"多样性"。这一结论可以从数学角度进行简单的证明，假设在给定的二分类问题下，基础学习器具有一个固定的

分类错误率，记作 $\dot{O}$，也就是说对于每一个基础学习器来说，都有

$$P[h_i(x) \neq f(x)] = \dot{O} \tag{2-11}$$

假设以多人共同投票也就是等权的方式对模型进行集成，一共有 N 个基础学习器的基础上，超过半数的分类结果便记作最终分类结果，则集成模型的输出为

$$H(x) = sign\left[\sum_{i=1}^{T} h_i(x)\right] \tag{2-12}$$

如果基础学习器的分类错误率是相互独立的，则可以由霍夫丁不等式推导出集成模型的错误率为

$$P[H(x) \neq f(x)] = \sum_{k=0}^{[T/2]} \binom{T}{k} (1 - \dot{O})^k \quad T^{-k}$$

$$\exp\left[-\frac{1}{2}T(1 - 2\dot{O})^2\right] \tag{2-13}$$

式（2-13）表明，随着集成中单个分类器的数量不断增加，集成模型的错误率将下降至 0。当然在实际应用中，上述分析的关键假设必须放宽，也即基础学习器的错误在实际任务中相互独立这一条件几乎不再成立，因为不同学习器面临着相同的样本空间。

目前的集成学习方法包括，一是在个体学习器之间没有强依赖性的情况下可以并列生成的方法 Bagging，二是在个体学习器之间具有强依赖性且必须连续生成的序列化方法 Boosting。

Bagging 思想的基本原理是所有基本模型都以相同的方式处理，而每个基本模型等权地进行投票获得最终结果。在大多数情况下，通过 Bagging 获得的最终集成结果的方差会更小。Bagging 算法的具体过程如下：

（1）采样环节：原始样本的训练集重构。在每一轮采样环节中，有放回地从原始样本集中提取 N 个训练样本，此时存在一部分样本被多次选入训练集，且有一部分样本完全未在训练集中出现。像这样总共进行了 K 轮抽取，以获得 K 个训练集，这 K 个训练集相互独立。

（2）训练环节：每次使用一个训练集进行训练并获得一个模型，则一共可以从 K 个训练集中获得共计 K 个模型。这里并不限制具体的分类算法或回归方法，可以根据实际面对的问题灵活选择对应的方法。

（3）集成环节：如果是分类，对前一步得到的 K 个模型进行平均的投票而得到最终的分类结果；如果是回归则计算模型的等权均值输出作为整体的最终结果，也即在这里所有模型都具有相同的重要程度。

不难看出，Bagging 算法的逻辑侧重于提高未来预测的泛化能力，但在模型精度上没有加以特别的处理，故其虽然效果要优于单一模型的决策树或者

SVM 的方法，但是精度仍然有一定的提升空间。针对这一问题，Boosting 算法应运而生，其核心差异在于基本模型的目标问题和最终权重不同，对应的个体学习器有很强的依赖性，必须严格串行连续生成。具体来说，Boosting 算法包括加法模型和前向分布算法这两部分。

（1）加法模型。加法模型是指按照如式（2-14）所示的方式将一系列弱分类器线性叠加而成的强分类器

$$F_{M(x;P)} = \sum_{m=1}^{n} \beta_m h(x;a_m) \tag{2-14}$$

式中：x 是弱分类器；a_m 是弱分类器学习的最佳参数；β_m 是弱学习者在强分类器中的比例；P 是所有 a_m 和 β_m 的组合。通过将这些弱分类器线性相加，则可以形成对应的强分类器。

（2）前向分步算法。前向分步算法是指在训练过程具有严格的顺序，在上一轮迭代的基础上训练下一轮迭代生成的分类器，即分类器的生成过程有以下的顺序

$$F_m(x) = F_{m-1}(x) + \beta_m h_m(x;a_m) \tag{2-15}$$

基于加法模型和前向分步算法，Boosting 算法在每一轮训练都会增加错误率低的基本模型的权重，降低错误率高的模型的权重，使最终进行集成的分类器对错误划分的数据有更好的效果。一般情况下，经过 Boosting 算法集成所以得到的最终结果对应着更小的偏差，因而具有更高的精度。

2.3.2.3　DT 模型和生成方法

决策树一般分为两类：用于分类问题的决策树称为分类树，每个叶节点包含一个用于预测未知样本类别的标识；用于回归问题的决策树称为回归树，每个叶节点包含预测未知样本输出值的常数或方程。经过不断的发展，决策树方法衍生出了很多算法，绝大部分由 CART、ID3、C4.5 算法演化而来。ID3 基于信息增益选择分类属性，C4.5 算法基于信息增益率进行分裂属性选择，这两种方法形成的都是多叉树，CART 方法基于 Gini 函数、Orderd 函数等，所得结果是简单的二叉树。

在安全稳定智能挖掘领域，比起神经网络、支持向量机等算法构成的预测模型，决策规则具有独特优势：用决策树方法得到的规则对于理解模型建立的过程更为容易，模型建立比较灵活，可以处理数据集中连续或离散的数据属性，得到的结果信息可解释性强，将数据样本转化为规则。决策树对样本的分类过程是一系列的特征量取值范围的判断，如图 2-2 所示。从顶端开始往下根据不同的条件进入不同的分支，最后给出系统稳定与否的分类。这种判断系统稳定与否的方式与电网操作人员依据经验判断的方式相似，因此

结果的可解释性强。

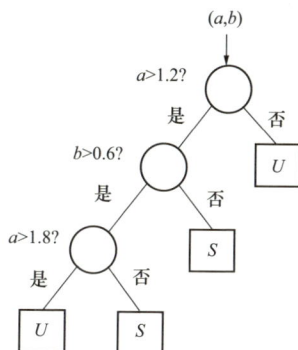

图 2-2　决策树示意图

决策树的生成过程是确定用于判断的特征量及其阈值的过程。在决策树生成以后还面临着是否存在过度拟合的问题（Overfitting），为了保证测试精度，通常在决策树生成后要对其进行修剪（Pruning）。已有的研究发展出了许多不同的算法，也有成熟的商业软件可以完成这一工作，在研究中出现较多的是商业软件包 CART（Classification and Regression Trees）。

2.3.2.4　GBDT 算法原理及缺点

GBDT（Gradient Boosting Tree）是集成学习的 Boosting 模型中应用最广泛的一个模型。它由一系列子模型的线性组合构成，基于迭代原理，以回归树作为子模型，逐一添加子模型，使学习器损失函数不断减小。GBDT 算法原理如式（2-16）所示

$$F_k(x) = \sum_{i=1}^{k} f_i(x \mid \theta_i) \tag{2-16}$$

式中：$f_i(x \mid \theta_i)$ 为第 i 轮迭代新加入的回归树子模型；θ_i 为子模型的参数；k 为子模型个数，x 为样本数据。

θ_i 参数由损失函数最小化求得，如式（2-17）所示

$$\theta_i = \mathrm{argmin} L \big[F_{i-1}(x) + f_i(x \mid \theta_i) \big] \tag{2-17}$$

式中：L 为学习器用于预测时的残差平方和损失函数。

GBDT 算法构造子模型决策树的原理是采用预排序算法。预排序的思想是对所有特征的数值进行预排序，遍历所有数值寻找一个特征上的最好分割点，然后基于此分割点将数据分割为左右子节点。

GBDT 算法具备精度高、不易过拟合等优势，采用预排序算法进行特征选择和分裂，可以精确的寻找到最佳分割点，但非常耗时和耗内存，不适处理海量数据。

2.3.2.5 轻量级梯度提升树算法

Light Gradient Boosting Machine（LightGBM）算法是一种基于决策树的集成学习算法，于 2017 年被提出，是基于 Gradient Boosting Decision Tree（GBDT）模型的提升版本，其优点包括计算准确率高、运行速度快、支持并行处理、占用内存少和适用于大规模数据处理等，相较于现有的集成算法，Boosting 在模型的精度表现和运算速度上都有较大的提升，目前被广泛地应用到排序、分类等多种机器学习任务中，且表现优异。

LightGBM 模型与大多数决策树的节点生长分裂策略不同，不是简单地按照层次顺序进行生长（Level-wise），而是按照叶子进行分裂（Leaf-wise），首先找出当前侧所有叶子中分裂增益最大的叶子，在此叶子节点上进行分裂，然后再从全局所有叶子中找到分裂增益最大的一个叶子进行分裂，依次循环分裂，对另一侧也采用相同的策略，最终生成树。LightGBM 算法建立在基于直方图（Histogram algorithm）的划分点选择基础上，通过两个方法降低训练学习过程中所需要的样本数量和特征数，分别是基于梯度的单边采样（Gradient-base done-side sampling，GOSS）和互斥特征绑定（exclusive feature bundling，EFB），目的是保持较高学习性能的同时还可以减少训练过程中对时间和空间的资源占用。

（1）直方图算法。LightGBM 算法在原理中放弃了 GBDT 的预排序算法，选用直方图算法进行代替，使得算法的速度和效率得以大大提升。

直方图算法将原本连续的特征值进一步离散成 k 个整数特征值，并给每个特征构造一个相应的直方图。算法训练时只需在直方图中基于离散值来寻找最优分割点。尽管基于离散值寻找到的分割点是粗糙的，并非最优的准确分割点，但由于决策树本身是一个弱模型，这使得分割点的准确与否并非十分重要，甚至粗糙的分割点有正则化效果进而可以有效防止过拟合。直方图的采用使 LightGBM 算法在训练中不需存储预排序之后的结果，使得内存占用大大减小，同时时间复杂度也大大降低。

（2）单边梯度采样法。单边梯度采样法（GOSS）是一个样本的采样算法。不同的样本具有不同的梯度，对分类结果的信息增益是不同的，GOSS 的基本思想是在分裂特征时排除大部分小梯度样本，用剩下的样本计算信息增益，在减小数据量和保证精度上取得个平衡。若直接丢掉小梯度样本，会改变数据分布，为避免影响训练效果，GOSS 的具体思路是：

1）将待分裂特征值降序排序；

2）选取梯度最大的 $a \times 100\%$ 个数据；

3）从剩下的梯度较小的数据中随机选取 $b \times 100\%$ 个；

4）将 $b \times 100\%$ 个数据乘以常数 $(1-a)/b$；

5）利用这（a+b）×100% 个数据来计算信息增益。

（3）带深度限制的 Leaf-wise 的叶子生长策略。LightGBM 算法利用叶子生长策略代替 GBDT 中的按层生长的决策树生长策略。按层生长策略中对一层的所有叶子都进行分裂，而叶子生长策略不同，它分裂的原则与层无关，而是依据叶子的分裂增益来进行分裂，如此循环，如图 2-3 和图 2-4 所示。由于许多叶子的分裂信息增益很低，没必要进一步搜索和分裂，因此叶子生长策略节省了许多计算成本，是一种更加高效的生长策略。叶子生长策略虽然更加高效，但容易生长出更深的树导致过拟合，因此开发者在算法中增加了 max depth 参数对树的深度加以限制。

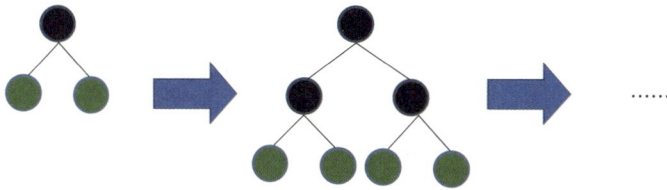

图 2-3　按层生长策略示意图

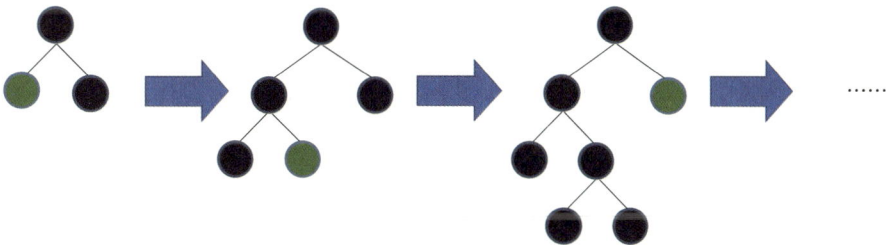

图 2-4　叶子生长策略示意图

2.3.2.6　深度置信网络（DBN）

DBN 是一种生成模型，通过训练其神经元间的权重，研究者可以让整个神经网络按照最大概率来生成训练数据。所以，不仅可以使用 DBN 识别特征、分类数据，还可以用它来生成数据。深度置信网络（DBN）由若干层受限玻尔兹曼机（RBM）堆叠而成，上一层 RBM 的隐层作为下一层 RBM 的可见层，受限玻尔兹曼机网络结构如图 2-5 所示。

DBN 在训练时采用逐层无监督贪婪训练，这种训练方法支持它们拥有更深的网络结构，使其适用于高维复杂数据的自动特征提取，可以有效避免人工特征提取的繁复和不确定性。实际应用中，DBN 通常与其他方法相结合，用于解决分类或预测问题。

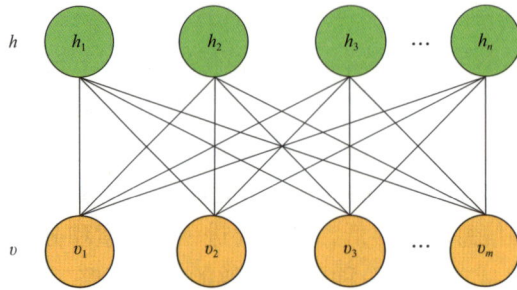

图 2-5　受限玻尔兹曼机网络结构

2.3.2.7　堆栈自动编码器（SAE）

SAE 结构与 DBN 相似，由多个自动编码器（auto-encoder，AE）堆叠而成，一个基本的 AE 可视为一个输出层与输入层具有相同的神经元个数的 3 层神经网络，其网络结构如图 2-6 所示。AE 是一种尽可能复现输入信息的神经网络，从输入层到隐含层的变化过程称为编码，从隐含层到输出层的变化过程称为解码，将原始信息 x 输入网络，通过调节网络参数使得变换后的信息 $\hat{x}$ 与 x 尽可能相似，当二者误差足够小时，便认为 h 为输入信息的另一种特征表示。SAE 通过将多层 AE 堆叠，采用逐层无监督贪婪训练，这样便得到了原始输入信息的分层特征表示。

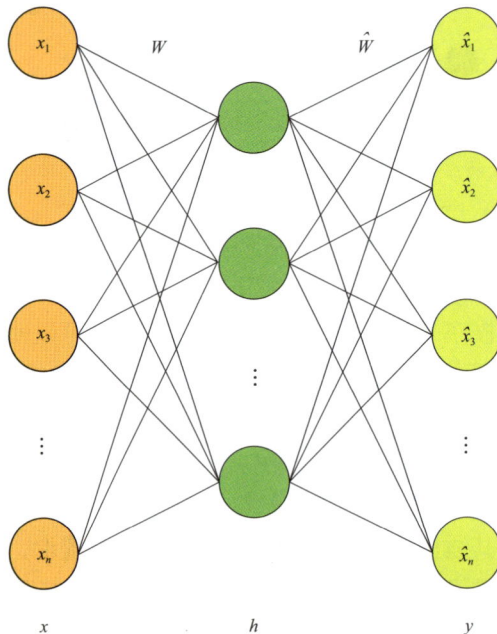

图 2-6　自动编码器网络结构

2.3.2.8　卷积神经网络（CNN）

CNN 不同于 SAE 和 DBN，它是一种有监督深度学习网络模型，由输入层、卷积层、子采样层、全连接层和输出层组成，其中卷积层和池化层通常取若干个，且二者交替设置，网络结构如图 2-7 所示。其中，卷积层由若干卷积单元构成，通过卷积运算进行特征提取，更多的层通常能够提取更复杂的特征；子采样层则是对卷积获取到的高维特征降维，通过取均值或最大值得到新的、维度小的特征；全连接层则是把所有局部特征结合变为全局特征，便于后续计算判别。相比其他神经网络，CNN 的特点在于其每一层特征都由上一层的局部区域通过共享权值的卷积核激励得到，大大减少了网络的参数，这使得它特别适合于图像特征的学习和提取。

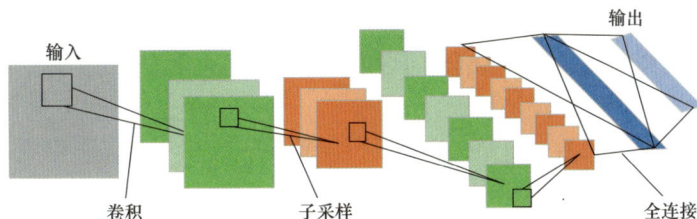

图 2-7　卷积神经网络结构

2.3.2.9　循环神经网络（RNN）

RNN 是一类用于处理序列数据的神经网络，具体表现为网络会对前面的信息记忆并用于当前输出的计算中，网络在设计时隐藏层之间的神经元节点有连接，并且隐藏层的输入包括输入层的输入和其自身上一时刻的输出，网络结构示例图如图 2-8 所示。图中，x_t 是 t 时刻的输入，s 是 t 时刻隐藏层的状态，o_t 是 t 时刻的输出，U、V、W 为所有层共享权重系数。相比于传统 RNN，LSTM 主要是增加了门限控制，使得自循环的权重是变化的，因此累积的时间尺度可以动态改变，有效避免了梯度消失或爆炸问题。

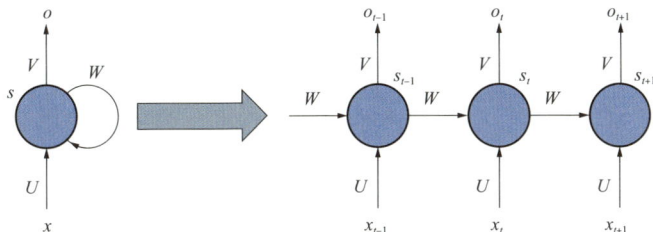

图 2-8　RNN 网络结构示意图

2.3.3 人工智能技术在电力系统中的应用

随着能源结构变革，新能源产业得到快速发展，电力电子设备在电力系统中的占比提高，特高压主网、分布式能源的高比例渗透以及电动汽车大规模接入使电网结构更为复杂和灵活，存在不确定性大、非线性强、耦合关系复杂等特点。电力系统的智能化水平显著提高，其对电力系统运行及控制等各方面技术的要求趋向于高效、简单、可靠。而传统技术存在可靠性不高、缺少长久验证、机理不清等问题。因此，人工智能技术具有应对高维、时变、非线性问题的强大学习能力以及强优化处理能力，凭借其优势和特点可有效解决复杂电力系统面临的各种挑战，是提升新一代电力系统安全、可靠、经济性的有效工具。人工智能技术是电力系统发展的必然选择，人工智能技术与电力系统的深度融合，将逐步实现智能传感与物理状态相结合、数据驱动与仿真模型相结合、辅助决策与运行控制相结合，从而有效提升驾驭复杂系统的能力，提高电力系统运行的安全性和经济性。

电力系统领域早在二十世纪七八十年代便开展了人工智能相关应用研究，概括起来主要经历了以下三个阶段：第一阶段将专家系统、人工神经网络等技术逐步应用于电力故障分析诊断、系统安全估计和负荷预测等领域；第二阶段进一步将神经网络、贝叶斯分类、支持向量机等机器学习技术应用于电力系统动态安全估计、暂稳态预测和优化运行等领域；第三阶段将深度学习、强化学习、混合增强智能、群体智能等新一代人工智能算法应用于设备故障诊断、电网稳定性判断以及电网调度控制等领域。随着人工智能技术的发展，其在电力系统中的应用逐渐从单一的技术应用向多样化的技术应用方向发展，涵盖了负荷、新能源发电与消纳、需求侧管理、电网安全与稳定、电力系统优化调度、网络安全、设备管理等多个场景，下面针对各部分展开介绍。

（1）电力系统稳定分析领域中的应用实践。稳定分析是电力系统安全运行的重要内容，其中低频振荡和次同步振荡又是电力系统稳定分析中的典型问题。下面将对用于处理低频振荡问题的机器学习方法进行分析。传统的信号分析方法包括 Prony 算法、HHT 变换、S 变换等。这些方法均根据拟提取的特征来选择相应的特征，而方法的设计则需要以实际经验和专业知识为基础。随着人工智能技术的发展，吸取深度学习自动提取信号特征的优势，可以利用 DBN（深度置信网络）来识别低频振荡的模态数，然后利用 Prony 算法分析模态信息。利用 DNN（深度神经网络）来对网侧变流器输出变量的稳定性进行判断，大大提高预测结果的正确性。在振荡频率信号中可能会出现很多畸变，可以使用胶囊神经网络技术来实现对变形特征的分析。另外，如果存在分析数据不足问题，可以使用生成对抗神经网络技术来处理。

（2）电力系统协调调度领域中的应用实践。在含有可再生能源的协调调度中，为了对可再生能源的发电量进行预测，需要考虑太阳辐照度和温度等数据具有时间顺序和离散特性。有研究基于相似时刻构造输入向量，分别对各时刻的光伏出力进行预测；使用了小波变换与 DBN 相结合的方法，小波变换用于信号的分解，DBN 将分解后的信号进行特征提取。由于风险调度是一个基于潮流的复杂非线性规划问题，求解的经典优化算法存在全局收敛性差、要求精确数学模型等缺点。而智能求解算法具有对特定数学模型依赖性低、应用简单等优势，但是对相似任务的优化是孤立进行的，不能有效保留以往任务的经验和知识，很难进行大规模复杂风险调度的快速优化。针对上述问题，有研究采用了迁移学习算法将在源领域中所学习到的知识或策略应用到相似但不相同的目标领域，复用已有经验以加速新任务的学习速度。

（3）电力系统负荷和发电预测领域中的应用实践。依据预测周期和目的的不同，负荷预测大致分为长期负荷预测、中期负荷预测、短期负荷预测以及超短期负荷预测。短期负荷预测通常用于预测从第二天到下一周的电力负荷大小，预测目标通常是某个区域的承载能力或每日和每周的电力消耗数据。可以充分利用迁移学习在处理"两个不同但又彼此联系"类型数据上的优势，将 7 周数据中的 1 周数据作为目标任务，其余 6 周数据作为源任务进行迁移学习。另外，考虑到负荷的变化曲线受自身历史运行状态、气象因素、电力用户特征等多重因素的影响，可以使用 MaXNet 深度学习框架来综合分析各因素对电力负荷的影响。为了处理负荷数据的时间序列问题，可以选择基于 LSTM 模型并进行了基于时间序列的交叉验证。

新能源技术的大规模发展和发电资源的不确定性给电力系统运行带来了一定的挑战。可以利用机器学习策略进行发电功率预测，使用 SDAE（堆叠式降噪自动编码器）来分析风力资源在时序上的非线性、动态性问题，对比结果显示，相比于传统反馈神经网络结构和支持向量机策略，SDAE 的风电功率预测误差大大降低。使用 RNN 结构中 LSTM 模型可以对气象预报数据进行分析，并采用主成分分析法降低 LSTM 模型输入变量的维数。为了提取风电数据中的特征，可以使用 DBN 对历史数据进行分析，DBN 可以有效降低预测数据误差。

（4）电力系统运行监控中的应用实践。机器学习在电力系统运行监控中的应用大致分为主站监控、变电监控和输电监控 3 个方面。深度学习在主站监控领域研究较少，只有零星利用传统机器学习算法进行主站告警信息处理的报道。有研究在对电力调度系统的告警信号文本信息进行处理时，采用隐马尔科夫模型中的 Viterbi 算法进行分词。在变电站监控方面，在智能变电站智能视觉系统的开发中，将传统的机器学习算法和视觉跟踪技术相结合来跟踪和识别变电站内的移动物体（如人员）。对于变电站中人行为的监控，建立了工作人员闯入、误入限制区域甚至危险区域的变电站监控图像异常状况模型，采用CNN模型结构；在模型构建时采用了基于矩阵2-范数的池化方法，同时利用一种非线性修正函数作为神经元激励函数，相比于传统激励函数提高了识别的准确率。

2.4　小结

本章首先介绍电力大数据的基本情况及电力大数据技术在电力系统中的应用，然后介绍常用人工智能算法及其在电力系统中的应用现状，为大数据及人工智能技术在电力系统安全稳定分析与控制决策应用提供理论基础。电力系统的安全稳定运行是国家能源安全的重要支撑，电网调度控制是保证电网安全稳定运行的关键，随着电网规模的扩大和调度复杂性的提升，有必要充分发挥人工智能和电力大数据技术优势，应用于电力系统运行与安全稳定控制决策中，以提升电力调度智能决策水平。

参考文献

［1］ 闪鑫，陆晓，翟明玉，等. 人工智能应用于电网调控的关键技术分析［J］. 电力系统自动化，2019，43（1）：49-57.

［2］ 赵腾，张焰，张东霞. 智能配电网大数据应用技术与前景分析［J］. 电网技术，2014，38（12）：3305-3312.

［3］ 张沛，和怡，张大海，等. 电力大数据应用的判断原则［J］. 电力建设，2017，38（05）：85-90.

［4］ 苗新，张东霞，孙德栋. 在配电网中应用大数据的机遇与挑战［J］. 电网技术，2015，39（11）：3122-3127.

［5］ 冯东豪. 支持快速在线分析的电网实时数据建模技术［D］. 华南理工大学，2017.

［6］ 孙秋野，杨凌霄，张化光. 智慧能源——人工智能技术在电力系统中的应用与展望［J］. 控制与决策，2018，33（5）：938-949.

［7］ 靳龙. 人工智能AI技术在电力系统的应用［J］. 集成电路应用，2018，35（11）：72-74.

［8］ 赵晋泉，夏雪，徐春雷，等. 新一代人工智能技术在电力系统调度运行中的应用评述［J］. 电力系统自动化，2020，44（24）：1-10.

［9］ HINTON G，SALAKHUTDINOVR. Reducing the dimensionality of

data with neural networks [J]. Science, 2006, 313: 504-507.

[10] HINTON G, OSINDERO S, THE Y. A fast learningalgorithm for deep belief nets [J]. Neural Computation, 2006, 18 (7): 1527-1554.

[11] 谭建荣, 刘振宇, 徐敬华. 新一代人工智能引领下的智能产品与装备 [J]. 中国工程科学, 2018, 20 (04) :35-43.

[12] Cortes C, Vapnik V. Support-Vector Networks [J]. Machine Learning, 1995, 20 (3) :273-297.

[13] Ke G, Meng Q, Finley T, Wang T, Chen W, Ma W et al. LightGBM: a highly efficient gradientboosting decision tree [C] // Advances in Neural Information Processing Systems 30 (NIP 2017) .2017:3146-3154.

[14] 周志华. 机器学习 [M]. 北京: 清华大学出版社, 2016 年 1 月.

[15] Jerome H. Friedman. Greedy Function Approximation: A Gradient Boosting Machine [J]. The Annals of Statistics, 2001, 29 (5):1189-1232.

[16] 李航. 统计学习方法 [M]. 北京: 清华大学出版社, 2012 年 3 月.

[17] Ian Goodfellow/ Yoshua Bengio. 深度学习 [M]. 北京: 人民邮电出版社, 2017 年 8 月.

3

大电网安全稳定智能分析数据预处理技术

3.1 数据预处理技术简介

数据预处理是数据检测前的数据准备工作，一方面保证检测数据的正确性和有效性；另一方面通过对数据格式和内容的调整，使数据更符合检测的需要。其目的在于把一些与数据分析、数据检测无关的项清除掉，为了给数据检测算法提供更高质量的数据。

电力系统时刻产生着各种断面特征数据、微电网结构、新能源并网等多维数据，带来海量大数据的同时还伴随着数据冗余等复杂情况，为提高对数据的精准合理分析、提升数据处理效率，数据预处理过程在前期的应用必要且有效。

3.1.1 数据转换

数据转换主要通过对电力系统行业的数据的格式和内容的调整，使业务数据模型更符合核心算法的系统数据模型，供核心算法调用，如图 3-1 所示。所以需要制定系统的数据适配规范，规范包括了对业务系统数据源的定义，需要校核的核心业务数据库表的定义，校核字段的定义，最小单位的定义以及相关参数的定义。

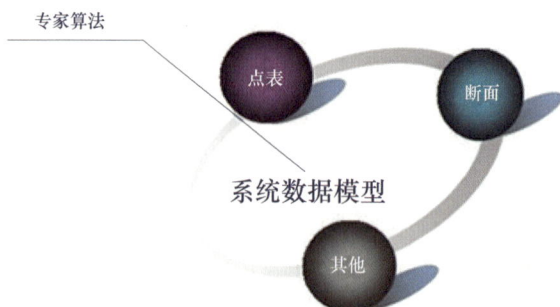

图 3-1 数据转换

3.1.2 数据处理

根据转换后的数据模型，再进行数据的筛选和降维，从具体的业务系统获取到的原始数据中，存在部分空值数据、严重失真数据等，为了排除不合理数据对训练结果的影响，从而形成算法所需的归一化数据，原始数据处理主要包括数据预处理、清洗两个步骤，具体流程如下：

数据准备阶段，根据数据适配规范获取业务系统的原始数据。

数据预处理阶段，主要是对数据进行归一化处理。计算各个字段的概率分布图，从概率分布图中可以看到数据的具体分布情况，根据概率分布设定上下限值，原始数据根据限值进行归一化，从而得到归一化数据。

数据清洗阶段，主要是剔除一些不合理的数据，包括差值处理、限值处理。差值处理就是在归一化数据中，相邻两个数据之间的差值较大时，将该数据剔除；限值处理就是将归一化数据中超出合理范围的数据剔除。

经过数据预处理、数据清洗两个阶段，得到了用于算法的训练数据，具体过程如图 3-2 所示。

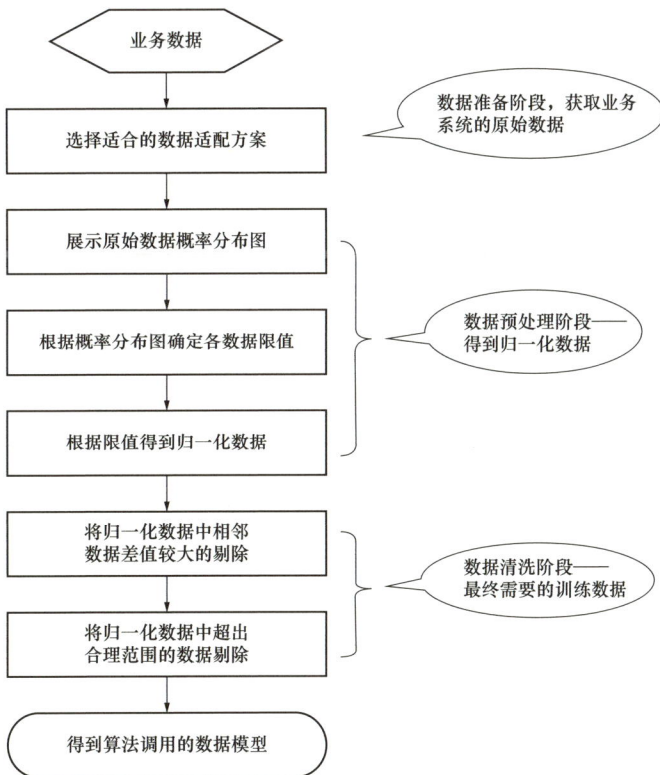

图 3-2　数据处理

3.2 基于神经网络的基础数据智能检测技术

3.2.1 异常数据检测方法

异常数据检测问题是给定 N 个数据对象，将明显不同的、不一致的前 k 个对象找出来。异常数据的检测问题可分解为两步：①定义在数据集中怎样的数据是异常的；②找到一个发现所定义的异常数据的有效方法。

传统的异常数据检测方法有以下几种。

3.2.1.1 基于统计的方法

基于统计的方法分为基于分布的检测算法和基于深度的检测算法两类。基于分布的检测算法先构造一个标准分布的模型拟合数据集，然后根据概率分布来确定异常数据。基于深度的检测算法主要以计算几何为基础，通过计算不同层的 k-d 凸包将外层数据判定为异常数据。

3.2.1.2 基于距离的方法

基于距离的方法的基本思路是将数据点看作空间上的点，找出数据集中与大多数数据对象之间的距离大于阈值的对象，定义为异常数据。如果一个数据集 S 中，至少有 pet 个数据点与对象 O 的距离大于 dmin，则对象 O 是一个带参数 pet 和 dmin 的基于距离的异常数据，通常描述为 DB（pet，dmin）。

3.2.1.3 基于偏离的方法

基于偏离的方法是根据一个数据点偏离所在数据集的主要特征的程度来判断异常数据点的。序列异常技术是基于偏离异常数据分析的主要方法。

给定数据集 S，对象数为 n，建立一个子集序列 $\{S_1, S_2, \cdots, S_n\}$。对每个子集，计算该子集与前序子集的相异度函数。平滑因子是一个为序列中每个子集计算的函数，它估算从原始的对象集合中移走子集合可以带来的相异度的降低程度。平滑因子最大的子集就是异常集。

3.2.1.4 基于密度的方法

密度指的是数据集中和 O 点的距离小于给定半径 d 的邻域空间里数据点的个数。用 $D_k(O)$ 表示点 O 与它的第 k 个最近邻的距离。给定 D 维空间的数据集 S，数据量为 N，设定参数 n 和 k。如果满足 $D_k(O') > D_k(O)$ 的点 O′ 小于 n 个，则称 O 点离群。此时根据 $D_k(O)$ 对数据点排序，即将前 n 个对象看作是异常数据。

3.2.1.5 异常数据检测算法小结

以上对于四种传统的异常数据检测算法只是根据它们的主要原理进行了粗略的分类。实际上不同的方法之间可能会有交叠，如基于偏离的算法中对相似度的定义可以是对数据点距离的度量。

表 3-1 是四种传统方法的优点和不足。

表 3-1 四种传统异常数据检测算法的优点和不足

算法	优点	主要不足
基于统计的方法	计算简单、原理清晰、通用性强	1）大多数是针对单个属性的，无法应用到多维数据； 2）需要知道如数据分布情况等数据集参数的有关知识，而在现实中数据分布往往是未知的
基于距离的方法	1）不需要知道数据集参数； 2）算法对数据数 n 是线性的，因此可以利用在大规模数据集的异常检测中	1）算法的复杂度以维数为指数幂，所以对维数的可拓展性较差； 2）为了达到最好的检测效果，用户要对 pet，dmin 等参数的设置多次尝试，灵活性较差
基于偏离的方法	与数据集的大小呈线性关系，有很好计算性能	序列异常检测算法提出的序列异常概念没有得到普遍的认可，仍存在一定的缺陷，会遗漏不少的异常数据
基于密度的方法	能检测出局部异常数据	法解释异常的产生原因，特别是在高维数据中，局部异常点未必是全局异常点

3.2.2 聚类方法

聚类分析是将一个数据集中相似度较高的数据对象划分在同一组，而将不相似的对象划分在不同组的过程。聚类分析可应用于异常数据检测，其思路是对数据集聚集成不同的簇，将较小簇判定为异常数据。

根据聚类算法的实现思路，聚类算法可分为以下五类：划分方法、层次方法、基于密度的方法、基于网格的方法和基于模型的方法。

3.2.2.1 划分方法

给定需要划分的数目 K。创建 K 个初始划分，采用迭代的重定位技术，尝试通过对象在划分间移动来改进划分，以期使得在同一个类中的对象之间的距离尽可能小，而不同类中的对象之间的距离尽可能大。绝大多数的划分方法采用的是 $K-$ 平均（$K-$means）算法和 $K-$ 中心点（$K-$medoids）算法。

（1）$K-$ 平均算法。该算法步骤如下：

1）初始化 k 个划分；

2）计算聚类原形矩阵 $M=[\, m_1,\, m_2,\, \cdots,\, m_k\,]$；

3）指派数据集中样本到最近邻的簇 C_w 中；

4）重新计算聚类原形矩阵；

5）重复步骤 2）～ 4），直到每一个簇都不再改变。

K– 平均方法中，每个类用该类中对象的平均值来表示。该算法简单、快速，是聚类分析中最常用的划分方法。但该方法存在一些不足：K 值的不同选取可能会导致不同的聚类结果；初始点选择影响大，可能会因初始点的不当选择陷入局部最优解；不能发现非凸面簇或大小差别很大的簇；对噪声和孤立点很敏感。

（2）K– 中心点算法。每个类用接近该类中心的对象来表示，故称为 K– 中心点算法。K– 中心点算法比 K– 平均算法有更强的鲁棒性，因为中心点不像平均值那么容易被极端数据影响。

3.2.2.2　层次方法

层次方法是对给定的数据对象集合进行层次的分解。根据层次分解形成方式的不同，分为凝聚和分裂两类。

（1）凝聚的方法。凝聚的方法也称为自底向上的方法。先将数据集中的每个对象单独作为一类，然后逐步将这些类进行合并，直至所有类合并到层次最上层的一个类或达到一个终止条件。

（2）分裂的方法。分裂的方法也称为自顶向下的方法。先将数据集中的所有对象置于一个类中，然后再逐步进行细分，直至每个类中仅包含一个对象或达到一个终止条件。

在凝聚或者分裂的层次聚类方法中，通常以用户定义希望得到的类的数目作为终止条件。

3.2.2.3　基于密度的方法

基于密度的方法的主要思想是：对给定类中的每个数据点，在给定的范围的区域内至少包含某个数目的数据点，只要邻域的密度超过某个阈值就继续聚类。

基于密度的算法能克服基于距离的方法对非球状的类聚类效果差的不足，对噪声有一定的抑制作用。但由于算法是将簇看作是被低密度区域隔离开的高密度区域，因而对于密度分布不均的数据集，聚类效果并不理想。算法复杂度较高，一般为 O（n^2），且多数算法对参数的敏感性较高。

3.2.2.4　基于网格的方法

基于网格的方法是把对象空间量化为有限数目的单元，形成一个网格结构。所有的聚类操作都在这个网格结构（即量化空间）中进行。该算法处理速度独立于数据对象的数目，只与量化空间中每一维的单元数目有关，所以其处理速度很快。但这种算法效率的提高是以降低聚类结果的精确性为代价的。

3.2.2.5 基于模型的方法

基于模型的方法为每个类假定一个模型，寻找数据对给定模型的最佳拟合。基于模型的方法主要有统计学方法和神经网络方法两类。

神经网络方法，如反向传播（BP）算法、离散型 Hopfield 神经网络、学习矢量量化（LVQ）算法、自组织特征映射（SOM）算法等在不同的聚类问题上都有着广泛的应用。与以上的聚类算法相比，神经网络的方法可以避开建立复杂的数学模型和烦琐的数学推理，适合于处理非线性和含噪声的数据，对信息处理具有自组织、自学习的特点，因而得到了广泛的应用。

3.2.3 人工神经网络方法

3.2.3.1 人工神经网络概述

人工神经网络（Artificial Neural Network，ANN）是一门新兴交叉学科，从 20 世纪 40 年代诞生至今被广泛应用在生物、计算机、电子、数学、物理等很多领域。人工神经网络由大量处理单元（神经元）广泛互连而成。它是对人脑的抽象、简化和模仿。

人工神经网络对数据处理有自组织、自学习的特点。神经网络的神经元之间的连接强度用权值大小表示。权值在对训练样本的学习中不断变化，从而通过神经元反映出样本特征。

3.2.3.2 神经网络的基本结构

神经网络是由一个或多个神经元组成的信息处理系统。神经元为神经网络的基本处理单元。一个神经元是有 n 个不同输入，单个输出的非线性单元，如图 3-3 所示。

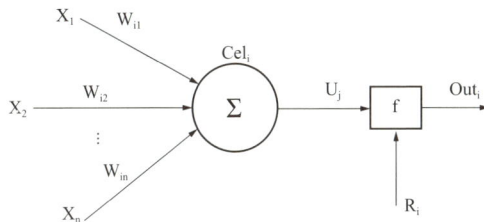

图 3-3 人工神经元模型

其中 Cel_i 为第 i 个神经元，R_i 为第 i 个神经元的阈值，Out_i 是第 i 个神经元的输出信息，X_1，X_2，$\cdots$，X_n 分别从 Cel_1，Cel_2，$\cdots$，Cel_n 传输到第 i 神经元的信息，W_{ij} 为从神经元 Cel_i 到神经元 Cel_j 的连接权值。可见

$$Out_i = f(\sum_{j=1}^{n} W_{ij}x_j - R_i) \qquad （3-1）$$

式中：f 是神经元 Cel$_i$ 的输入输出传递函数（激活函数）。激活函数可以是线性的，也可以是非线性的。典型的激活函数如图 3-4 所示。

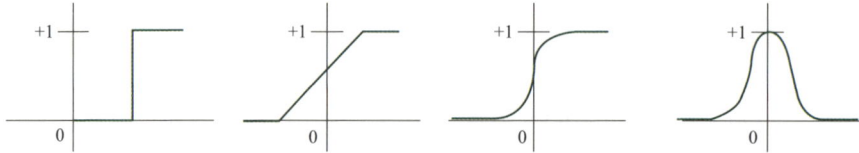

图 3-4　典型的激活函数

可见，神经元模型有三个基本要素：

（1）一组连接权，连接强度由各连接权值表示，权值的正负分别对应激活和抑制。

（2）一个求和单元，用于求取各输入信号的加权和（线性组合）。

（3）一个激活函数，将输入映射到输出，并抑制神经元输出幅度在一定范围之内。

3.2.3.3　用于聚类的人工神经网络的典型模型

下面给出一些常用于聚类和分类领域的典型的 ANN 模型算法，其学习规则和应用领域如表 3-2 所示。

表 3-2　　　　　　　用于聚类或分类的人工神经网络的典型模型

模型名称	有师或无师	学习规则	传播方向	应用领域
AG	无	Hebb 律	反向	数据分类
Hopfield	无	Hebb 律	反向	联想存储、优化计算、模式分类、模式识别
ART1	无	竞争律	反向	模式分类
ART2	无	竞争律	反向	模式分类
SOM	无	竞争律	反向	模式分类
BSB	有	误差修正	正向	实时分类
Perceptron	有	误差修正	正向	线性分类、预测
Adaline/Madaline	有	误差修正	反向	分类、噪声抑制
BP	有	误差修正	反向	分类

（1）感知器（Perceptron）。是一组可训练的分类器。由于感知器要求数据线性可分，现已很少使用。

（2）反向传播（BP）网络。是目前应用最广的网络之一。BP算法是一种迭代梯度算法，用于求解前馈网络的实际输出与期望输出间的最小均方差值。BP网是一种反向传递并能修正误差的多层映射网络，参数适当时能收敛到较小的均方差。但训练时间较长，且容易陷于局部最小。

（3）Hopfield网。是一类不具有学习能力的单层自联想网络。Hopfield网模型由一组可使某个能量函数最小的微分方程组成。缺点是计算代价较高，需要对称连接。

（4）自适应谐振理论（ART）。是一个根据可选参数对输入数据进行粗略分类的网络。ART-1用于二值输入，ART-2可用于连续值的输入。此算法的不足之处是对输入过于敏感，输入的小变化可能会引起输出的大变化。

（5）学习矢量量化（LVQ）。是一种自适应数据聚类方法。基于对具有期望类别的信息数据的训练。LVQ是一种有监督训练方法，但是它采用了无监督数据聚类技术，对数据集进行预处理，可获得聚类中心。

（6）自组织特征映射网（SOM）。是以神经元自行组织以校正各种具体模式的概念为基础的。通过无师学习，SOM能形成簇与簇之间的连续映射，起到矢量量化器的作用。

3.2.4　自组织特征映射算法（SOM）

在聚类分析中，应用最多的神经网络算法是自组织特征映射算法（SOM）。SOM网络可以把任意维的输入数据映射到一维或者二维的网络上，并保持一定的拓扑有序性，因而非常适合用于数据聚类和可视化。

3.2.4.1　自组织特征映射算法概述

自组织神经网络映射模型如图3-5所示。

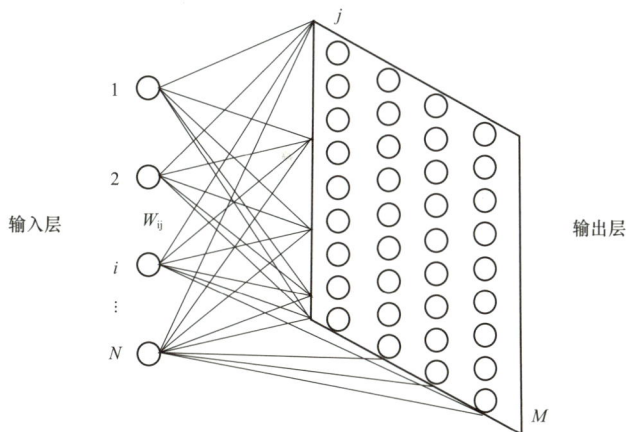

图 3-5　自组织神经网络映射模型

自组织映射学习算法是无师竞争学习算法。SOM 网络由输入层和输出层组成，输出层是二维网格。输入层由 N 个神经元构成，用于接收外部 N 维输入向量。输出层（竞争层）通常排列成一维或二维的平面排列，由 M 个神经元构成，用于将输入层的节点映射到竞争层节点上。输入层的所有节点和竞争层所有节点用权值 w_{ij}（$i=1$，2，$\cdots$，N；$j=1$，2，$\cdots$，M）进行连接，且连接权值在网络训练过程中动态更新。

对于每一个输入向量，通过输入向量值与权重值之间的比较，在神经元之间产生竞争，权重向量与输入模式最相近的神经元被认为对于输入模式反映最强烈，标定为获胜神经元。获胜神经元不但加强自身，而且带动周围邻近的神经元得到加强，同时抑制周围较远的神经元。自组织特征映射神经网络的侧反馈可以用"墨西哥草帽"函数来计算，如图 3-6 所示。

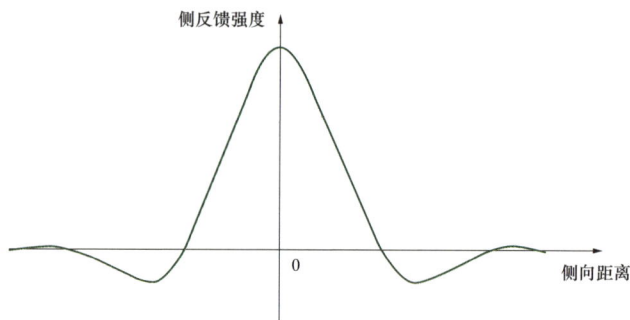

图 3-6　墨西哥草帽函数

3.2.4.2　SOM 网络学习算法

对于 L 个 N 维输入向量 $x_k = (x_{1k}, x_{2k}, \cdots, x_{Nk})^T$，$k = 1$，$2$，$\cdots$，$L$ 算法的具体步骤如下：

（1）确定 SOM 网络拓扑结构，输入层神经元个数为 N，输出层神经元个数为 M。

（2）设置 $t=0$，初始化权值矩阵 $w_j(0)$（$j = 1$，2，$\cdots$，M），赋以随机值。这里唯一的限制是 $w_j(0)$ 互不相同。一般希望保持较小的权值。另一种算法初始化方法是从输入向量的可用集里随机选择权值向量。

（3）为网络提供一个输入向量 $x_k = (x_{1k}, x_{2k}, \cdots, x_{Nk})^T$，$k = 1$，$2$，$\cdots$，$L$。为消除量纲的影响，输入数据应先进行标准化。

（4）计算当前输入向量与竞争层神经元之间的距离，并选择距离最小的神经元为获胜神经元 $q(t) = \arg\min_j \|x_k - (t)w_j(t)\|$。

（5）调整获胜神经元及其邻域范围内神经元的权值向量为

$$w_j(t+1) = \begin{cases} w_j(t) + \eta(t) \left[x_k(t) - w_j(t) \right] & j \in N_q(t) \\ w_j(t) & j \notin N_q(t) \end{cases} \qquad (3-2)$$

式中：$\eta(t)$ 是学习率参数，范围为 $0 < \eta(t) < 1$，随时间而递减；$N_q(t)$ 是获胜神经元 q 的邻域半径，也随时间递减。对不同的拓扑结构，$N_q(t)$ 的变化过程如图 3-7 所示。更新公式（3-2）的直接结果是获胜神经元 q 的权值向量移向输入向量，对在范围内的近邻神经元 j 的移动也有作用。

（6）判断输入向量是否全部提供给网络，若是则转入下一步，否则返回（3）。

（7）更新学习率和邻域半径。

$$\eta(t) = \eta(0)\left(1 - \frac{t}{T}\right) \qquad (3-3)$$

$$N_q(t) = \text{int}\left[N_q(0)\left(1 - \frac{t}{T}\right) \right] \qquad (3-4)$$

式中：$\eta(0)$ 为初始学习率；$N_q(0)$ 为初始邻域半径。

（8）令 $t = t+1$，判断迭代次数是否达到预定总迭代次数 T，若是，算法结束，否则回到（3）。

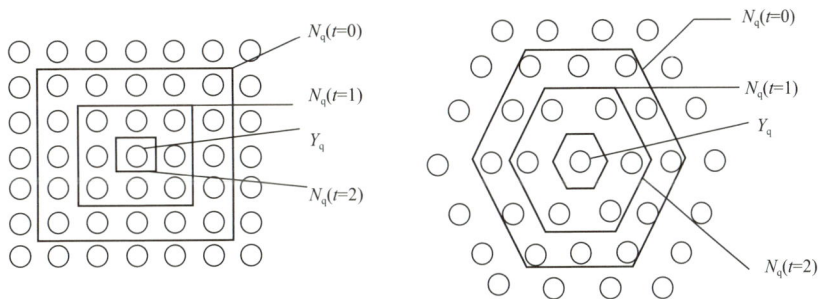

图 3-7 N_q 的形状和变化过程

3.2.4.3 SOM 算法在电量系统中的应用

由于测量仪器错误或执行错误，电网调度中心智能电能表测量的正向有功增量电能数据中存在零值、极大值、突变值等几类异常数据。通过常规的数据清洗处理，可将数据中的零值和极大值剔除。而突变值则可以利用 SOM 算法聚类检测和辨识。

以 5min 为一个间隔测量得到的正向有功增量数据，依照时间序列进行前向差分并取绝对值，可以得到正向有功增量后一时刻相对前一时刻数据的变化值。某一电厂一段时间内的电表正向有功增量数据差分得到的 250 个数据如表 3-3 所示。

表 3-3   正向有功电能增量数据差分值

单位：MW·h

Δx_1	Δx_2	Δx_3	Δx_4	Δx_5	Δx_6	Δx_7	Δx_8	Δx_9	Δx_{10}
0	0.176	0	0.176	0.176	0	0	0.176	0.352	0.352
Δx_{11}	Δx_{12}	Δx_{13}	Δx_{14}	Δx_{15}	Δx_{16}	Δx_{17}	Δx_{18}	Δx_{19}	Δx_{20}
0.352	0.352	0.176	0.352	0.176	0.176	0.176	0.176	0.176	0.176
Δx_{21}	Δx_{22}	Δx_{23}	Δx_{24}	Δx_{25}	Δx_{26}	Δx_{27}	Δx_{28}	Δx_{29}	Δx_{30}
0.176	0.528	0.352	0.352	0.352	0.352	0.352	0.88	1.232	0.352
Δx_{31}	Δx_{32}	Δx_{33}	Δx_{34}	Δx_{35}	Δx_{36}	Δx_{37}	Δx_{38}	Δx_{39}	Δx_{40}
0.176	0.176	0.352	0.352	0.528	0.352	0.176	0.352	0.528	0.528
Δx_{41}	Δx_{42}	Δx_{43}	Δx_{44}	Δx_{45}	Δx_{46}	Δx_{47}	Δx_{48}	Δx_{49}	Δx_{50}
0.176	0.352	0.352	0.352	0.352	0.88	0.528	0.528	0.528	0.704
Δx_{51}	Δx_{52}	Δx_{53}	Δx_{54}	Δx_{55}	Δx_{56}	Δx_{57}	Δx_{58}	Δx_{59}	Δx_{60}
0.528	1.232	0.704	0.176	0.704	3.168	2.816	0.352	0.176	0.176
Δx_{61}	Δx_{62}	Δx_{63}	Δx_{64}	Δx_{65}	Δx_{66}	Δx_{67}	Δx_{68}	Δx_{69}	Δx_{70}
0.176	0.176	0.352	0.352	0.352	0.352	0.176	0.352	0.352	0.704
Δx_{71}	Δx_{72}	Δx_{73}	Δx_{74}	Δx_{75}	Δx_{76}	Δx_{77}	Δx_{78}	Δx_{79}	Δx_{80}
0.704	0.176	0.176	2.288	0.352	0.176	0.176	0.176	0.176	0.352
Δx_{81}	Δx_{82}	Δx_{83}	Δx_{84}	Δx_{85}	Δx_{86}	Δx_{87}	Δx_{88}	Δx_{89}	Δx_{90}
1.408	0.528	0.528	1.056	0.352	0.352	0.528	0.528	1.056	1.584
Δx_{91}	Δx_{92}	Δx_{93}	Δx_{94}	Δx_{95}	Δx_{96}	Δx_{97}	Δx_{98}	Δx_{99}	Δx_{100}
1.936	1.408	3.872	3.52	2.112	1.232	3.344	4.224	1.232	0.528
Δx_{101}	Δx_{102}	Δx_{103}	Δx_{104}	Δx_{105}	Δx_{106}	Δx_{107}	Δx_{108}	Δx_{109}	Δx_{110}
0.88	1.408	1.584	1.056	0.88	1.232	0.528	0.528	1.76	1.408
Δx_{111}	Δx_{112}	Δx_{113}	Δx_{114}	Δx_{115}	Δx_{116}	Δx_{117}	Δx_{118}	Δx_{119}	Δx_{120}
1.584	1.76	1.584	0.704	1.056	0.704	0.528	1.408	1.584	0.528
Δx_{121}	Δx_{122}	Δx_{123}	Δx_{124}	Δx_{125}	Δx_{126}	Δx_{127}	Δx_{128}	Δx_{129}	Δx_{130}
3.344	1.056	0.88	0.352	0.704	0.704	0.352	0.88	0.528	0.704
Δx_{131}	Δx_{132}	Δx_{133}	Δx_{134}	Δx_{135}	Δx_{136}	Δx_{137}	Δx_{138}	Δx_{139}	Δx_{140}

0.528	0.704	0.704	0.704	0.704	1.232	0.704	0.704	1.232	1.232
Δx_{141}	Δx_{142}	Δx_{143}	Δx_{144}	Δx_{145}	Δx_{146}	Δx_{147}	Δx_{148}	Δx_{149}	Δx_{150}
0.704	0.704	0.88	0.528	0.88	0.528	0.704	1.936	1.936	1.936
Δx_{151}	Δx_{152}	Δx_{153}	Δx_{154}	Δx_{155}	Δx_{156}	Δx_{157}	Δx_{158}	Δx_{159}	Δx_{160}
1.936	0.88	1.76	1.232	0.88	2.288	1.76	2.112	0.176	0.176
Δx_{161}	Δx_{162}	Δx_{163}	Δx_{164}	Δx_{165}	Δx_{166}	Δx_{167}	Δx_{168}	Δx_{169}	Δx_{170}
0.176	0.176	1.936	0.528	3.344	1.408	2.288	0.704	1.76	1.76
Δx_{171}	Δx_{172}	Δx_{173}	Δx_{174}	Δx_{175}	Δx_{176}	Δx_{177}	Δx_{178}	Δx_{179}	Δx_{180}
1.584	7.216	7.392	0.352	0.352	0.176	0.176	0.176	0.176	0.352
Δx_{181}	Δx_{182}	Δx_{183}	Δx_{184}	Δx_{185}	Δx_{186}	Δx_{187}	Δx_{188}	Δx_{189}	Δx_{190}
0.352	6.512	6.688	6.864	6.864	1.056	1.232	0.704	1.584	0.528
Δx_{191}	Δx_{192}	Δx_{193}	Δx_{194}	Δx_{195}	Δx_{196}	Δx_{197}	Δx_{198}	Δx_{199}	Δx_{200}
0.528	0.88	0.704	0.528	1.408	1.936	2.112	1.056	1.056	0.704
Δx_{201}	Δx_{202}	Δx_{203}	Δx_{204}	Δx_{205}	Δx_{206}	Δx_{207}	Δx_{208}	Δx_{209}	Δx_{210}
0.704	0.704	0.88	1.056	0.528	0.528	0.528	0.528	0.528	0.88
Δx_{211}	Δx_{212}	Δx_{213}	Δx_{214}	Δx_{215}	Δx_{216}	Δx_{217}	Δx_{218}	Δx_{219}	Δx_{220}
2.64	0.528	0.352	0.704	1.584	0.88	0.528	0.528	0.528	0.528
Δx_{221}	Δx_{222}	Δx_{223}	Δx_{224}	Δx_{225}	Δx_{226}	Δx_{227}	Δx_{228}	Δx_{229}	Δx_{230}
0.352	0.528	0.352	0.176	0.176	0.176	0.176	0.176	0.352	0.352
Δx_{231}	Δx_{232}	Δx_{233}	Δx_{234}	Δx_{235}	Δx_{236}	Δx_{237}	Δx_{238}	Δx_{239}	Δx_{240}
0.352	0.352	0.352	0.176	0.176	0.176	0.176	0.352	0	0
Δx_{241}	Δx_{242}	Δx_{243}	Δx_{244}	Δx_{245}	Δx_{246}	Δx_{247}	Δx_{248}	Δx_{249}	Δx_{250}
0.352	0.352	0.176	0.176	0.352	0.176	0.176	0	0.352	0.352

正向有功电能增量差分值随时间序列的值如图 3-8 所示。

可以看到，部分数据比较分散，明显异于其他数据，因此可以将其定义为异常数据。但是无法人工界定正常数据和异常数据的边界。因此，研究者需要利用上述 SOM 算法聚类以辨识异常数据。

SOM 算法运行结果如图 3-9 ～图 3-11 所示。

聚类结果整理如表 3-4 所示。

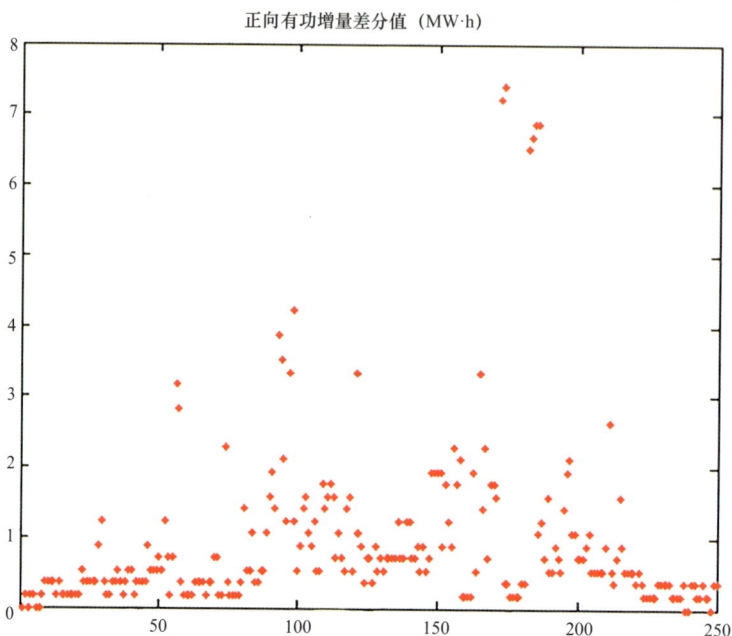

图 3-8　正向有功电能增量差分值

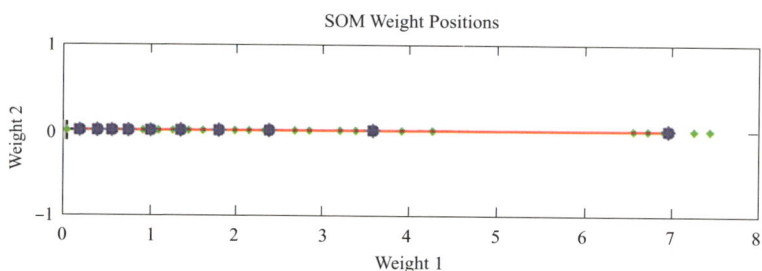

图 3-9　聚类中心位置

表 3-4　　　　　　　　　　　　　　聚类结果

类别	1	2	3	4	5	6	7	8	9	10
聚类中心	0.159	0.352	0.528	0.704	0.959	1.314	1.769	2.347	3.545	6.923
包含数据量	56	50	36	26	23	17	21	8	7	6

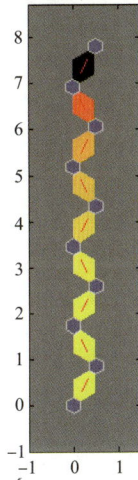

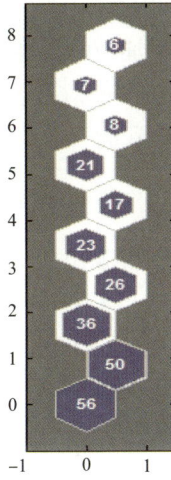

图 3-10　相邻聚类中心距离　　图 3-11　各类样本数目

各类成员以不同颜色的点表示如图 3-12 所示。

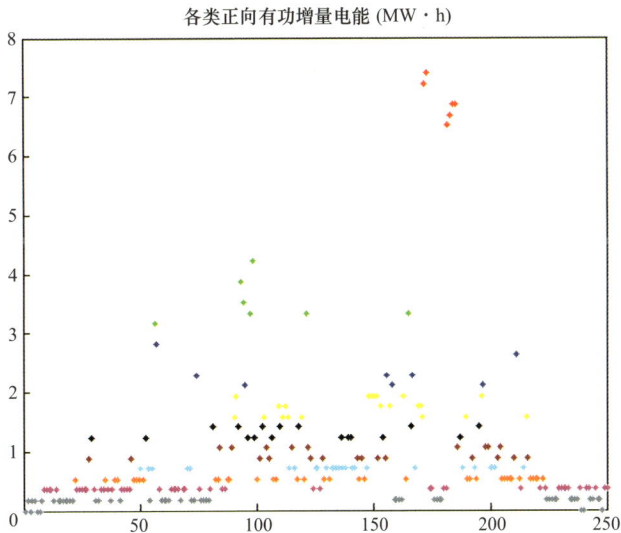

图 3-12　各类成员

　　根据聚类结果，结合专家经验，可以划定相关类的数据为异常数据。也可以根据样本数量的要求确定阈值，如要保证异常数据的比例小于 5%，则可以将第 10 类 6 个数据视为异常数据。

3.2.5 自组织特征映射算法的改进

3.2.5.1 基于加权欧氏距离的 SOM 算法

在 SOM 算法中，获胜神经元是通过取与输入数据欧氏距离最小的权值向量所对应的神经元得到的。对于 p 维输入数据，欧氏距离为

$$d=\sqrt{(x_1-w_1)^2+\cdots+(x_p-w_p)^2} \tag{3-5}$$

这样处理并没有反映出不同维度特征量重要性的差别。但在实际应用中，对于多维数据，各维度特征量的重要性可能并不相同，例如在选择篮球队员时，身高因素占有更大的权重。如果对每一维度根据其重要性赋予不同的权重，则加权欧氏距离表示为

$$d=\sqrt{\beta_1(x_1-w_1)^2+\cdots+\beta_p(x_p-w_p)^2} \tag{3-6}$$

式中：β_1，$\cdots$，β_p 为各维度的权重。

使用加权欧氏距离，使得不同维度属性的重要性得以区分。重要性较小的维度属性权重较小，这在一定程度上减小了维度过高导致聚类效果不好的影响。

权重的赋值有多种方法，下面介绍三种赋权法。

（1）主成分贡献率赋权法。主成分贡献率可由主成分分析得到。主成分分析是在统计学中分析数据的一种有效方法，可以有效地对数据空间进行特征选择或特征提取，用维数较少的有效特征来表示原始数据而不减少其包含的信息。设 $x_i \in R_p$（$i=1$，2，$\cdots$，n）为样本点，$x_i = \{x_{i1}$，x_{i2}，$\cdots$，$x_{ip}\}$，x_i* 是 x_i 标准化后的 p 维向量，X 是由 x_i*（$i=1$，2，$\cdots$，n）组成的 $p \times n$ 矩阵。计算 X 的协方差矩阵 $C_X=(c_{ij})_{p \times p}$，其中

$$c_{ij}=\frac{1}{n-1}\sum_{k=1}^{n}(x_{ki}-\bar{x}_i)(x_{kj}-\bar{x}_j) \quad i,j=1,2,\cdots,p \tag{3-7}$$

求出 C_X 的特征值和特征值对应的特征向量，按一定的标准（前几个特征值占总特征值的比例 $\geq 85\%$），取前 m（$m \leq p$）个特征值 λ_1，$\cdots$，λ_m 和对应的特征向量 $\alpha_i \in R_p$（$i=1$，2，$\cdots$，n），计算 x_i 在 α_k（$k=1$，2，$\cdots$，m）上的投影 $g_k(x)=(a_k \cdot x_i)$，（$k=1$，2，$\cdots$，m），即为 X 的 m 维主成分。用此 m 维主成分取代输入数据作为聚类样本，则某一主成分的贡献率为

$$\beta_k=\frac{\lambda_k}{\sum_{j=1}^{m}\lambda_j} \quad (k=1,\cdots,m) \tag{3-8}$$

（2）变异系数赋权法。数据样本集用可分性较好的数据样本来描述，具有

相同类别的数据样本越集中，而不同类别的数据样本越远离，表现在散点图上就是数据点的分散性比较好，而且类与类之间的距离比较大。变异系数是反映输入数据离散程度的值。一组数据的变异系数是它的标准差除以均值的绝对值，即对样本 $x_i \in R_p$（$i = 1, 2, \cdots, n$），记

$$\bar{x}_k = \frac{1}{n} \sum_{i=1}^{n} x_{ki} (k = 1, \cdots, p) \tag{3-9}$$

$$S_k = \sqrt{\frac{1}{n-1} \sum_{i=1}^{n} (x_{ki} - \bar{x}_k)^2} \tag{3-10}$$

则 $\beta_k = \dfrac{S_k}{|\bar{x}_k|}$（$k = 1, \cdots, p$）。

（3）四分位相对离差系数赋权法。由于变异系数赋权法受到均值不能为零的限制，可考虑用各个变量的"四分位相对离差系数"作为其权值。若数据的下四分位数 Q_1 和上四分位数 Q_3 给定，则（$Q_1 + Q_3$）/2 反映了数据的集中趋势，而（$Q_3 - Q_1$）/2 反映了数据的离差，因此可定义一个相对离差的度量

$$V = \frac{(Q_3 - Q_1)/2}{(Q_1 + Q_3)/2} = \frac{Q_3 - Q_1}{Q_1 + Q_3} \tag{3-11}$$

称为四分位相对离差系数。计算出每一维数据的四分位相对离差系数即可作为每一维的权重，即

$$\beta_k = V_k = \frac{Q_{3k} - Q_{1k}}{Q_{1k} + Q_{3k}} (k = 1, \cdots, p) \tag{3-12}$$

在进行聚类时合理地运用加权欧氏距离，可以反映出各变量在数据中的不同作用，对改进聚类结果能起到较好的效果。

下面给出基于加权欧氏距离的 SOM 算法在脱硫系统中的应用实例，采用主成分贡献率赋权法。

脱硫系统有增压风机 B 相电流、增压风机 AB 线电压、CEMS 原烟气 SO_2 浓度、烟囱入口净烟气 SO_2 浓度、旁路挡板门开度、脱硫装置入口烟气温度、脱硫装置入口烟气压力、脱硫装置入口烟气 SO_2 浓度、烟囱入口烟气温度、烟囱入口净烟气压力、机组烟囱入口烟气 SO_2 浓度、机组有功功率、机组无功功率 13 个属性特征量，因此脱硫数据样本为 13 维的样本，每一维度对应一个属性。

以某脱硫系统脱硫数据为例。样本总量为 1868，其中错误数据有 119 个（此处"错误"的界定是"CEMS 原烟气 SO_2 浓度"不大于"烟囱入口净烟气 SO_2 浓度"）。采用基于主成分贡献率赋权的加权欧氏距离的 SOM 算法，聚类结果如图 3-13 和图 3-14 所示。

从图 3–14 可见，119 个错误数据集中在第一类（红圈），故无漏检。但由于第一类聚类成员为 128 个，故误检数目为 9，可认为在可接受的范围内。

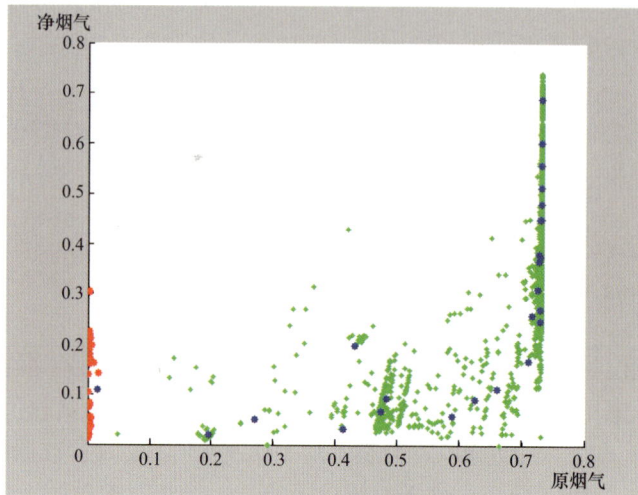

图 3-13　样本点和聚类中心

（注：红色点为错误样本，绿色点为正确样本，蓝色点为聚类中心）

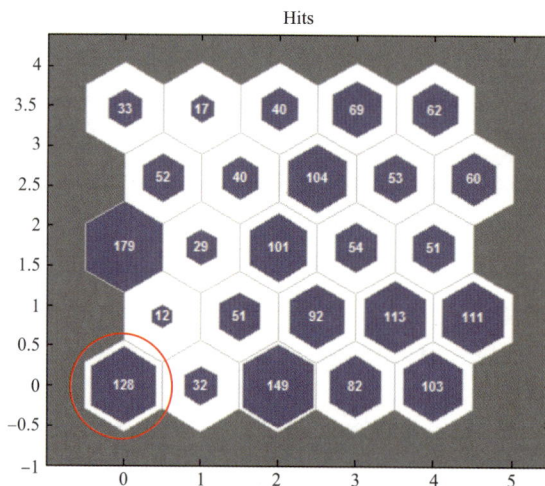

图 3-14　各类聚类成员数

3.2.5.2　核自组织特征映射算法（KSOM）

自组织特征映射 SOM 算法具有较快的收敛速度，并能收敛到较小的误差。但由公式（3–13）可见，在 SOM 算法中，对竞争获胜的神经元 q 及其邻域进行调整时，依赖于 X 到各神经元权值 w_j 之间的欧氏距离 $\|X-w_j\|$。这样当输入

样本的边界是线性不可分以及类分布为非高斯分布或非椭圆分布时，SOM 分类器分类效果差。核方法提供了解决上述问题的可能性。

核方法能有效解决输入样本的非线性问题。基于核方法的学习的实质是通过由核诱导的隐映射将低维输入空间中的非线性问题变换至高维（甚至无穷维）特征空间中的较易解决的线性问题，并以内积形式刻画。

将核方法引入到判断获胜神经元的距离度量和权值更新公式中。由于核具有灵活性和多样性，因此可导出基于不同的距离度量和权值更新公式的 SOM 算法。

定义非线性映射 $\Phi: X \rightarrow \Phi(X) \in F$，其中 $X \in R$，R 为样本集，F 为特征空间。可以用形式化目标函数代替欧氏距离

$$J(w_j) = \|\Phi(X) - \Phi(w_j)\|^2 \tag{3-13}$$

求其极小值，其中公式（3-13）中的范数可写成

$$\|\Phi(X) - \Phi(w_j)\|^2 = \Phi(X)^T \Phi(X) + \Phi(w_j)^T \Phi(w_j) - 2\Phi(X)^T \Phi(w_j) \tag{3-14}$$

其中的每一项都可看成是特征空间中的内积，再依据满足 Mercer 条件的核函数的定义

$$K(x_i, y_j) = \Phi(x_i)^T \Phi(x_j) \tag{3-15}$$

将式（3-15）代入式（3-14），则有

$$J(w_j) = \|\Phi(X) - \Phi(w_j)\|^2 = K(X, X) + K(w_j, w_j) - 2K(X, w_j) \tag{3-16}$$

求函数 $J(w_j)$ 极小值，可以利用梯度下降法。推导得到 w_j 的新的调整公式

$$w_j(t+1) = w_j(t) - \eta'(t) \nabla J(w_j) = w_j(t) - \eta'(t) \left[\frac{\partial K(w_j, w_j)}{\partial w_j} - 2 \frac{\partial K(X, w_j)}{\partial w_j} \right] \tag{3-17}$$

根据核映射的灵活性，不同的核函数又可以诱导出不同的距离度量。以下为 4 种经典的满足 Mercer 条件的核函数：

（1）多项式 $K(x, y) = (x^T \cdot y)^d, d \geq 2$ $\tag{3-18}$

（2）径向基 $K(x, y) = e^{-\|x-y\|^2/2\sigma^2}$ $\tag{3-19}$

（3）柯西 $K(x, y) = \dfrac{1}{1 + \|x - y\|^2/\sigma^2}$ $\tag{3-20}$

（4）对数 $K(x, y) = \log(1 + \|x - y\|^2/\sigma^2)$ $\tag{3-21}$

分别将式（3-17）～式（3-20），代入式（3-16），则可以得到基于以上四

种核函数的 KSOM 权值调整公式

$$w_j(t+1) = w_j(t) - \eta(t)[2d(w_j)(t)^{\mathrm{T}}]^{d-1}w_j - [x^{\mathrm{T}}w_j(t)]^{d-1}x \tag{3-22}$$

$$w_j(t+1) = w_j(t) - \eta(t) \cdot 2/\sigma^2 \cdot e^{-\|x-y\|^2/2\sigma^2} \cdot [X - w_j(t)] \tag{3-23}$$

$$w_j(t+1) = w_j(t) - \eta(t) \frac{4}{\sigma^2[1+\|X-w_j(t)\|^2/\sigma^2]^2}[X-w_j(t)] \tag{3-24}$$

$$w_j(t+1) = w_j(t) - \eta(t) \frac{4}{\sigma^2+\|X-w_j(t)\|^2}[X-w_j(t)] \tag{3-25}$$

在新的距离度量下，重新定义获胜神经元 q

$$\begin{aligned} q(t) &= \arg\min_j \|\Phi(X) - \Phi(w_j)\|^2 \\ &= \arg\min_j [K(X,X) + K(w_j, w_j) - 2K(X, w_j)] \tag{3-26} \\ j &= 1, 2, \cdots, l \end{aligned}$$

除了获胜神经元的获胜规则和权值调整公式不同，算法其余部分不变。

3.2.5.3　基于 SOM 和 $K-$ 平均算法的两阶段算法

SOM 算法虽然具有自适应、可视化好等优点，但是 SOM 网络的收敛时间比较长。在样本数量较大和分类数较多时，这个不足较为明显。

$K-$ 平均算法是聚类分析中应用较为广泛的一种聚类算法。$K-$ 平均算法具有简单、容易理解、计算方便、速度快以及能够有效处理大型数据库的优点，但存在以下两个主要的不足：

（1）$K-$ 平均算法中聚类数目 K 需要预先给定。

（2）算法对初始值的选取依赖性极大以及算法常陷入局部最优。

SOM 和 $K-$ 平均算法的两阶段算法，可以结合两个算法的优点，同时弥补 SOM 网收敛时间过长和 $K-$ 平均算法由于初始聚类中心向量选取不当所造成的聚类结果不好的不足。

SOM 和 $K-$ 平均算法的两阶段异常数据检测算法的步骤如下：

（1）由 SOM 算法进行初始聚类，得到聚类数目和各类聚类中心。而单独使用 SOM 算法不同的是，可以适当减少 SOM 的迭代步数，无需等到网络完全收敛。

（2）以 SOM 运行的聚类数目作为 $K-$ 平均算法的聚类数，同时以 SOM 运行的聚类中心作为 $K-$ 平均算法的初始聚类中心。

（3）选择收敛条件，用 $K-$ 平均算法进行迭代计算，直至收敛，得到各类聚类信息。

（4）根据专家经验判断异常类，异常类的成员即为异常数据。

3.3 基于密度的安全稳定智能分析数据初筛技术

3.3.1 简介

使用 SOM 算法进行基于聚类的离群点检测运算时，如果原始样本中具有明显的离群点，会恶化算法的聚类结果，从而会对下一步基于聚类的异常数据检测算法产生不利的影响。

为了避免噪声对 SOM 算法的不利影响，有必要在数据输入 SOM 网络前，对其进行筛选，剔除明显的孤立点。此处考虑的孤立点具有以下几个特征：

（1）一般只有个别数据与其他样本在该维度上的数据明显不同，可以通过一维欧氏距离来刻画数据在该维度上的相似度。

（2）由于孤立点是受各种偶然非正常的因素影响而引起的，所以相比总体样本而言样本量很小，体现为在孤立点的邻域内样本密度很小。

因此，将样本集按维度分解，逐维进行孤立点的检测，研究基于密度的一维孤立点初筛技术。

3.3.2 基于密度的聚类算法

基于密度的聚类算法的思想是：只要邻近区域的密度（对象或数据点的数目）超过某一个阈值，就把它加到与之相近的聚类中。也就是说，对给定类中的每个数据点，在一个给定范围的区域中必须至少包含某个数目的点。一般在一个数据空间中，高密度的对象区域被低密度（稀疏）的对象区域（通常认为是噪声数据）所分割。因此，这样的方法可以用来过滤"噪声"孤立点数据，发现任意形状的聚类结果。其中，密度指的是数据集中和 O 点的距离小于给定半径 d 的邻域空间里数据点的个数。用 $D_k(O)$ 表示点 O 与它的第 k 个最近邻的距离。给定 D 维空间的数据集 S，数据量为 N，设定参数 n 和 k。如果满足 $D_k(O') > D_k(O)$ 的点 O' 小于 n 个，则称 O 点离群。此时根据 $D_k(O)$ 对数据点排序，即将前 n 个对象看作是异常数据。可见，基于密度的异常数据检测方法也是一种基于聚类的异常数据检测方法。

DBSCAN 算法是基于密度的聚类算法中应用最为广泛的一种算法。算法的基本思想是：对于簇中的每一个对象，在给定的 ε 邻域内包含的对象个数，必须不小于一个给定值（*MinPts*），也就是说其邻域的密度必须不小于某个阈值。该算法利用类的高密度连通性，将具有足够高密度的区域划分为一类，并可以在带有噪声的空间数据库中发现任意形状的聚类。

下面给出基于密度聚类算法分析中的一些定义。

（1）ε- 邻域：给定对象半径 ε 内的区域称为该对象的 ε- 邻域。

（2）核心对象：空间中某对象 p 的 ε- 邻域包含的对象个数如果大于某一给定阈值 $MinPts$，则称该点为核心点。

（3）直接密度可达：对象 p 是从对象 q 出发直接密度可达，若满足 p 处于 q 的邻域中且 q 是核心点。

（4）密度可达：对象 p 从对象 q 关于 ε 和 $MinPts$ 密度可达（非对称），若存在一个对象链 p_1，p_2，…，p_n，对 $p_i \in D$，p_{i+1} 是从 p_i 关于 ε 和 $MinPts$ 直接密度可达的。

（5）密度相连：对象 p 和对象 q 是密度连接的，若对任意的 o，使 p 和 q 都从 o 密度可达。

（6）簇：数据库 D 的非空集合 C 是一个簇，当且仅当 C 满足以下条件：对于 p、q，若 $p \in C$，且从 p 密度可达到 q，则 $q \in C$；对于 p、q，有 $p \in C$ 和 $q \in C$，则 p 和 q 是密度相连的。

（7）噪声：数据库 D 中不属于任何簇的点为噪声。

DBSCAN 算法采用迭代查找的方法，通过迭代地查找所有直接密度可达的对象，找到各个簇所包含的所有密度可达的对象。具体方法如下：

（1）检查数据库中尚未检查过的对象 p，如果 p 未被处理（归入某个簇或标记为噪声），则检查其 ε- 邻域。若其 ε- 邻域内包含的对象数不小于 $MinPts$，建立新簇 C，将 ε- 邻域内所有点加入 C。

（2）对 C 中所有尚未被处理的对象 q，检查其 ε- 邻域，若 q 的 ε- 邻域包含至少 $MinPts$ 个对象，则将 q 的 ε- 邻域中未归入任何一个簇的对象加入 C。

（3）重复步骤（2），继续检查 C 中未处理对象，直到没有新的对象加入当前簇 C。

（4）重复步骤（1）～（3），直到所有对象都归入了某个簇或标记为噪声。

DBSCAN 算法可以在有噪声的数据中发现任意形状的聚类，但该算法也具有明显的局限性。DBSCAN 算法对每个数据对象都要进行邻域查询，若样本数为 n，则 DBSCAN 的时间复杂度为 O（n^2），可见其时间性能低效。因此，DBSCAN 算法不适合数据量大的样本。

3.3.3　基于密度的一维孤立点检测算法

3.3.3.1　算法描述

对于一维数据样本，由于样本的空间分布特性简单，所以可以借鉴 DBSCAN 算法，设计出更为简单快捷的基于密度的一维孤立点检测算法。算法的步骤如下：

（1）输入样本 x，其维数为 M，样本量为 n。设定算法的两个参数：ε- 邻域半径 ε 和阈值 $MinPts$。

（2）令表示维度的变量 $I=1$。

（3）取 x 的第 I 维，记为 $x_I=[x_{I1}, x_{I2}, \cdots, x_{In}]$。

（4）将 $x_{I1}, x_{I2}, \cdots, x_{In}$ 升序排列，得到新序列 $y_I=[y_{I1}, y_{I2}, \cdots, y_{In}]$。

（5）令 $k=1$，标志所有数据为"未检测"。

（6）计算 y_{Ik} 与 y_{Ii}，$i=1, 2, \cdots, n$ 的欧氏距离 $D_i=\|y_{Ik}-y_{Ii}\|$，得到满足落在 y_{Ik} 的 ε- 邻域内的样本量 N。

1）如果 $N=1$，即 y_{Ik} 的 ε- 邻域内不含除自身以外的其他样本点，将 y_{Ik} 标志为"已检测"，并将其对应原序列中的值标志为"离群点"。

2）如果 $1<N<MinPts+1$，则 y_{Ik} 的 ε- 邻域内的对象小于阈值，不满足并入簇的要求，则将 y_{Ik} 标志为"已检测"，并将其对应原序列中的值标志为"离群点"。需要注意的是，在这种情况下可能会对边界点产生误判，但是可以通过其后面的数据点予以修正。

3）如果 $N \geqslant MinPts+1$，则 y_{Ik} 的 ε- 邻域内的对象满足阈值条件，y_{Ik} 及其 ε- 邻域内的样本在同一个簇内，因此 y_{Ik} 及其 ε- 邻域内的样本点都不是离群点，将 y_{Ik} 及其 ε- 邻域内的样本点标志为"已检测"，并将其对应原序列中的值标志为"正常点"。

（7）令 k 等于标志为"未检测"的值中的最小值，重复步骤（6），直至所有值被标志为"已检测"。

（8）$I=I+1$，重复步骤（3）～（7），直至 $I>M$。

3.3.3.2 应用举例

不失一般性，假设有 50 个一维数据点如表 3-5 所示。

表 3-5 　　　　　　　　　　　　　　　50 个一维数据点

序号	1	2	3	4	5	6	7	8	9	10
数据	5	13.2	13.16	14.37	13.24	14.2	14.39	14.06	14.83	13.86
序号	11	12	13	14	15	16	17	18	19	20
数据	14.1	14.12	13.75	14.75	14.38	13.63	14.3	13.83	14.19	13.64
序号	21	22	23	24	25	26	27	28	29	30
数据	14.06	12.93	13.71	12.85	20	13.05	13.39	13.3	13.87	14.02
序号	31	32	33	34	35	36	37	38	39	40
数据	13.73	13.58	13.68	13.76	13.51	13.48	13.28	13.05	13.07	14.22
序号	41	42	43	44	45	46	47	48	49	50
数据	13.56	13.41	13.88	13.24	13.05	14.21	14.38	13.9	14.1	40

由于孤立点一般离正常数据比较远，且邻域密度极低，因此设定参数时的限制不大。这里取 *MinPts*=3，ε=5。运行程序，能够将序号为 1，25，50 的孤立点辨识出来。

分别构造样本量为 100，1000，10000、有 3 个孤立点的数据集，比较 DBSCAN 算法和本算法的运行时间和正确率，如表 3-6 所示。

表 3-6   两算法比对

样本量	100		1000		10000	
	运行时间（s）	准确率（%）	运行时间（s）	准确率（%）	运行时间（s）	准确率（%）
DBSCAN	0.018168	100	0.671930	100	32.556641	100
本算法	0.00216	100	0.003267	100	0.011410	100

从表 3-6 可以看到，在保证准确率的前提下，本算法比 DBSCAN 算法的运行时间小得多，可见本算法的有效性。

3.4   智能校核系统总体设计方案

3.4.1   系统总体框图

该系统的框架结构如图 3-15 所示。

系统分为可视化模块、数据预处理模块、核心算法模块（即模式识别）和数据接口模块。

数据接口模块设计为数据适配器，可以接收任何格式和形式的数据，通过数据适配器，统一转换为本系统所要求的数据格式。

数据预处理模块对业务系统的历史运行数据进行数据的预处理，包括数据清洗、转换等，形成系统运行的健康诊断体系所需的统一输入数据格式，并形成模型库。

核心算法模块为系统的算法实现，主要功能根据模型库，对业务数据进行实时监视，实现在线检测和评估的业务系统的运行状态。

可视化模块为系统的界面模块，实时监视业务系统的运行状态及数据模式，并进行预警和提示，提供多种形式（图表、曲线等）展示运行统计数据等，实现友好的人机界面。

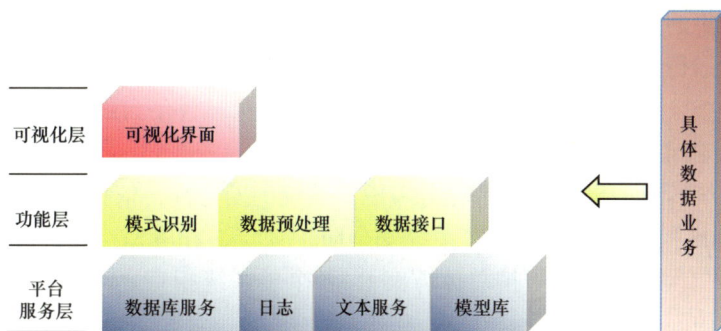

图 3-15 系统框架结构

3.4.2 系统特性

3.4.2.1 系统先进性与开放性

本系统采用经典的三层软件体系结构和面向对象的分布组件式设计技术，建立高性能、标准化开放系统平台，可以实现自动冗余备用，充分利用系统资源，实现网络负载均衡，数据库集群，硬件配置方案可裁剪、可扩充、可跨平台。

当需要改变或扩充系统功能时，可将新增计算机方便地连入系统通信网络或从系统通信网络中卸下，而不影响系统其他计算机的工作。

3.4.2.2 系统可靠性

本系统各功能子系统分散在各台计算机上实现，系统结构采用容错设计，因此某一台计算机或子系统出现故障时不会影响系统其他功能的使用。此外，由于系统中各台计算机所承担的任务比较单一，可以针对需要实现的功能采用具有特定结构和软件的专用计算机，从而使系统中每台计算机的可靠性得到相应提高。

本系统还有监视子系统和守候子系统，监视子系统监视数据采集和通信，数据库等错误和报警信息。守候子系统监视各个子系统的进程运行情况，保障各个子系统的正常运行，从而保证整个系统的连续、可靠运行。

3.4.2.3 系统可扩展性

本系统具有良好的可扩充性和升级能力。可以实现多个层次上的再现扩充和升级，包括：

（1）系统功能的扩充。本系统在设计中考虑到功能的可扩展性，可逐步实现系统对脱硝设施、除尘设施等其他机组环保特性的监测，以满足电网监控与运行管理不断发展的要求。

（2）系统的监测规模的扩大。考虑到系统的发展，监测的厂站、机组不断增加，采集的数据参数增加。本系统将能够不断扩大其监测的内容和范围。

（3）运行系统本身的软硬件的升级。运行系统本身的软硬件的升级包括操作系统升级、更换硬件设备、应用软件升级、支撑软件平台的升级等。

3.4.2.4 系统安全性

本系统所有的设计方案都充分考虑了系统的安全性，依据国家电力监管委员会〔2005〕28 号《电力二次系统安全防护规定》和电监会〔2006〕34 号文件《电力二次系统安全防护总体方案》，各个子系统相互之间需通过标准接口进行数据访问。

本系统的后控体系为日志，所有的子系统在运行过程中，其相关重要信息和故障信息均记录到日志，使得系统的运行具备可追溯性和可控性。

通过以上两方面的设计，保障了系统长期安全运行。

3.4.3 系统功能描述

湖北电网数据智能校核系统是基于课题中提出的一种泛型模型上，针对湖北电网电量计量系统的数据校核进行实际应用所开发的另一套系统，系统主要包括泛型算法服务、系统配置工具以及 Web 可视化系统。

3.4.3.1 泛型算法服务

主要根据不同的数据模型和形式，通过数据模型适配器，转换成系统算法所需的数据模型，再由算法服务模块调用并计算用户配置的相关指标。

3.4.3.2 系统配置工具

对需要校核的业务系统的配置和业务数据的分析，其所包含的功能如下：

（1）业务系统方案及数据源配置。

（2）业务系统群组配置。

（3）业主系统核心业务数据配置。

（4）业务系统最小单位配置。

（5）业务系统相关参数配置。

（6）业务数据宏观分析。

3.4.3.3 Web 可视化系统

对校核的业务系统的运行状态评估和相关健康体系指标进行展示。此系统主要针对湖北电网电量计量系统，其主要功能如下：

（1）厂站信息总览（首页）。对所有厂站的前日早八点至当日早八点的数据运行情况与实时的厂站数据通道信息通过厂站列表的形式展示，厂站列表的布局采用了 EMS 传统的风格，对于有异常运行数据的厂站用特殊颜色表示并可点击查看详细的数据运行情况。

（2）设备运行状态。对电量计量系统的所有设备运行状态进行总览，展示了电表的当前运行的状态和最新的数据采集时间。

（3）终端厂家。展示所有终端厂家所属的终端运行情况。

（4）历史查询。查询各厂站历史的运行指标信息，可点击查询详细的数据运行信息。

（5）错误率查询。查询各厂站一定时间内，数据运行各种指标所占比例，为改进系统数据运行提供决策支持。

（6）电量平衡。展示所有厂站 220kV 母线电量平衡日偏差率大于 2% 的厂站，点击某具体厂站可查询更加详细的数据信息。

（7）用户管理。对可视化系统登录的用户进行管理，主要包括增加、删除和修改。

3.5 小结

本章主要介绍基础数据智能检测的核心算法，并结合一些电网基础数据进行了实例分析，首先介绍了异常数据检测的常用方法，并着眼于基于聚类的异常数据检测方法，以具有自学习、自适应的人工神经网络为切入点，选取了自组织特征映射神经网络 SOM 算法作为核心算法的基础。针对 SOM 算法存在的不足，提出了以下三点改进：①引入加权欧氏距离的应用，提出了主成分贡献率、变异系数、四分位相对离差系数三类权重赋值法，以避免因为数据维数过高对算法效果的不利影响；②将核函数引用到权值更新中，以减少样本数据非线性的影响；③考虑到 K– 平均算法速度快的优点，提出基于 SOM 和 K– 平均算法的两阶段算法，以弥补 SOM 算法收敛时间过长的问题。

进一步，考虑到明显的离群点会恶化核心算法的检测效果，提出基于密度的聚类算法来检测异常数据。最终采用基于密度的一维离群点检测算法对样本数据进行初筛，将明显的离群点剔除，从而保证核心算法的准确率。

参考文献

［1］ 李超能，冯冠文，姚航，等.轨迹异常检测研究综述［J/OL］.软件学报，1–48［2023–11–17］https://doi.org/10.13328/j.cnki.jos.006996.

［2］ 孔祥锡，秦闻远，苏飘逸，等.基于深度学习及模糊层次分析的毁伤评估算法［J/OL］.航空学报，1–18［2023–11–17］http://kns.cnki.net/kcms/detail/11.1929.V.20231108.1038.010.html.

［3］ 王屹伟，路寅，寇艳红，等.基于 K-means 聚类的 GPS 同步式欺骗识别方法［J/OL］.电子与信息学报，1–13［2023–11–17］http://kns.

cnki.net/kcms/detail/11.4494.TN.20231106.0910.004.html.

［4］ 王俊森，金绍华，边刚，等.结合不确定度与密度聚类算法的多波束异常值自动滤波算法［J］.测绘学报，2023，52（10）:1669-1678.

［5］ 李冰，杨珊珊，刘春刚，等.基于空间划分的 K-means 聚类室内定位垂直精度优化方法［J］.中国惯性技术学报，2023，31（9）:900-908.

［6］ 汪鸿，朱正甲，陈建华，等.基于人工智能技术与物理方法结合的新能源功率预测研究［J］.高电压技术，2023，49（S1）:111-117.

［7］ 许丽娟，叶仕通.非显著特征数据挖掘中 SOM 聚类算法的优化［J］.计算机仿真，2023，40（9）:497-501.

［8］ 潘鹏程，刘晖，王仁明.自适应密度聚类组合数据清洗的 LSTM 风电功率预测［J/OL］.电力系统及其自动化学报，1-8［2023-11-17］https://doi.org/10.19635/j.cnki.csu-epsa.001341.

［9］ 王立平，史慧杰，王冬.面向智能制造的微服务聚类与选择方法［J/OL］.清华大学学报（自然科学版），1-8［2023-11-17］https://doi.org/10.16511/j.cnki.qhdxxb.2023.21.023.

［10］ 黄凯，丁恒，郭永芳，等.基于数据预处理和长短期记忆神经网络的锂离子电池寿命预测［J］.电工技术学报，2022，37（15）:3753-3766.

［11］ 李刚，焦谱，文福拴，等.基于偏序约简的智能电网大数据预处理方法［J］.电力系统自动化，2016，40（7）:98-106.

［12］ 吕强，俞金寿.基于粒子群优化的自组织特征映射神经网络及应用［J］.控制与决策，2005，（10）:1115-1119.

4

电力系统运行控制性能的在线评估

4.1 简介

一次调频是指当电网频率偏离额定值时，发电机组调节控制系统自动控制机组有功功率的增加（频率下降时）或减少（频率升高时），以限制电网频率变化的特性。一次调频是电力系统有功频率控制的重要环节，反映了电网应对负荷突变的能力，对于系统的安全稳定运行有重要的作用。系统的一次调频能力与发电机组调速器的设置和机组控制方式密切相关。目前火电机组数字电液调节系统的广泛应用，使得一次调频功能不再是调节系统的固有属性，而可通过人为操作进行逻辑修改及投切操作。随着电力市场改革的不断深入，厂网分开后，发电机的考核管理难度加大。由于投入一次调频功能会造成机组调节系统及热力系统在一定范围内的波动，部分发电企业只注重机组运行的稳定性，长时间切除机组一次调频功能或是增大动作死区，从而削弱了电网的一次调频能力，会导致事故后系统的准稳态频率过低，可能导致低频减负荷装置动作，不利于系统的安全稳定运行。因此，如何实时、准确地评估机组的一次调频能力，对督促电厂保持发电机良好的一次调频性能，以及实时掌握全网的一次调频水平、增加电网的运行质量和稳定性具有重要意义。

4.1.1 电网的一次调频在线评估

近年来，基于全球定位系统（GPS）的同步相量测量技术不断成熟和发展，可在全局统一时钟协调下，对各测点的电压、电流等相量及功率、频率等模拟量进行同步测量，并以 25 ～ 100 帧 /s 的速率实时采样并上送至广域测量系统（WAMS）主站。WAMS 是实现准确捕捉电力系统在故障扰动、低频振荡以及人工试验等情况下电网动态过程的技术手段为系统动态行为的实时监控提供了良好的基础，也为一次调频动态特性的在线评估奠定了基础。

鉴于一次调频对电网安全稳定性的重要作用，电网相关的一次调频考核管理制度正在渐深化。本书通过对电网频率动态过程中 WAMS 系统数据的分析，设计了一次调频在线评估系统，帮助电网公司实时掌握各个发电厂的一次调频运行状态，利用量化的考核方式提高管理的质量和效率，促进发电厂积极投入一次调频，对电网的安全稳定具有积极的意义。另外，对全网的一次调频性能展开研究，探索影响全网一次调频性能的因素，寻找提高全网一次调频性能应对频率大扰动的方法，促进电网在频率大扰动下的安全稳定性能。

4.1.2 一次调频在线评估指标体系

4.1.2.1 一次调频在线指标评价体系

目前国内外对发电机组一次调频调节性能的评价指标主要包括调频死区、调速不等率、一次调频投运率、一次调频贡献电量、一次调频效果和最大调节量等传统评价指标。其中一次调频死区和调速不等率是机组的固有特性，调差系数和死区环节也是调速系统的基本环节，一次调频关键问题是看机组能否响应频率变化进而改变出力情况，而机组参数设置正确与否直接影响到机组的一次调频能力。与此同时，基于 WAMS 和 EMS 提供的数据，可详细地记录电网一次调频的动态和静态过程，提供实时数据和相关的长期统计数据。在此基础上，提出了参数指标估计与评价指标计算相结合的全面评价体系。评价体系模型基本框架如图 4-1 所示。

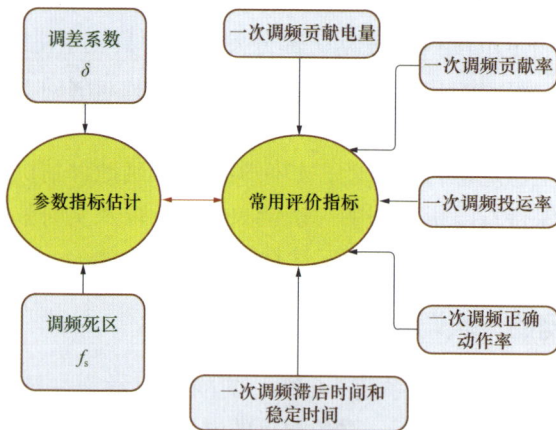

图 4-1 参数指标估计与评价指标计算相结合的评价体系模型基本框架

4.1.2.2 指标体系介绍

根据评价体系框架，可以看出，评价发电机组一次调频性能的关键在于 2 个方面。一是对发电机组调速系统环节的参数指标估计，可以从物理上评估和解释发电机组一次调频的动态过程。二是根据现有各区域电网评价发电机组一次调频常用的几个指标来定量分析发电机组跟踪频率变化的实际情况。下面将分别进行介绍。

（1）调差系数。调差系数分为单机和全网两种指标。

1）单机调差系数指标。当发电机并网运行时，在机组调速系统的作用下，发电机组输出功率随电力系统频率的变化而变化，这就是发电机组的频率一次调节作用。发电机组的频率一次调整过程结束后，发电机组输出功率和频率关系的曲线称为发电机组的功率频率静态特性，即发电机的调差系数，它可以用直线近似地表示。如图 4-2 所示，发电机组在频率 f_0 下运行时，其输出功率为 P_0，相当于图中的 a 点；当系统中的负荷增加导致系统频率下降到 f_1 时，发电机组由于调速系统的作用，使机组的输出功率增加到 P_1，相当于图中的 b 点。

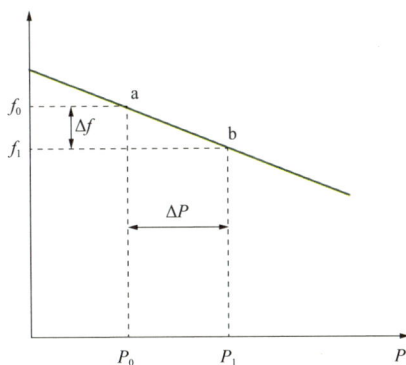

图 4-2　发电机组功率频率特性

调差系数的计算公式如下

$$\delta = -\frac{\Delta f/f_n}{\Delta P/P_n} \times 100\%　　　　（4\text{-}1）$$

式中：Δf 是调整后的频率和调整前的频率的差；ΔP 是调整后的机组有功出力和调整前的机组有功出力的差；f_n 是额定频率；P_n 是额定有功功率。由于调差系数 δ 是根据调节前后的稳态值计算的，因此它反映了机组一次调频的有差调节特性，是衡量一次调频特性的静态指标。

2）全网的复合特性系数指标。全系统的一次调频性能由发电机和负荷的性能共同决定，可以用系统复合频率调节特性表示。对于一个有 n 台发电机和阻尼常数为 D 的负荷的系统，当负荷变化为 ΔP_L 时，静态频率偏差 Δf_{ss} 如式（4-2）所示

$$\Delta f_{ss} = \frac{-\Delta P_L}{\left(\dfrac{1}{\delta_1} + \dfrac{1}{\delta_2} + \cdots + \dfrac{1}{\delta_n} + D \right)} = \frac{-\Delta P_L}{\dfrac{1}{\delta_{eq}} + D} \tag{4-2}$$

式中：δ_i 为第 i 台发电机的调差系数，$i = 1$，2，$\cdots$，n。

因此，定义系统的复合频率调节特性系数为

$$\beta = \frac{1}{\dfrac{1}{\delta_{eq}} + D} \tag{4-3}$$

由于计算式（4-3）中的负荷阻尼系数 D 由负荷水平及特性决定，难以在线得到，历史数据或经验值都不能保证计算的准确性。本书根据系统复合频率调节特性的物理意义，利用 WAMS 数据寻找系统的突变功率，用以计算系统的一次调频指标。考虑到在大电网系统互联的情况下，需排除外网的影响，计算出来的指标反映本系统一次调频性能的指标，故计算公式如式（4-4）所示

$$\beta = \frac{\Delta f}{\Delta P_{sudden} + \Delta P_{tieline}} \tag{4-4}$$

式中：Δf 表示调整前后静态频率偏差；ΔP_{sudden} 表示的是电网中的功率突变；$\Delta P_{tieline}$ 表示调整前后联络线的功率变化，外送为负。若所有联络线的 $\Delta P_{tieline}$ 都与 Δf 符号相同，则扰动发生在本系统；反之，则扰动发生在外部电网，$\Delta P_{sudden} = 0$。由于目前互联电网的频率都较为稳定，频率大扰动一般是由于大型发电机组跳闸造成的。随着 PMU 的广泛应用，大型机组的功率突变可通过 WAMS 数据分析获得，因此式（4-4）具有工程实用性，且计算准确性高，能够真实反映全网一次调频能力。

（2）调频死区。调频死区和调差系数一样，都是发电机调速系统控制环节中的重要一环，从理想的发电机组一次调频特性来说，发电机组调速系统需要时刻针对频率的变化做出响应，但在实际运行中，为了维持发电机组的稳定运行，通常会在调速系统设置人工调节死区。国内一般要求电液型汽轮机调节控制系统的火电机组一次调频的人工死区控制在 0.033Hz 以内，水电机组一次调频的人工死区控制在 0.05Hz 内。

在调速系统中设置人工调节死区的意义在于当电网频率基本保持在 50Hz 附近、未超出调频死区的要求时，发电机组不用再对频率的微小波动产生响应，改变机组出力。只有当系统频率偏差超过调频死区的阈值时，调速系统才对频率变化产生响应，调节汽门开度，改变发电机组出力。在这样的控制措施下，发电机组可以保持较好的稳定性，减少不必要的损耗。但与此同时，发电厂为了保持机组稳定出力，故意将调频死区的阈值调高，就会使机组在面对系

统受到较大频率波动情况下出力不改变，进一步危害电网安全稳定。因此，调频死区的参数估计也就显得尤为必要，在 WAMS 数据高精度的特点下，可以做到将机组出力变化精细化，通过数据分析处理可以得到调频死区的估计值。大扰动时机组典型一次调频过程如图 4-3 所示。

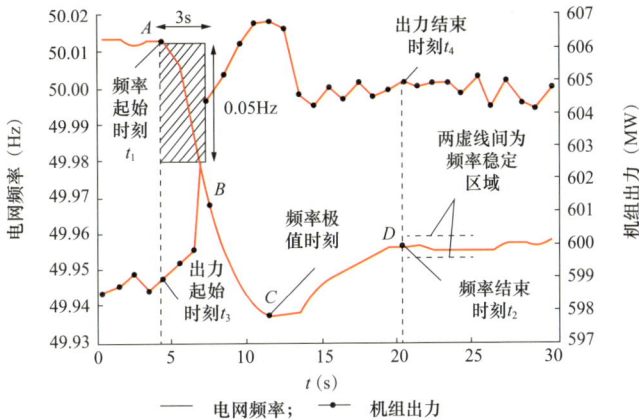

图 4-3　大扰动时机组典型一次调频过程

从图 4-3 中分析可以得到调频死区的估计计算如式（4-5）所示

$$\Delta f_s = c_1 \Delta f_{s1} + c_2 \Delta f_{s2} \tag{4-5}$$

第一次超过死区估计值 $\Delta f_{s1} = |f_3 - f_0|$，其中 f_3 对应 t_3 时修正值。

第二次回到死区估计值 $\Delta f_{s2} = |f_2 - f_0|$，其中 f_2 对应 t_2 时修正值。

其中，$c_1 + c_2 = 1$。

（3）一次调频贡献电量。一次调频贡献电量是各区域电网分析判断发电机组一次调频动作贡献的重要指标之一。其计算通常如下：以机组一次调频死区点的实际发电有功为基点，向后积分发电变化量，积分时间长度取 120s，如果在 120s 内，系统频率恢复到机组一次调频死区以内，则积分时间到此为止。若期间 AGC 指令或机组发电计划致使机组发电变化，变化量中应减去机组正常爬坡速率 R 的变化的部分。即机组 i 的一次调频积分电量如式（4-6）所示

$$H_i = \sum_{t=t_0}^{t_1} [P_t - P_0 - S_i R \times (t - t_0)] T \tag{4-6}$$

（4）一次调频贡献率。贡献率指标衡量的是整个调节过程中机组的能量贡献，因此是一次调频评估的重要标准，同时其对数据采样率和精度要求不高，SCADA 数据亦可满足粗略的评估要求，因此目前多数电网采用贡献率作为一次调频的考核标准。贡献率是实际贡献电量和理论贡献电量的比值，其表达式如式（4-7）所示

$$K = \frac{H_i}{H_g} \times 100\% \qquad (4-7)$$

式中：H_i 表示机组在调整过程中实际的贡献电量；H_g 表示机组在调整过程中理论的贡献电量。

理论的贡献电量表达式如式（4-8）所示

$$H_g = \int_{t_0}^{t_1} \left[\frac{\Delta f(t)}{f_n} \times \frac{1}{\delta_{set}} \times P_n \right] dt \qquad (4-8)$$

式中：$\Delta f(t)$ 是 t 时刻的电网频率与阈值的偏差；δ_{set} 是理论上的机组调差系数的设定值或电网规定的调差系数考核值，一般取 5%。实际贡献电量和理论贡献电量的比值反映了机组的一次调频性能和预期的关系。

（5）一次调频正确动作率。正确动作率属于单机长期统计指标，是单机日常小扰动下机组贡献率的统计值。由于日常频率的波动又较小，因此机组可能尚未开始明显动作，频率即可回到阈值以内。或者部分机组的调速器死区设置过大，在频率超过阈值期间一次调频并没有动作，但机组本身有功功率存在自然波动，使其在过程中计算得到的贡献率为正值，但并不属于其主动行为。可见，仅用单次调节的贡献率对机组进行考核是不合理的。正确动作率可为一次调频表现的长期分析积累数据，也是对单机一次调频能力进行考核的重要指标。

当机组并网运行时，在电网频率越过机组一次调频死区的一个积分期间，如果机组的一次调频功能贡献量大于阈值，则统计为该机组一次调频正确动作 1 次，否则，为不正确动作 1 次。阈值一般取 0，但因为贡献率受机组出力随机波动的影响较大，也可取一个较小的负数，如 -0.1，认为只有负的贡献电量的绝对值较大时，机组才被判定发生了反调。研究者用机组一次调频的月正确动作率作为考核机组日常一次调频性能的指标。

机组一次调频月正确动作率 F 的计算公式如式（4-9）所示

$$F = \frac{f_{correct}}{f_{total}} \times 100\% \qquad (4-9)$$

式中：$f_{correct}$ 为每月正确动作次数；f_{total} 为每月频率超出阈值，机组应发生动作的次数。一般认为，正确动作率小于 40% 的机组，没有投入一次调频功能。

（6）一次调频投运率。一次调频投运率属于长期统计指标，机组一次调频投切信号由 SCADA/EMS 系统实时采集。机组控制系统通过组态，以软开关形式将机组一次调频投切信号通过远程终端（RTU）送至省调 SCADA/EMS。EMS 系统则自动记录机组一次调频投切时间，计算一次调频投运率并作为考核机组一次调频的依据之一。机组一次调频投运率（月）统计计算式如下

$$一次月调频投运率 = \frac{一次月调频投运时间}{机组月并网时间} \times 100\% \qquad （4-10）$$

若要统计每天或每年的一次调频投运率可以用相似的公式计算，只需将式（4-10）中的相关月统计量改为相关日或相关年统计量即可。若要计算某电厂全厂的一次调频投运率，将该厂内各机组的一次调频投运率求平均值即可。

（7）一次调频滞后时间和稳定时间。一次调频的动态特性包括阀门动作限速、控制系统的指令延时、执行机构的时间常数、蒸汽容积、水头等都会影响发电机组一次调频响应速度。这里通过滞后时间和稳定时间这 2 个指标来评估其动态过程。

$$滞后时间 \quad T_s = T_{p\_begin} - T_{f\_beyond} \qquad （4-11）$$

式中：T_{p_begin} 表示机组改变出力时刻；T_{f_beyond} 表示频率超过阈值时刻。滞后时间越短，表示机组对频率的反应越快。

$$稳定时间 \quad T_w = T_{p\_end} - T_{p\_begin} \qquad （4-12）$$

式中：T_{p_end} 表示机组出力稳定时刻。稳定时间越短，表示机组调整的速度越快。

4.1.3　一次调频性能评价算法

在这一部分结合 WAMS 数据特点介绍一次调频性能评价算法。发电机组一次调频的关键问题就是机组是否快速响应频率变化进而改变出力情况。不论是计算贡献电量还是计算响应时间，其目的都是为了考核机组。那么机组考核不合格的主要原因可能就是机组调速系统参数设置不合理。在此基础上，通过对 WAMS 数据的分析处理，可以得到关键时间点的参数，如频率起始时刻、机组出力时刻、出力结束时刻和频率回到稳定时刻。对关键时间点的分析计算，可以得到机组调差率和死区设置的估计值，最终提出了基于调差率和死区估计的发电机组一次调频评价方法。

这种方法对机组的一次调频评价分成 2 个部分，第一个部分假定机组各项参数设置正确，按照评价指标的计算公式进行计算，如果计算结果表明机组一次调频没有正确动作，则进行第二个部分（估计机组的调差率和死区设定值）的计算。

4.1.3.1　数据处理

数据处理包括坏数据修正、平滑处理和二次调频影响剔除三个部分。

（1）坏数据处理。一次调频指标计算的基础数据是电网频率 f 和发电机有功功率 P。在实际的工程中，由于数据测量、数据采集、数据传输和数据存储的过程中难免出现错误，因此对于 WAMS 系统提供的数据应该首先进行坏数据辨识与修正。

算法流程如图 4-4 所示。

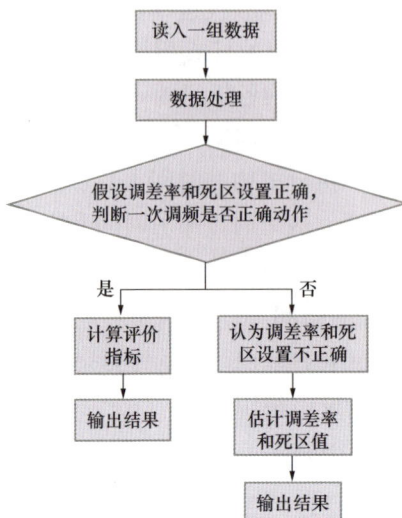

图 4-4　基于发电机组调差率和死区估计的一次调频评价算法流程

坏数据修正，即将明显超出正常范围的数据剔除。对 WAMS 系统提供的数据进行分析，可以应用式（4-13）进行判断

$$|f - f_n| > 50\% f_n \text{ 或 } |P - P_n| > 50\% P_n \tag{4-13}$$

利用频率曲线的连续性，修正的方法是：用前一个时刻的数据代替坏数据。

（2）平滑处理。算法需要从大量的数据中提取关键信息以计算各类指标，但是数据的波动对信息的提取造成了困难，容易引起误判，因此需要滤去干扰，获得平滑的数据。

平滑处理是利用平均值方法，将固定时间周期内的所有数据进行平均，平均值代替这段时间内所有的数据，以消除单点测量误差。固定的时间周期取得越长，平滑的效果越好，但是滤去的信息就会越多。相反，如果时间周期取得太短，数据扰动大，计算的准确度也不高。其中，频率数据的平滑周期取 0.1s，有功功率的平滑周期取 0.5s，通过仿真测试可以证明该取值是合适的。图 4-5 是有功功率处理前后的数据对比图。相比于其他的数据滤波平滑方法，该方法可以起到很好的平滑效果，又不丢失必要的信息，而且方法简单，便于应用。

（3）二次调频影响剔除。若机组为 AGC 机组，承担二次调频的任务。当发生大扰动时，一次调频和二次调频会耦合在一起，因此在利用 WAMS 数据考核机组的一次调频性能的时候应该剔除二次调频的作用。

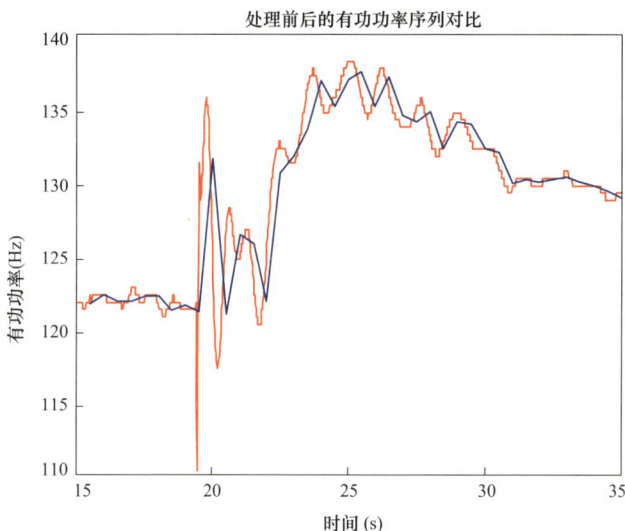

图 4-5　有功功率处理前后的数据对比图

（注：红色为源数据，蓝色为平滑后数据）

根据 AGC 指令是一个矢量的特点，确定剔除方案。剔除时有两个关键点，首先是剔除的方向，其次是剔除的量值。

1）剔除方向的确定：根据 AGC 指令数据以及二次调频在线评估系统的计算结果确定在频率大扰动过程中二次调频的方向（增出力或者减出力）以及总的出力改变量。

2）剔除量值的确定：根据二次调频在线评估系统的计算结果得到该机组响应的上升速率和下降速率。

最后，将量值与方向拟合出一条 AGC 响应指令的曲线，作为剔除 AGC 指令的最终依据。

4.1.3.2　计算启动

只有在频率大扰动发生时才进行单机大扰动一次调频性能的计算与评估。因此需要设置相应的判据，判断是否需要启动指标计算程序。

经过分析和仿真验证，本书研究提出的大扰动判据为：

$|f-f_n|$ 超过 df_1 持续 t_1 时间，其中 df_1 取 0.033Hz，t_1 取 10s。

$|f-f_n|$ 超过 df_2 持续 t_1 时间，其中 df_2 取 0.05Hz，t_2 取 0.3s。

以上两条均满足时，可以判定系统发生大扰动。

系统发生小扰动的判据只取第一条，时间阈值 t_1 取 8s。

在电网日常的运行过程中，发电机的开启和停止是经常发生的。但是每当机组启动或是关停的过程中机端测得的频率就会发生很大的变化，因此不能简单地用发电机组机端的频率来判断是否进行计算启动。算法设计取分布在电网不同地理位置的几个大型变电站的频率数据，对其进行平均。用这个平均值作为判断的依据。

4.1.3.3 关键点搜索

从单机的三种指标来看，指标计算的难点在于寻找调节开始或结束的关键时间点。从图 4-6 的典型一次调频过程曲线中，可以看出，需要寻找的关键时间点有：频率超过阈值的时间点 t_1、频率回到阈值内的时间点 t_2、频率开始变化的时间点 t_3、有功功率开始变化的时间点 t_4、频率稳定的时间点 t_5 和有功功率稳定的时间点 t_6。

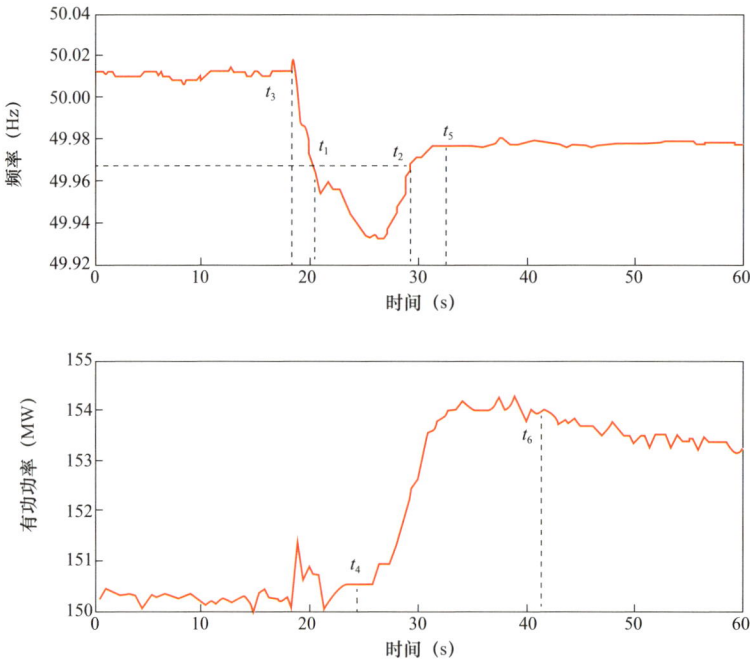

图 4-6　关键时间点示意图

下面具体介绍各个关键时间点的寻找方法：

（1）频率超过阈值的时间点 t_1：在启动判断中，第一个条件是频率超过阈值持续一定的时间。在判断过程中记下频率超过阈值的第一个点所对应的时间 T，则在这一步算法中可以直接得到：$t_1 = T$。

（2）频率回到阈值内的时间点 t_2：从 t_1 后开始寻找，比较频率和阈值的关系，回到阈值内的第一个频率点所对应的时间即为 t_2。

（3）频率开始变化的时间点 t_3：由于负荷的随机性，系统的频率也在不断地波动。准确寻找频率发生突变的时间点较为困难。观察频率大扰动的典型曲线可以发现，频率从稳定状态突然开始改变的点具有这样的特征：该点之前的数据平稳，而之后的点快速变化。方差是典型的用来表示序列中各点的差异的统计量，因此，突变点前一段时间内的方差接近于零而突变点后一段时间内的方差是一个比较大的值，突变点的前后方差值其他点的都大。

本书提出了方差比较法，利用频率突变点的数学特征进行筛选。具体做法如下：对频率超过阈值前的一段数据窗进行扫描，比较各个数据点前 1s 的频率序列方差和该点后 1s 的频率序列的方差之差，前后方差变化最大的点即为频率突变点。图 4-7 是一个典型的掉机事故频率曲线，图 4-8 为 2～30s 的数据前后方差变化图，可以看到，频率突变点和方差偏差点是一致的，用该方法可准确识别频率突变发生在 18.5s。

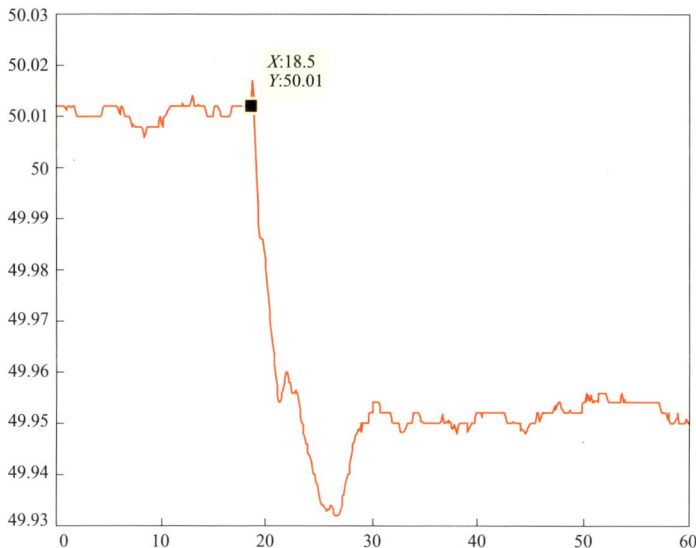

图 4-7 典型的掉机事故频率展示图

本书研究通过仿真验证了该方法的准确性和有效性，另外该方法简单直观，便于编程计算。

另外，为了降低计算量，减少计算时间，只需要搜索到之前已经搜索出的时间点 t_1，也就是说频率发生突变的点一定在频率超过阈值之前。

（1）有功功率开始变化的时间点 t_4：在系统发生大扰动瞬间，首先发生的是电磁暂态过程，发电机组按照同步功率系数承担部分功率扰动量，机组电磁功率发生突变，这一过程是较为迅速的。虽然电磁功率发生了突变，但是在这瞬间，由于机械惯性，机械功率不可能突然改变，仍为原来的数值，也就是

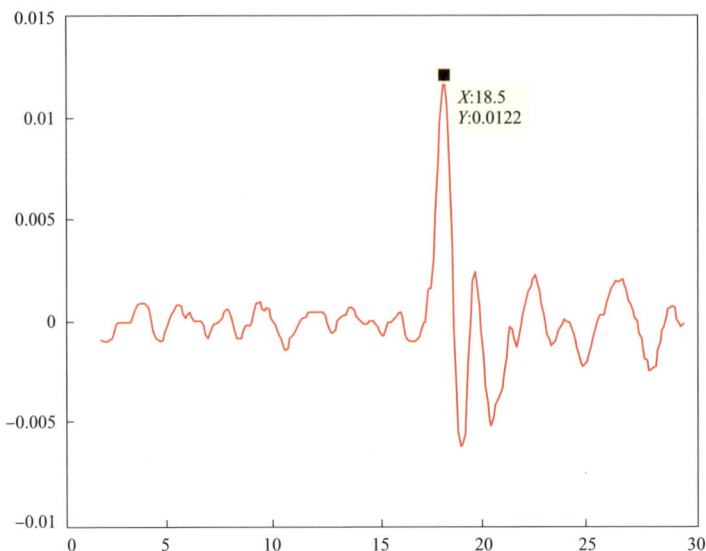

图 4-8　2～30s 的数据前后方差变化图

说此时量测到的有功功率的变化不等于机械功率的变化，不是一次调频作用的结果。之后，由于功率的不平衡，引起发电机转速的改变，根据距扰动点的距离、转动惯量和整步功率系数的不同，各发电机将按照各自的有关参数、伴随着相互之间的作用进行新的有功出力的调整，这是机电暂态过程，大概要持续几秒。此时发电机的电磁功率和机械功率不相等。而 WAMS 测量得到的功率为电磁功率，因此不能使用这段时间内的 WAMS 数据进行计算和评估。如图 4-9 的例子，频率发生突变后，电磁功率迅速增大，从图 4-9 可以看出，实际上一次调频的作用大约从 23s 开始。可见，需要剔除机电暂态过程对有功突变判据的影响。

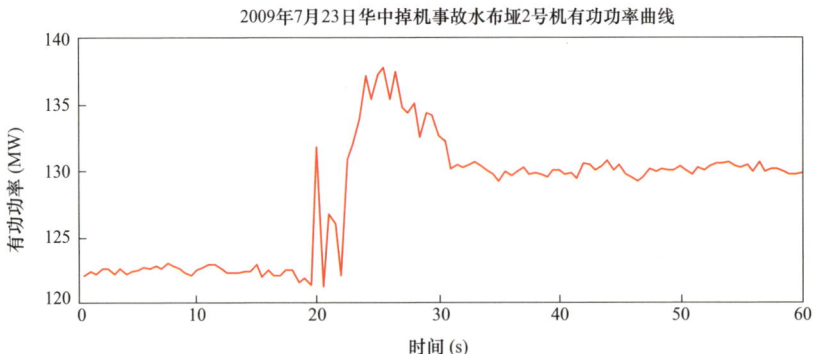

图 4-9　掉机事故中有功突变例子（一）

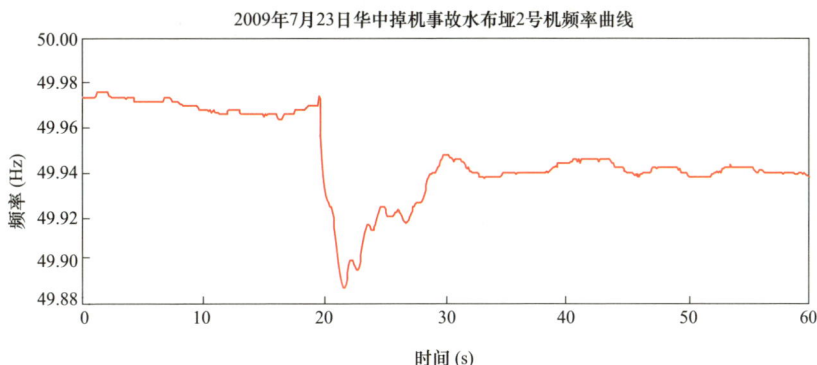

图 4-9　掉机事故中有功突变例子（二）

　　为准确评估一次调频的作用，避开机电暂态过程对电磁功率曲线影响，此处忽略机组有功功率在机电过程的变化，从 t_3 后的 3s 开始寻找 t_4。寻找的判据如式（4-14）所示：

$$| P - P_{s\_before} | > 0.4\% \times P_n$$
$$(P - P_{s\_before}) \times (f - f_{s\_before}) < 0 \tag{4-14}$$

式中：s_before 表示调整前的稳定状态。如果 t_4 超过了频率开始动作后的 30s 则判定为一次调频没有动作。

　　（2）频率稳定的时间点 t_5：从 t_1 开始往后寻找，若某个频率点往后某段时间内最大 f 和最小 f 差距小于某个设定值，第一个这样的点就被判定为 t_5。其中，这段时间可取 3s，该设定值可取为 0.005Hz。

　　（3）有功功率稳定的时间点 t_6：从 t_5 开始往后寻找，若某个有功功率点往后某段时间内最大 P 和最小 P 差距小于某个设定值，第一个这样的点就被判定为 t_6。其中设定值和机组的容量有关。

4.1.4　一次调频分布特性对联络线潮流影响分析

4.1.4.1　区域自然频率特性系数

　　区域一次调频的特性由区域内的发电机和负荷特性决定，一般用区域自然频率特性系数 β 表示，它表示了各区域所具备的一次调频能力，也是一次调频和二次调频的纽带。

　　当前互联电网的调频手段由一次调频和二次调频（AGC）共同组成。一次调频其主要是应对系统中的功率突变 ΔP_L，快速抑制系统频率的变化，对功率扰动区域产生功率支援，保证一次调频后的准稳态频率不会导致各类保护装置动作，一次调频的过程是有差调节。二次调频是对其区域控制偏差（ACE）进行调节，使得系统频率或联络线交换功率恢复到计划值，二次调频的过程是无差调节。二次调频中各区域的频率偏差系数（B 系数）代表了区域的二次调频责任。研究表明：当 B=β 时，各区域的负荷扰动将完全由本区域 AGC 承担，从而完全补偿扰动过程中暂时平衡扰动功率 ΔP_L 的一次调频功率。可见，区域自然频率特性系数 β 联系着系统一、二次调频，也决定着系统频率控制效果和区域二次调频责任。

然而，由于各个区域的 β 是各区域固有的自动调频特性，本章第一节也提到一次调频作为基本辅助服务不予补偿，目前一次调频也缺乏有效的监管体制，导致各区域一次调频的能力不尽相同。因此，一次调频能力较强（即 β 较小）的区域将会无偿地参与调节其他区域的负荷扰动，造成联络线潮流的波动。这不仅对区域发电机组的一次调频成本不公平，而且可能引发联络线潮流过载等安全问题。因此，本节将推导一次调频能力分布特性对联络线潮流的影响，分析合理的一次调频能力分布情况，为区域间一次调频能力公平合理的分配提供理论依据。

4.1.4.2 一次调频分布特性与联络线功率分析

当事故发生、二次调频尚未来得及动作时，各区域一次调频的动作将对区域间的联络线功率产生影响，联络线功率变化的方向和大小与功率大扰动发生的位置以及各子网的区域自然频率特性分布情况有关。分析电网一次调频能力分布特性对联络线潮流的影响，掌握从一次调频角度控制联络线潮流的方法，从而保证电力电量交易正常开展并且保证电网安全稳定运行。

下面将针对我国某省电网与其他省网间联络线的潮流变化进行研究，因此将外部电网等效成外部网络，如图 4-10 所示。

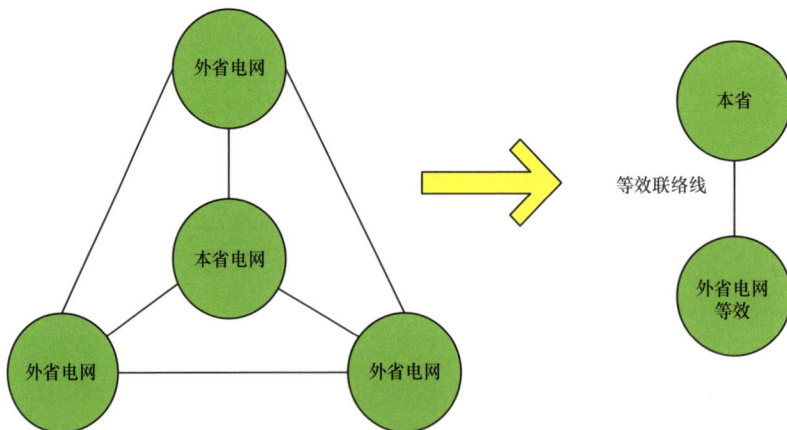

图 4-10 外部电网等效示意图

我国某省电网的复合频率调节特性系数为

$$\beta_{\text{Hubei}} = \cfrac{1}{\cfrac{1}{\delta_{\text{Hubei}}} + D_{\text{Hubei}}} \qquad (4-15)$$

等效外网的复合频率调节特性系数为

$$\beta_{\text{out}} = \cfrac{1}{\sum_{\text{所有外网}} \left(\cfrac{1}{\delta_{\text{outi}}} + D_{\text{outi}} \right)} = \cfrac{1}{\cfrac{1}{\delta_{\text{out}}} + D_{\text{out}}} \qquad (4-16)$$

从功率扰动发生在区域内和区域外两种情况，分析一次调频分布特性对联络线功率的影响。

（1）有功突变发生在我国某省电网内。当我国某省电网发生了一个有功突变 ΔP_{L}，整个互联系统经过一次调频之后的频率变化为

$$\Delta f = \cfrac{-\Delta P_{\text{L}}}{\left(\cfrac{1}{\delta_{\text{Hubei}}} + D_{\text{Hubei}} + \cfrac{1}{\delta_{\text{out}}} + D_{\text{out}} \right)} = \cfrac{-\Delta P_{\text{L}}}{\cfrac{1}{\beta_{\text{Hubei}}} + \cfrac{1}{\beta_{\text{out}}}} \qquad (4-17)$$

从外网的角度计算联络线上的潮流变化，可以将变化看作两部分，一部分是由于频率变化负荷吸收的有功功率的变化，变化方向与 Δf 相同，一部分是发电机在一次调频作用下的有功出力变化，方向与 Δf 相反。如式（4-18）所示

$$\Delta P_{\text{tie}} = -\Delta P_{\text{G}} + \Delta P_{\text{D}} = \frac{1}{\delta_{\text{out}}} \times \Delta f + D_{\text{out}} \times \Delta f = \frac{1}{\beta_{\text{out}}} \times \Delta f \qquad (4-18)$$

式中：ΔP_{tie} 的正方向是从外网到我国某省电网。将式（4-17）代入式（4-18）可得

$$\Delta P_{\text{tie}} = \frac{1}{\beta_{\text{out}}} \times \Delta f = \cfrac{\cfrac{1}{\beta_{\text{out}}}}{\cfrac{1}{\beta_{\text{out}}} + \cfrac{1}{\beta_{\text{Hubei}}}} \times (-\Delta P_{\text{L}}) = \frac{\beta_{\text{Hubei}}}{\beta_{\text{out}} + \beta_{\text{Hubei}}} \times (-\Delta P_{\text{L}}) \qquad (4-19)$$

由式（4-19）可知，当我国某省电网内发生功率扰动时，我国某省电网与外省电网联络线有功功率的变化量由我国某省电网的自然频率特性系数以及外省电网的等效自然频率特性系数决定。此时若我国某省电网的一次调频特性比外网好（$\beta_{\text{hubei}} < \beta_{\text{out}}$），则联络线有功的变化会越小。即我国某省电网承担了自身的一次调频责任，因而外部电网的暂时支援会较少，从而联络线功率变化会较小。

所以，假如功率扰动发生在我国某省电网内，一旦我国某省电网的发电机

一次调频性能越好，联络线的潮流变化越小。

（2）有功突变发生在外部电网。当外部电网发生了一个功率突变 ΔP_L，与发生在我国某省电网内部一样，整个互联系统经过一次调频之后的频率变化为

$$\Delta f = \frac{-\Delta P_L}{\left(\dfrac{1}{\delta_{\text{Hubei}}} + D_{\text{Hubei}} + \dfrac{1}{\delta_{\text{out}}} + D_{\text{out}}\right)} = \frac{-\Delta P_L}{\dfrac{1}{\beta_{\text{Hubei}}} + \dfrac{1}{\beta_{\text{out}}}} \qquad (4-20)$$

在这种情况下，从我国某省电网的角度计算联络线上的潮流变化比较简单，可以将变化看作两部分，一部分是由于频率变化负荷吸收的有功功率的变化，变化方向与 Δf 相同，一部分是发电机在一次调频作用下的有功出力变化，方向与 Δf 相反。如式（4-21）所示

$$\Delta P_{\text{tie}} = -\Delta P_G + \Delta P_D = \frac{1}{\delta_{\text{Hubei}}} \times \Delta f + D_{\text{Hubei}} \times \Delta f = \frac{1}{\beta_{\text{Hubei}}} \times \Delta f \qquad (4-21)$$

式中：ΔP_{tie} 的正方向是从我国某省电网到等效外省电网。将式（4-20）代入式（4-21）可得

$$\Delta P_{\text{tie}} = \frac{1}{\beta_{\text{Hubei}}} \times \Delta f = \frac{\dfrac{1}{\beta_{\text{Hubei}}}}{\dfrac{1}{\beta_{\text{Hubei}}} + \dfrac{1}{\beta_{\text{out}}}} \times (-\Delta P_L) = \frac{\beta_{\text{out}}}{\beta_{\text{Hubei}} + \beta_{\text{out}}} \times (-\Delta P_L) \quad (4-22)$$

由式（4-22）可知，当外电网发生功率扰动 ΔP_L 时，与前一种情况相似，我国某省电网与外省电网联络线有功功率的变化量由湖北电网以及外部电网的区域自然频率特性系数共同决定。与前一种情况有所不同的是，此时我国某省电网的一次调频能力越差（$\beta_{\text{hubei}} > \beta_{\text{out}}$），则联络线潮流的变化越小。即我国某省电网对外网的功率突变进行的支援越少，联络线功率变化会较小。

所以，假如功率扰动发生在外部电网，一旦我国某省电网的发电机一次调频性能越差，联络线的潮流变化越小。

4.1.4.3　一次调频特性合理分布

通过上节的分析可以看到，一次调频能力的分布特性对联络线潮流的影响与功率扰动发生的地点密切相关。当本区域的一次调频能力较强时，对区域内发生的功率扰动，可及时响应，减少联络线上的临时功率支持；而对区域外发生的功率扰动，也会积极无偿地参与，支援其他区域的调节，从而造成联络线功率较大的变化，不仅违反了省间交换电量计划，在严重时甚至可能造成联络线功率短时过载或超过联络线稳定极限，威胁系统的安全稳定运行。

对于现代互联电力系统，每个区域都是独立的经济实体。而由于各区域频率统一，使得系统频率质量成为一项公共利益。在这种情况下，每个控制区在

分享电网互联带来益处的同时，都有责任调节自身的发电出力，以维持系统频率的稳定。系统和区域的一次调频能力对电网的安全运行有重要意义。目前很多电厂为了减少机组磨损而闭锁一次调频功能，使得系统和各区域的一次调频能力并不能保证时刻都真正发挥作用，这可能导致系统一次调频能力处于失控状态，不仅自身无法响应区域内的功率突变，也导致其他区域在扰动发生时对本区域产生过量的功率支援。另一方面，不计成本一味追求较高的一次调频能力（减小 β），也是没有必要的，会使得本区域的机组过多地参与功率调节，造成不公平现象，从而影响电厂参与一次调频的积极性。区域一次调频能力过高和过低都会导致违反区域电量交易计划、引发联络线功率过载等安全性问题。

为体现一次调频成本的公平性，本书研究提出根据区域负荷扰动统计特性安排区域一次调频分布的方法。只有各区域 β_i 的比例与各区域负荷扰动的统计特性比例相同，这样区域一次调频参与调节外区负荷扰动的概率也相同，才能实现区域发电机组一次调节成本的公平。在此利用负荷扰动的方差作为其统计特性参数，以两个互联系统为例，计算整个系统的一次调频能力相同的情况下，不同的分布情况对系统联络线潮流的影响。

计算参数如下：区域 1 和区域 2 互联，区域参数相同，容量均为 10GW，其自然频率特性系数分三种情况：

方案 1：β_1=5%，β_2=10%，$2\beta_1$=β_2。即两个区域的频率调节系数为 B1 = 4000MW/Hz，B2=2000MW/Hz。

方案 2：β_1=10%，β_2=5%，β_1=$2\beta_2$。即两个区域的频率调节系数为 B1 = 2000MW/Hz，B2=4000MW/Hz。

方案 3：β_1=7.5%，β_2=7.5%，β_1=β_2。即两个区域的频率调节系数为 B1 = 2667MW/Hz，B2=2667MW/Hz。

因此，以上三种方案下整个互联系统的等效频率调节系数相同，为 1333MW/Hz，只是分布特性不同。

设区域 1 和 2 的负荷扰动为正态分布，方差比为 $\sigma_1 : \sigma_2 = 2 : 1$，即区域 1 的负荷扰动大于区域 2。计算以上三种分布特性下的频率变化和联络线潮流变化均值，如表 4-1 所示。

表 4-1 不同一次调频分布特性对联络线功率的影响

方案	频率变化均值（Hz）	联络线功率变化均值（MW）
方案 1	0.0182	49
方案 2	0.0182	60
方案 3	0.0185	54

由计算结果可以看到，由于整个系统的等效调节能力相同，因此频率变化均值基本相同，一次调频分布特性的差别将对联络线潮流产生影响。方案 1 的一次调频分布与负荷扰动特性比例相同（扰动大的区域调节能力好），因此联络线的潮流变化较小；方案 2 的一次调频分布与负荷扰动特性相反，因此联络线潮流变化最大；方案 3 两个区域调节能力相同，因此联络线潮流变化介于两者之间。

综上所述，功率扰动下区域间联络线有功功率的变化，体现了区域间一次调频能力的临时支援，体现了互联电网的优势。但是，为了保证联络线的安全稳定以及互联电网一次调频的公平公正，互联电网应根据各个区域电网的功率扰动的数学特性，为各区域一次调频能力的分布提供合理的参考值，让各区域的一次调频能力与负荷扰动的统计特性比例相同，从而规范和约束区域一次调频能力，实现一次调节成本的公平分配。

4.2 电网的二次调频在线评估

4.2.1 简介

二次调频是保证电力系统频率稳定的重要手段之一，并且能够弥补一次调频带来的系统静差，对于维护系统安全、稳定运行有着重要的意义。

4.2.1.1 二次调频

当系统的负荷发生重大变化时，系统的出力—负荷平衡将会被破坏，一次调频通过调节发电机转速虽然能在短时间内改变机组的出力，减缓频率改变的速度，但是由于没有改变原动机的出力，最终还是无法恢复出力—负荷的平衡关系，影响系统的频率质量。二次调频通过改变发电机的出力，恢复系统的出力—负荷平衡关系，从而维持系统的频率稳定。

二次调频实现的方式主要包括调度员人工调度改变机组的出力和通过自动发电控制系统（AGC）改变机组的出力。随着电力系统对频率控制的精度和实时性的要求不断提高，目前主要的二次调频由自动发电控制系统协调完成。

4.2.1.2 自动发电控制原理

自动发电控制（AGC）是一个基于电力系统实时状态的闭环控制系统，作为电力系统重要的调频手段，其主要目的是在电网负荷变化时调整发电出力使与用电功率平衡；实现负荷频率控制，使电网频率偏差符合规定的标准要求，在分区控制的电网中，进行联络线交换功率的控制，使区域间联络线潮流与计划值相等；合理分配各发电厂或机组之间的出力，使区域内发电运行成本最小。

我国从 20 世纪 60 年代起在东北、华东和华北三大电网应用 AGC 控制，到 1989 年基本完成华北、东北、华东和华中四大区域电网调度自动化引进工程，使各区域电网的 AGC 功能达到实用化要求。目前随着各地区 AGC 机组容量的增加，电网频率合格率有了较大的提高。

一般的 AGC 调节是一个控制滞后的调节过程。当系统频率或联络线交换功率偏离计划值时，产生区域控制偏差（ACE），则 AGC 系统根据 ACE 的大小对可控机组发出控制命令，待机组响应控制命令后，系统频率或联络线交换功率逐渐恢复到原计划值。常用的 AGC 控制模式包括恒频率控制（FFC）、恒交换功率控制（FTC）、联络线和频率偏差控制（TBC），目前多数的大型互联系统采用的都是 TBC 的控制模式。

4.2.1.3 现有的 AGC 评价方法

现有的 AGC 评价体系是基于能量管理系统（Energy Management System，EMS），数据采集及传输终端为传统的监控与数据采集系统（Supervisory Control and Data Acquisition，SCADA），在采样率、采集精度及传输速率方面受到了很大的限制，难以满足现在电力系统快速调节的要求。对 AGC 机组调节性能测试的时间间隔一般较长，而且基本上以抽样的方式进行试验测试，无法实时反映各 AGC 机组的调节性能，无法对当前全网的二次调频能力做出全面的掌握与分析。

近来广受关注的广域测量系统（Wide-area Measurement System，WAMS）是仅针对稳态过程的 EMS 系统的进一步延伸，外部基本单元为基于全球定位系统（Global Positioning System，GPS）的同步相量测量单元（Phasor Measurement Unit，PMU）和连接各 PMU 的实时通信网络。在同一时钟协调下，系统可以对各测点的电压、电流等相量及功率、频率等模拟量进行同步测量，并以 25 ～ 100 帧/s 的速率实时采样并上传至 WAMS 主站。WAMS 借助 PMU 既可以确保全局范围内的测量结果具有同时性，也有助于通过较高的采样频率分析计算负荷变动时机组二次调频的动作过程。利用 PMU 的信息，通过实时同步测量机组出力与 AGC 指令变化的关系，可以在线测算 AGC 机组的各种二次调频参数，并与要求的整定值比较，可以用于评价机组二次调频的投入情况和调节性能，为二次调频的考核与评价提供依据。

4.2.2 二次调频在线评估指标体系

合理的二次调频评价标准，能够促使电网和 AGC 机组改进控制策略，规范机组 AGC 的控制行为，对于改善系统的频率响应特性起着至关重要的作用。二次调频的评价可以分为运行区域性能指标和机组性能指标，下面将分别进行介绍。

4.2.2.1 二次调频运行区域评价指标

全网二次调频指标主要评价整个电网的 AGC 系统运行效果，作为考核电网二次调频能力的主要依据。

北美电力可靠性协会（NERC）对于电网二次调频的性能评价主要有 A1/A2 标准和 CPS1/CPS2 标准。

（1）A1/A2 评价标准。A1 标准要求在任何一个 10min 间隔内，区域联络线控制偏差（ACE）必须为零。A2 标准规定了 ACE 的控制限值，即 ACE 的 10min 平均值要小于规定的 L_d，即 $AVG（ACE_{10min}）\leqslant L_d$，其中 L_d 由式（4-23）给出

$$L_d = 0.025 \Delta L + 5MW \tag{4-23}$$

式中：ΔL 可以用两种方法计算：① ΔL 指控制区在冬季或夏季高峰时段，日小时电量的最大变化量；② ΔL 指控制区在一年中任意 10h 电量变化量的平均值；一般情况下每个控制区的 L_d 每年修改一次。

（2）CPS1/CPS2 评价标准。CPS1 标准是指控制区在一个长时间段（如一年）内，其区域联络线控制偏差（ACE）应满足式（4-24）要求

$$CF = AVG\left(\frac{ACE \times \Delta f}{-10B \times \varepsilon_1^2}\right) \tag{4-24}$$

式中：ACE_i 为控制区 i 的 ACE 的平均值；B_i 为控制区 i 的频率偏差系数，此值为负，单位为 MW/0.1Hz；f 是控制区的实际频率；f_0 是控制区的标准频率；ε_1 是一年时段内互联电力系统实际频率与标准频率偏差的 1min 平均值的均方根，用式（4-25）表示

$$\varepsilon_1 = \sqrt{\frac{\sum_{i=1}^{n}(\Delta f_i)^2}{n}} \tag{4-25}$$

式中：n 是一年时间段内的分钟数；Δf_i 是每分钟的频率偏差。ε_1 作为频率控制目标值，是一个长期的考核指标，在互联电力系统中，各控制区的 ε_1 均相同，且为一固定常数。

CPS2 标准是指在一个时间段内（如 1h），控制区 ACE 的 10min 平均值，必须控制在特殊的限值 L_{10} 内。

CPS1 的计算公式为

$$CF = AVG\left(\frac{ACE \times \Delta f}{-10B \times \varepsilon_1^2}\right) \tag{4-26}$$

$$CPS1 = （2-CF）\times 100\% \tag{4-27}$$

可以看出，$CPS1 \geqslant 200\%$ 表示区域 AGC 的调节对减少控制区的 ACE 或者系统频率偏差有利；$200\% \geqslant CPS1 \geqslant 100\%$ 表示区域 AGC 的调节对控制区 ACE 或者系统频率偏差的影响未超出影响范围；$CPS1 < 100\%$ 表示 AGC 的调节

已超出了影响范围。

CPS2 的计算公式为

$$AVG\left(ACE_{10min}\right) \leqslant L_{10} \tag{4-28}$$

$$L_{10} = 1.65 \times \varepsilon_{10} \times \sqrt{\left(-10B_i\right) \times \left(-10B_s\right)} \tag{4-29}$$

$$CPS2 = \left(\frac{10min\ ACE\ 合格点}{总的\ 10min\ 日历点}\right) \times 100\% \tag{4-30}$$

式中：ε_{10} 是给定一段时间内，系统实际频率与标准频率偏差的 10min 平均值的均方根；B_s 是互联电力系统总的频率偏差系数。

对于每个控制区，按照 CPS1、CPS2 的标准对其区域 AGC 性能进行评价，其控制指标要求 $CPS1 \geqslant 100\%$，$CPS2 \geqslant 90\%$。

（3）两类标准相关讨论。A1 标准要求在任何一个 10min 间隔内，ACE 必须为零，这样可以尽可能减少互联区域间的交换电量，但是 ACE 频繁过零，将会导致系统进行无谓的重复、反复调节，对系统频率的恢复产生负面的影响，主要表现为以下两个方面：

1）A1 标准要求 ACE 频繁过零，一定程度上增加了发电机组的调节负担；

2）A2 标准要求控制区域 ACE 每 10min 的平均值被限制在一定的范围内，一旦控制区域发生某一事故，而与之互联的控制区域尚未修改交换计划时，相邻区域之间难以做出较大的支援。

CPS1/CPS2 标准不要求 ACE 频繁过零，可以避免一些不必要的调节，有利于机组的稳定运行。而且，CPS1 标准中的参数 ε_{10} 体现了电网频率控制的目标，与频率质量的评价密切相关，有利于提高电网的频率质量。但是，CPS1/CPS2 标准主要判断的是区域联络线控制偏差 ACE 时间尺度上的大小关系，控制对象主要针对区域 AGC 的性能，难以与每台 AGC 机组建立一一对应的联系，亦即无法对单台 AGC 机组的自动发电控制性能进行评估。

而实际电网中采用哪种评价方式，是根据电网的实际情况来决定的。目前基于 CPS 指标的 AGC 控制策略尚未完全成熟，结合湖北电网的 AGC 情况，采用 A1/A2 指标作为二次调频区域性能评价指标。

区域性能指标包括控制性能评价标准 A1、A2，ACE、频率、时差在不同时段的最大、最小、平均值等。由于湖北 AGC 系统中对 ACE 以及 A1/A2 已具备成熟的区域性能评价指标的计算和统计功能，在此不再重复建设。仅对目前尚未建立的单机评价系统进行开发。

4.2.2.2　二次调频机组性能评价指标

机组性能指标包括 AGC 投运率、AGC 调节容量、调节速率和调节精度等评价指标。

（1）AGC 调节过程分析。AGC 指的是电网调度中心直接通过机组分散控制系统（Distribution Control System，DCS）实现自动增、减机组目标符合指令的功能。AGC 以满足电力供需实时平衡为目的，根据机组本身的调节性能及其在电网中的地位，对不同的机组分配不同的权重系数，分类进行控制，自动地维持电力系统中发电功率和负荷的瞬时平衡，使由于负荷变动而产生的 ACE 不断减少直至为零，以保证电力系统频率稳定。

电厂内的 AGC 控制主要包括单机控制方式和集中控制方式两种，在单机控制方式中，调度机构将自动发电控制系统计算得到的 AGC 指令直接下发到电厂中每台参与 AGC 调节的 AGC 机组机炉协调控制系统（Coordinate Control System，CCS）上，直接给机组发送升降功率指令。在集中控制方式中，调度中心 AGC 控制指令为全厂总功率设定值，此功率值再由电厂内部的 DCS 对全厂每台机组进行综合协调控制和经济负荷分配。湖北电网中，采取单机控制的方式。

从系统的角度，AGC 服务的目的是维持系统的频率（或联络线上的潮流）在要求的范围；但是，从机组考虑，AGC 服务就是提供跟踪指令变化的能力。评价 AGC 服务质量，就是考核 AGC 机组跟随指令变化是否达到了要求。

图 4-11 展示了一个比较典型的单机 AGC 调节过程，其中曲线 Z 表示 AGC 指令曲线，曲线 P 表示 AGC 机组有功输出曲线，t_0、t_1'、t_1 和 t_2 分别表示某个控制时段的控制起点时刻、机组出力跨出控制死区时刻、控制终点时刻和下一个控制时段起点时刻（控制时段指的是 AGC 指令与当前机组出力的偏差大于机组 AGC 响应死区的时段），Z_0、Z_1 和 Z_2 分别表示相应时刻的 AGC 指令值，P_0、P_1 和 P_2 分别表示相应时刻的机组出力值。

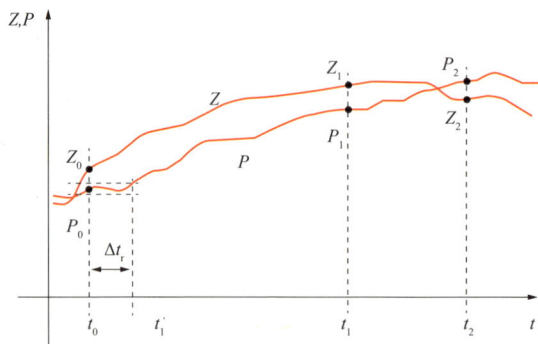

图 4-11 AGC 调节过程示意图

在 t_0 时刻，机组出力与 AGC 指令的差值大于预先设定的 AGC 响应死区，于是机组开始根据 AGC 指令调整出力，在调整的过程中，AGC 指令有可能改变，也可能保持，都要求机组出力曲线能够跟随 AGC 指令曲线。在 t_1' 时刻，机组出力跨出了机组的调节死区，在此之后开始机组出力的跟随调节。在 t_1 时刻，机组出力和 AGC 指令的差值重新回到 AGC 响应死区之内，AGC 调节过程结束，开始进入相对稳态，机组出力在小范围随机波动。此时虽然机组有可能接收到 AGC 指令，但是只要处于 AGC 响应死区之内，机组的 AGC 调节就不会动作，这主要是为了防止机组频繁动作而可能对机组造成损害。在 t_2 时刻，当机组出力与 AGC 指令的差值重新大于 AGC 响应死区时，又开始了和上面一样的调节过程，这里就不再赘述了。

（2）AGC 机组调节性能指标。根据现有规定，并网发电厂单机 100MW 及以上火电机组和单机容量 40MW 及以上非贯流式水电机组应具有 AGC 功能。并网发电机组 AGC 的可投率和调节精度、调节范围、响应速度等应满足要求。安装 AGC 设备的并网发电厂应保证其正常运行，不得擅自退出并网机组的 AGC 功能。具备 AGC 功能的机组，应按调度指令要求投入 AGC，投入的 AGC 调节性能应满足表 4-2、表 4-3 规定的技术要求。

表 4-2　　　　　　　　　　　　火电机组 AGC 调节性能要求

额定容量	调节范围下限（额定容量的百分数）	调节范围上限（额定容量的百分数）	调节速度（每分钟额定容量的百分数）	调节精度
100（含）～200MW	75%	100%	2.0%/min	±3%
200（含）～300MW	66%	100%	2.0%/min（直吹式制粉系统机组为 1%/min）	±3%
300（含）～600MW	60%	100%	2.0%/min（直吹式制粉系统机组为 1%/min）	±3%
600MW 及以上	55%	100%	2.0%/min（直吹式制粉系统机组为 1%/min）	±3%

表 4-3　　　　　　　　　　　　水电机组 AGC 调节性能要求

调节形式	调节范围下限（额定容量的百分数）	调节范围上限（额定容量的百分数）	调节速度（每分钟额定容量的百分数）	调节精度
全厂方式	最低振动区上限	100%	最大机组的 80%/min	±3%
单机方式	最低振动区上限	100%	80%/min	±3%

对于 AGC 机组的考核方式包括：

1）AGC 的月可用率必须达到 90% 以上。每低于 1 个百分点（含不足一个百分点），每台次记考核电量 5 万 kWh。经调度机构同意退出的时间段，不纳入考核范围。

2）具备 AGC 功能的机组，应按调度指令要求投入 AGC，无法投入 AGC 功能或 AGC 调节性能不满足表 4-2、表 4-3 中任一项基本要求，每日按 0.5 万 kWh 记为考核电量。每月由电力调度机构对所有机组 AGC 控制单元的调节性能进行测试，测试结果及时在"电力公开、公平、公正（三公）"调度网站上公布，并报电力监管机构备案。

3）在电网出现异常或由于安全约束限制电厂出力，导致机组 AGC 功能达不到投入条件时，不考核该机组 AGC 服务。

细则中详细地给出了目前华中电网对于 AGC 机组的考核量及考核方式，可以对全网 AGC 机组的调节性能做出较为客观、公正的评价。根据细则中对 AGC 机组的要求，AGC 机组的性能指标主要包括 AGC 投运率、调节容量、调节速率和调节精度，为了更全面地考察 AGC 机组的调节性能，也为了充分利用 WAMS 采集的数据具有高采样率，低延迟的特点，还可以加上正确动作率、响应时间、差动速率等附加指标。综合几种指标，提出了多时间尺度考核机组 AGC 性能的评价方法，如图 4-12 所示。

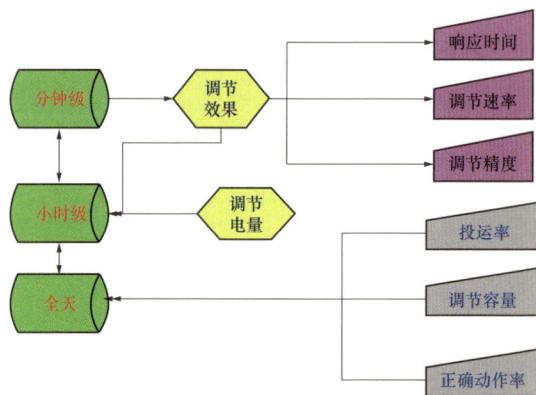

图 4-12　多时间尺度考核 AGC 机组评价体系模型基本框架

需要说明的是，本书将考核 AGC 时间段分为 3 个部分，分别是分钟级、小时级和全天。其中分钟级指的是考核某一台 AGC 机组在分钟级内的响应指令情况，由于火电机组和水电机组在很多方面存在差异，这里的分钟级对火电机组而言定义为 2min，而水电机组调节较快，为了提高考核的准确性，将这里的分钟级定义为 30s。在分钟级的 AGC 考核中，仅对机组的响应时间、调节速率和调节精度进行指标计算。在小时级的 AGC 考核中，指的是对某一台机组进行 1h 连续考核，最后取每次统计段内的平均值作为最后的考核结果，这里不仅要考核机组的平均响应时间、平均调节速率和平均调节精度，还要考核其调节电量。全天级的 AGC 考核则注重的是机组在全天内对所有 AGC 指令的响应情况的汇总和长期动作情况，具体考核 AGC 投运率、调节容量和 AGC 正确动作率 3 个方面。通过多时间尺度对 AGC 机组进行考核计算，能够全方面地了解机组响应 AGC 指令的情况，为对 AGC 机组做出公正、公平地判断打好了基础。

下面将给出各个指标的定义和计算方法。

1）AGC 投运率。所谓 AGC 投运率，就是指除经调度机构同意退出的时间段外，机组 AGC 可用时间与总时间的比值，反映了机组响应 AGC 指令潜在能力的大小。一般情况下，调度机构要求机组的 AGC 投运率能够达到 95% 及以上，一旦机组的月投运率小于 90%，就会对该机组采取相应的惩罚措施。AGC 投运率由式（4–31）给出

$$\gamma = \frac{t_{\text{available}}}{t_{\text{total}}} \times 100\% \tag{4–31}$$

式中：$t_{\text{available}}$ 表示一段较长时间（如一个月）内 AGC 机组的未经允许的不投运时间总和，t_{total} 表示总的时间。需要剔除以下因素导致的免考核时间：

a. 由于发电计划不合理导致机组出力在调节区外，导致机组 DCS 系统或电厂监控系统认为 AGC 指令是坏数据，不予执行的时间；

b. 由于电网运行方式的需要、通道故障或主站自动化系统故障等原因导致的 AGC 功能未投入的时间。

2）调节容量。所谓调节容量，就是指正常情况下 AGC 机组受控期间，有功输出所能达到的最大值和最小值之间的差值，反映了负荷发生变化时，机组对系统出力—负荷动态平衡调节所做出贡献的能力的大小。一般说来，机组的调节容量为相对固定的值，在机组控制系统调试期间就能确定机组的调节容量。对于大部分机组，调节范围上限能够达到额定容量的 100%，若调节范围下限为额定容量的 50%，那么该机组的调节容量就是机组额定容量的 50%。火电机组一般要求调节容量达到机组额定容量的 40% 及以上，水电机组由于出力调节相对容易，因此一般要求调节容量达到机组额定容量的 100%。调节容量百分比由式（4–32）给出

$$\zeta = \frac{R_{\text{max}} - R_{\text{min}}}{P_{\text{n}}} \times 100\% = \frac{\Delta R}{P_{\text{n}}} \times 100\% \tag{4–32}$$

式中：R_{max} 表示 AGC 机组受控期间有功输出的最大值；R_{min} 表示 AGC 机组受

控期间有功输出的最小值；P_n 表示机组的额定容量。

3）正确动作率。所谓正确动作率，就是指 AGC 机组正确响应 AGC 指令次数与总的有效 AGC 指令次数的比值，反映了机组出力跟随 AGC 指令变动而变动能力的大小。一旦自动发电控制系统下发了某个有效 AGC 指令，机组就要开始动作，并且必须在规定的时间内完成整个调节过程。如果机组没有响应该有效 AGC 指令，或是没能在规定的时间内完成调节过程，或者出现反调的情况，将会对系统的频率稳定造成潜在的威胁甚至是直接的损害，那么就认为该次 AGC 动作不正确。显然，要求正确动作率为 100%。正确动作率由式（4-33）给出

$$\lambda = \frac{n_{\text{right}}}{n_{\text{total}}} \times 100\% \qquad (4-33)$$

式中：n_{right} 表示一段时间（如一天）内机组正确响应有效 AGC 指令的次数；n_{total} 表示该段时间内总的有效 AGC 指令的次数。

4）响应时间。所谓响应时间，就是指自动发电控制系统发出 AGC 指令之后，机组出力在原出力点的基础上，可靠地跨出与调节方向一致的机组调节死区所用的时间，是纯延迟时间，由通信延时和机组响应延时组成，统称响应时间。通信延时与机组和自动发电控制中心之间相对的地理位置相关，不过由于信号在光缆中以光速传输，不同机组之间通信延时的差距不大；机组响应延时主要和机组自身的性质相关，特别是火电机组和水电机组之间的差距很大，所以导致了火电机组和水电机组的响应时间也有很大的差别。根据经验，一般认为火电机组的响应时间应小于 1min，水电机组的响应时间应小于 20s。

根据图 4-11 定义的参量，可以写出机组的响应时间，如式（4-34）所示

$$\Delta t_{\text{response}} = t_1' - t_0 \qquad (4-34)$$

式中：$\Delta t_{\text{response}}$ 表示某次调节段的响应时间，量纲为 s。

5）调节速率。所谓调节速率，就是指机组响应负荷指令的速率，即正常情况下 AGC 机组受控期间，有功输出对时间的变化率，反映了机组出力改变的快慢速度，也就是对维持系统频率贡献的快慢。由于 AGC 指令可能要求发电机出力增加或者减少，所以调节速率也分为上升速率（对应出力增加）和下降速率（对应出力减少），原则上要求二者的大小相等或者相近。一般说来，机组的调节速度与机组的额定容量应该相关，比较机组调节速率的时候考虑的是单位分钟内机组出力的变化量与机组额定容量的比值。

根据图 4-11 定义的参量，可以写出机组的调节速率，如式（4-35）所示

$$V_i = \frac{P_1 - P_0}{t_1 - t_0} \qquad (4-35)$$

式中：V_i 表示 AGC 机组在第 i 个控制时段的调节速率，量纲为 MW/min，当 $V_i > 0$ 时，表示上升速率，当 $V_i < 0$ 时，表示下降速率。

6）差动速率。所谓差动速率，就是指机组上升速率和下降速率之间的差值，反映了机组增加出力能力和减少出力能力之间的差别。为了维持机组出力上升和下降的平衡，一般调度机构要求机组的上升速率和下降速率不能有太大差距。机组的差动速率由式（4–36）给出

$$\Delta v = |V_{up} - |V_{down}||$$ （4–36）

式中：Δv 表示 AGC 机组在某段时间内的差动速率；V_{up} 表示 AGC 机组在该段时间内的平均上升速率；V_{down} 表示 AGC 机组在该段时间内的平均下降速率。

7）调节精度。所谓调节精度，就是指机组最后稳定时有功输出与 AGC 指令值之间的差值，由于机组性能以及一些人为因素，机组实际稳定后有功出力往往和 AGC 指令存在一定的差异，这种差异会对系统频率的稳定带来不好的影响。由于机组出力每时每刻都会不停地变化，出力稳定指的是机组的输出功率与 AGC 指令值的差值小于机组控制死区。而且，为了避免输出功率与 AGC 指令值的差值不断变化给计算造成的不便，使用该差值在一段时间内的积分，即电量的调节偏差来表示。同样，用调节偏差除以机组的额定容量，以调节偏差百分数来度量不同机组调节偏差的大小。一般说来，积分的时间窗口以有效控制段结束时刻为起点，下一个有效控制端开始时刻为终点。

根据图 4–11 定义的参量，可以写出机组的调节偏差百分数，如式（4–37）所示

$$\eta = \left[\frac{1}{t_2 - t_1} \int_{t_1}^{t_2} \frac{|z(t) - p(t)|}{P_n} dt \right] \times 100\%$$ （4–37）

式中：$z(t)$ 和 $p(t)$ 分别表示 $t_1 \sim t_2$ 时间段内 AGC 指令值和机组出力值随时间变化的函数关系。考虑到实际采样取值得到的 AGC 指令值和机组出力值都是离散的，将上式写成离散的形式，如式（4–38）所示

$$\eta = \frac{\sum_{i=1}^{n_1} z_i \Delta t_1 - \sum_{j=1}^{n_2} p_j \Delta t_2}{p_n (t_2 - t_1)} \times 100\%$$ （4–38）

式中：z_i 表示 AGC 指令在第 i 个采样点处的值；p_j 表示机组出力在第 j 个采样点处的值；Δt_1 和 Δt_2 分别表示 AGC 指令和机组出力的采样间隔；n_1 和 n_2 分别表示 AGC 指令和机组出力的总采样点个数。

（3）AGC 机组调节性能指标效能系数。AGC 机组调节性能定量评估同样可以分解为对以上给出的六个评价标准的定量评估和计算，主要目的是将上面

给出的六个评价标准进行类似标幺化的处理，将有量纲的参数归一化为无量纲的参数，这样既有利于评估结果的呈现，又可以对不同参数的机组进行横向的比较。需要说明的是，上面给出的 AGC 机组调节性能指标适用于所有 AGC 机组，但是，由于水电机组和火电机组在很多方面存在明显的差异，水电 AGC 机组和火电 AGC 机组的调节性能和评估要求之间存在很大差别。因此，先给出各种效能系数的计算方法，具体的参数将会在最后分水电机组和火电机组分别给出。

1）AGC 投运率效能系数。AGC 投运率显示了 AGC 机组可用时间的多少，投运率越高的机组对调度机构的支持度越大，对维持电网频率稳定的潜在贡献也就越大。实际运行时，实时统计 AGC 机组的在线时间，一般一周或者一个月统计一次并反馈 AGC 投运率数据，用于计算 AGC 投运率效能系数。

根据电网 AGC 投运率的实际情况，可确定 AGC 投运率达到规定水平时，其 AGC 投运率效能系数 k_1 为 1.0，当 k_1 小于 1 时，表示 AGC 投运率低于规定水平，需对电厂进行考核。取 AGC 投运率为 ρ_1 时，机组的 AGC 投运率效能系数 $k_1 = 1.0$，在此基础上，AGC 投运率每升降 1%，k_1 相应增减 b_1%，由式（4–39）给出

$$k_1 = 1.0 + (\gamma - \rho_1) \times b_1 \qquad (4\text{–}39)$$

式中：γ 为式（4–31）给出的 AGC 投运率；b_1 为松弛系数。

2）调节容量效能系数。调节容量是 AGC 机组性能评估的重要方面，调节容量越大的机组所能对系统的贡献就越大。AGC 机组的调节容量一般相对固定，由电厂根据机组的控制性能上报。实际运行中，自动发电控制系统计算出来的 AGC 指令值一般不会低到机组出力调节范围的下限，因此在线测量调节容量效果不甚明显，也没有什么意义，一般认为 AGC 机组实际运行调节容量等于电厂申报值。

根据电网 AGC 机组调节容量的实际情况，可确定调节容量达到规定水平时，其调节容量效能系数 k_1 为 1.0，当 k_2 小于 1 时，表示调节容量低于规定水平，需对电厂进行考核。取 AGC 调节容量达到机组额定容量的 ρ_2 时，机组的调节容量效能系数 $k_2 = 1.0$，在此基础上，调节容量每升降 1%，k_2 相应增减 b_2%，由式（4–40）给出

$$k_2 = 1.0 + (\zeta - \rho_2) \times b_2 \qquad (4\text{–}40)$$

式中：ζ 为式（4–32）给出的机组调节容量百分比；b_2 为松弛系数。

3）正确动作效能系数。AGC 机组仅仅保证 AGC 投运率高于一定的水平是不够，还必须保证 AGC 调节的有效性，即需要保证一定的 AGC 正确动作

率。以往的 AGC 机组评估中，并没有加入该项指标，主要是因为 EMS 系统的数据时间信息不足，无法正确判断某次 AGC 调节是否正确。本书研究结合 WAMS 系统给出的实时数据，可以正确判断某段时间内总的 AGC 调节次数和正确调节的次数，从而计算给出正确动作率，对于规范 AGC 机组调节方式、提高 AGC 机组调节性能有一定的帮助。

根据电网 AGC 动作的实际情况，可确定正确动作率达到规定水平时，其正确动作效能系数 k_3 为 1.0，当 k_3 小于 1 时，表示正确动作率低于规定水平，需对电厂进行考核。取正确动作率为 ρ_3 时，机组的正确动作效能系数 $k_3 = 1.0$，在此基础上，正确动作率每升降 1%，k_3 相应增减 b_3%，由式（4-41）给出

$$k_3 = 1.0 + (\lambda - \rho_3) \times b_3 \tag{4-41}$$

式中：λ 为式（4-33）给出的机组正确动作率；b_3 为松弛系数。

4）响应时间效能系数。响应时间反映了 AGC 机组出力值跨出调速死区时间的长短，实际反映了 AGC 机组响应 AGC 指令快慢的程度，只有当响应时间被限定在一定的时长之内时，机组的动作才能满足电网快速调节的要求。火电机组的响应时间一般在 1min 之内，性能好的火电机组可以将响应时间控制在 30s 之内；水电机组的响应时间一般在 20s。WAMS 数据具有采样率高的特点，并且还有时标，与实际的时间一一对应，因此，可以利用 WAMS 数据及一定的算法测量得到机组的响应时间，这是之前利用 EMS 系统无法做到的。

根据 AGC 机组响应时间分布的实际情况，可确定响应时间达到规定水平时，其响应时间效能系数 k_4 为 1.0，以此为标准，响应时间高于此水平时，需对电厂进行考核。取 AGC 机组响应时间为 ρ_4s 时，机组的响应时间效能系数 $k_4 = 1.0$，在此基础上，响应时间每升降 1%，k_4 相应减增 b_4%，由下式给出

$$k_4 = 1.0 - (\frac{\Delta t_{\text{response}} - \rho_4}{\rho_4}) \times b_2 \tag{4-42}$$

式中：$\Delta t_{\text{response}}$ 为式（4-34）给出的机组响应时间，量纲为 s；b_4 为松弛系数。

5）调节速率效能系数。AGC 机组仅仅具备一定的调节容量还是不够的，还必须具备一定的调节速率配合才能满足电网快速调节的要求。尽管 AGC 机组控制系统调试的时候已经给出机组调节速率，但在实际运行中，机组实际的调节速率往往和试验测定值存在差异，甚至差异较大。为此，在 AGC 机组实际的调节过程中，必须结合 WAMS 系统给出的实时数据，在线测量、计算机组的调节速率，才能真正反映出 AGC 机组对系统贡献量的大小。

根据 AGC 机组调节速率分布的实际情况，可确定平均调节速率达到规定

水平时，其调节速率效能系数 k_5 为 1.0，以此为标准，调节速率低于此水平时，需对电厂进行考核。湖北电网中，大部分机组都是非直吹式制粉系统机组，根据细则中的规定，取 AGC 机组调节速率达到机组额定容量的 ρ_5 时，机组的调节速率效能系数 $k_5 = 1.0$，在此基础上，调节速率每升降 1%，k_5 相应增减 b_5%，由式（4-43）给出

$$k_5 = \begin{cases} 1.0 + \left(\dfrac{|V|}{p_n} \cdot \dfrac{\rho_2}{\zeta} - \rho_5 \right) \times b_5 , & \zeta \leqslant \rho_2 \\[3mm] 1.0 + \left(\dfrac{|V|}{p_n} - \rho_5 \right) \times b_5 , & \zeta > \rho_2 \end{cases} \tag{4-43}$$

式中：$|V|$ 为式 (4-35) 中给出的机组调节速率 V 的范数，V 和 P_n 都只取数值，量纲不参与计算；ζ 为式 (4-32) 给出的机组调节容量百分比，当 $\zeta \leqslant \rho_2$ 时，说明机组的调节容量没有达到要求，已经在调节容量效能系数 $k_2 < 1$ 中得到了体现，为了消除其对调节速率效能系数 k_5 的影响，故需要乘以修正系数 ρ_2 / ζ 加以修正；b_5 为松弛系数。

6）差动速率效能系数。通常要求 AGC 机组的上升速率和下降速率大致相等，以保证 AGC 机组在受控调节期间出力增加环节和出力减少环节相对平滑，但是，实际中有时上升速率和下降速率有较大差异。极端情况下，少数电厂为了多发电，人为调整 AGC 机组的整定参数，上升速率调整得大些，下降速率调整得小些，从而牺牲了其他 AGC 机组的利益，这种行为在生产中必须严令禁止。

差动速率效能系数 k_6 主要反映了 AGC 机组调节过程中上升速率与下降速率之间的差异，定义为当上升速率不大于下降速率时 $k_6 = 1.0$，当上升速率小于下降速率时，速率的差值每升高额定容量的 1%，k_6 就相应降低 b_6%，由式（4-44）给出

$$k_6 = \begin{cases} 1.0 - \dfrac{\Delta v}{p_n} \times b_6 , & V_{up} \leqslant |V_{down}| \\[3mm] 1.0, & V_{up} > |V_{down}| \end{cases} \tag{4-44}$$

式中：V_{up} 和 $|V_{down}|$ 分别表示式（4-35）中给出的机组上升速率和下降速率的范数。一般情况下，上升速率和下降速率都是取某一个时间段内的平均速度，单次的上升速率和下降速率统计意义上并不能完全表征 AGC 机组的动态速率性能；b_6 为松弛系数。

7）调节精度效能系数。一般情况下，AGC 机组实际出力稳定值应该与 AGC 指令值接近，两者的差值应该被控制在机组的控制死区之内，但是由于

不同机组的调节系统性能不尽相同，有的 AGC 机组会出现过调或欠调的现象，对系统频率的稳定会造成不良的影响。更有甚者，由于某些人为因素，机组的实际出力始终要大于 AGC 指令值，这样机组就能尽量多地发电，从而牺牲了其他 AGC 机组的利益，这种行为在生产中必须严令禁止。

根据 AGC 机组调节精度分布的实际情况，可确定平均调节精度达到某一水平时，其调节精度效能系数 k_7 为 1.0，以此为标准，调节精度高低于此水平时，需对电厂进行考核。湖北电网中，根据细则中的规定，取 AGC 机组的调节偏差百分数达到额定容量的 ρ_7 时，机组的调节精度效能系数 $k_7 = 1.0$，在此基础上，调节偏差百分数每升降 1%，k_7 相应减增 b_7%，由式（4-45）给出

$$k_7 = 1.0 - (\eta - \rho_7) \times b_7 \qquad (4\text{-}45)$$

式中：η 表示式（4-36）或式（4-37）中给出的调节偏差百分数；b_7 为松弛系数。

（4）综合评价指标。在上面的小节中，分别探讨并给出了 AGC 机组调节性能定量评估时需要用到的 7 个效能系数，即 AGC 投运率效能系数 k_1、调节容量效能系数 k_2、正确动作效能系数 k_3、响应时间效能系数 k_4、调节速率效能系数 k_5、差动速率效能系数 k_6 和调节精度效能系数 k_7。为了进一步将不同的效能系数统一起来，更加直观地将结果呈现出来，本章将引入超短期评价系数 $K_{\min}$ 短期评估系数 K_{short} 和长期评估系数 K_{long}，对 AGC 机组在超短期（如 3min）、短期（如 1h）和长期（如 1d 或一个月）三种不同时间尺度下进行评估。其中，根据超短期评估系数和短期评估系数可以对机组的实时调节性能进行直观的了解，根据长期评估系数可以对机组的平均调节性能进行深入的分析，结合多时间尺度 AGC 机组评估系数，可以对 AGC 机组的调节性能进行全面的掌握，从而把握全网的二次调频性能。

考虑到调节精度的时间尺度既可以是短时间的，例如计算某一个 AGC 控制段的调节精度，也可能是长时间的，例如计算某一天 AGC 机组的调节精度，因此调节精度效能系数 k_7 应该同时放到长期评估系数 K_{long} 和短期评估系数中考虑 K_{short}。于是，各时间尺度评估系数与 AGC 机组调节效能系数的关系如下

$$K_{\text{long}} = f(k_1, k_2, k_3, k_7) \qquad (4\text{-}46)$$

$$K_{\text{short}} = g(k_4, k_5, k_6, k_7) \qquad (4\text{-}47)$$

$$K_{\min} = u(k_5, k_6, k_7) \qquad (4\text{-}48)$$

式中：f、g 和 u 表示三种不同的函数映射关系，在 AGC 多时间尺度的评价过程中，由于机组收到的 AGC 指令往往在几分钟内，所以评价机组响应 1 次 AGC 指令并不能反映机组的实际情况，甚至会出现由于通讯延迟而引起评价

错误。因此，为了评价的有效性和适用性，仅取相关效能系数的加权平均值来表征最终的短期和长期评估系数，即

$$K_{\text{long}} = \alpha_1 k_1 + \alpha_2 k_2 + \alpha_3 k_3 + \alpha_4 k_7 \qquad (4\text{--}49)$$

$$K_{\text{short}} = \beta_1 k_4 + \beta_2 k_5 + \beta_3 k_6 + \beta_4 k_7 \qquad (4\text{--}50)$$

式中的各权重系数需要满足的条件如下

$$\begin{cases} \sum_{i=1}^{4} \alpha_i = 1 \text{并且} \alpha_i \in [0,1], i=1,2,3,4 \\ \sum_{j=1}^{4} \beta_j = 1 \text{并且} \beta_j \in [0,1], j=1,2,3,4 \end{cases} \qquad (4\text{--}51)$$

（5）评价体系中不同系数的补充说明与取值。上面给出的各种效能系数（k系列）、标准参数（ρ系列）、松弛系数（b系列）和权重系数（α系列和β系列）的绝对大小和相对大小所具有的物理含义是不同的，有的时候需要关注它们的绝对大小，有的时候则需要关注它们之间的相对大小。

1）各效能系数的绝对大小反映了机组各性能指标的好坏，效能系数越大，则该性能指标越好；不同机组相同效能系数的相对大小能够反映出不同机组某项性能指标间的优劣程度，可以促进该项性能指标不足的机组在优化机组性能的时候有的放矢。

2）各标准参数反映了电网对 AGC 机组的基本要求，不同类型的 AGC 机组不同，不同电网的要求也不全相同。湖北电网中，对于投运率标准 ρ_1、可调容量标准 ρ_2、调节速率标准 ρ_5 和调节精度标准 ρ_7 都在细则中有明确规定，按照细则的定值选取即可。对于正确动作率标准 ρ_3 和响应时间标准 ρ_4，根据工程运行经验来选取。

3）各松弛系数的绝对大小没有实际的参考意义，主要是为了规范不同的效能系数。不同性能指标变化的范围是不一样，以响应时间和调节速率为例，有些火电机组的响应时间可以达到 30s，那么相对于标准响应时间 1min 来说，变化量达到 50%；而假设机组的调节速率可以高达 5%，变化量也只有 3%，若 $b_4 = b_5$，那么 k_4 就会比 k_5 大很多，但实际上调节速率的提升对机组性能的提升更大。

4）各权重系数的绝对大小没有实际的参考意义，相互之间的大小关系表示了相应效能系数对于评估系数的贡献量的大小，权重系数越大，说明该权重系数所表征的效能系数贡献越大，则相应性能指标越能反映机组的调节性能。

至于各系数的具体取值，则需要根据湖北电网具体运行情况和经验来定，对于火电机组，各系数取值如表 4-4 ~ 表 4-6 所示。

表 4-4　　　　　　　　　　湖北电网中 AGC 机组调节性能标准

机组类别	ρ_1	ρ_2	ρ_3	ρ_4	ρ_5	ρ_6
火电机组	90%	40%	100%	60s	2%/min	3%
水电机组	90%	100%	100%	20s	80%/min	3%

表 4-5　　　　　　　　　　AGC 机组调节性能指标松弛系数

机组类别	b_1	b_2	b_3	b_4	b_5	b_6	b_7
火电机组	10	10	20	1	50	50	50
水电机组	10	10	10	1	20	50	50

表 4-6　　　　　　　　　　综合评价指标权重系数

系数	α_1	α_2	α_3	α_4	β_1	β_2	β_3	β_4
取值	0.2	0.1	0.4	0.3	0.1	0.2	0.2	0.5

于是，得到了短期评估系数和长期评估系数的相关表达式。

$$K_{\text{long}} = \alpha^{\mathrm{T}} k = \left[\, \alpha_1, \alpha_2, \alpha_3, \alpha_4 \,\right] \begin{bmatrix} k_1 \\ k_2 \\ k_3 \\ k_7 \end{bmatrix} = 0.2k_1 + 0.1k_2 + 0.4k_3 + 0.3k_7 \qquad （4-52）$$

$$K_{\text{short}} = \beta^{\mathrm{T}} k = \left[\, \beta_1, \beta_2, \beta_3, \beta_4 \,\right] \begin{bmatrix} k_4 \\ k_5 \\ k_6 \\ k_7 \end{bmatrix} = 0.1k_4 + 0.2k_5 + 0.2k_6 + 0.5k_7 \qquad （4-53）$$

4.2.3　AGC 机组调节性能指标算法介绍

AGC 机组调节性能在线评估需要使用到的各效能系数均是基于实时记录的机组实际发电曲线和 AGC 控制指令曲线。由于火电机组惯性较大，所以 AGC 控制指令若下发的太频繁，对于机组的控制效果提升的不是很明显。以湖北电网为例，AGC 控制指令发出的最小时间间隔大约为 1min，机组的实际出力采样周期约为 5s，最小可以达到 1s。将这些数据都保存到数据库中，并用曲线的形式显示出来，供调度人员查看。具体的计算原则在 4.2.2 中已经给出了详细的介绍，下面针对具体的计算方法做简要说明。

4.2.3.1　统计时间段定义

所谓 AGC 机组调节性能在线评估，要求评估系统对 AGC 机组的实时调节性能做出判断。由 4.2.2 的描述可以看出，长期性能指标计算所用的数据需要经过一定时间的积累，而短期性能指标中，由于机组会受到很多随机的影响，单次 AGC 调节过后得到的调节速率、调节精度等性能指标，难以反映机组真实的情况，取均值之后的平均效果会更有说服力。因此，选择一定长度的时间段，计算该时间段内的平均效能系数，从而得到短期和长期评估系数，该时间段称为统计时间段。关于统计时间段的大小，为了保证计算的有效性不能选的太小，为了保证实时性又不能选的太大，本书研究中取统计时间段的长度为 1h。

4.2.3.2　控制段定义

当前的电力系统中，自动发电控制系统根据 ACE 数值计算出每个 AGC 机组的 AGC 指令值之后，就会下发到各个 AGC 机组端。AGC 的分配功率一般是按照经济系数进行分配的，如果某些 AGC 机组的经济系数较小，或者当前的 ACE 总分配功率较小，就可能出现这些 AGC 机组所得到的 AGC 指令值与当前出力之间的差距偏小，尚在机组的控制死区之内的情况。这种情况下，机组不会执行该次 AGC 指令。由此，引出了控制段的概念，即从 AGC 指令值和实际出力值相差超过机组的控制死区起到实际出力值和 AGC 指令值之差小于机组控制死区或反向时为止，为一个控制段，火电机组的控制死区为 10MW，水电机组的控制死区为 5MW。写成公式的形式如下

$$|P_{\text{AGC}}(t_0) - P_{\text{out}}(t_0)| > P_{\text{threshold}} \qquad (4\text{--}54)$$

$$|P_{\text{AGC}}(t_1) - P_{\text{out}}(t_1)| < P_{\text{threshold}} \qquad (4\text{--}55)$$

4.2.3.3　分段评价算法

随着电网规模的不断扩大，电网负荷变动时分配给单台发电机的出力调整量越来越小，大部分情况下，机组都能在较短的时间内将出力调整至 AGC 指令死区之内，现场采集到的数据也支持上述观点。如果对每一个控制段都进行效能系数的计算，无疑会大大增加不必要的计算量和存储量（尤其对于采样率较大的 WAMS 系统），而得到的有效考核数据并没有增加多少。因此，结合 WAMS 高采样率、高精度的数据特点，为减少计算量和数据存储量，满足在线快速评估的要求，本书将控制段分成三段：快速控制段、考核控制段、超时控制段，对各个段采用不同的处理方法，进行分段考核。

（1）快速控制段。如 4.2.2 节所述，从机组角度考虑，AGC 服务就是提供跟踪指令变化的能力，评价 AGC 服务质量，就是考核 AGC 机组跟踪指令变化是否达到了要求。因此当某个控制段小于某一给定时间间隔 T_{min} 时，定义其为"快速控制段"。一旦 AGC 控制在 T_{min} 之内结束，说明该段时间内 AGC 调节能够快速、准确地跟随响应系统的指令，那么默认机组在该段时间内的 AGC 调节满足要求，不再对该控制段的各性能指标进行计算考核。综上所述，快速控制段是控制段的一个子集，写成公式的形式如下

$$\delta T_{fast} = t_1 - t_0 < T_{min} \tag{4-56}$$

（2）考核控制段。考虑到每一个统计时间段内机组实际出力和 AGC 指令值可能上下波动，以及火电机组惯性大滞后时间较长，测定机组调节速率时需确定能使机组响应的 AGC 指令及指令最小保持时间。又因为自动发电控制要求 AGC 机组的调节快速有效，控制段若能够控制在某一给定时间间隔 T_{max}，则认为该段时间的 AGC 调节有效，即当控制段的时间间隔处于 T_{min} 和 T_{max} 之间时，说明该段 AGC 调节能够在规定的时间内跟随响应系统的指令，但是需要对该控制段的各性能指标进行计算考核，核算该段时间的性能指标是否满足要求，定义其为"考核控制段"。综上所述，考核控制段是控制段的一个子集，对控制时间有着严格的要求，写成公式的形式如下

$$T_{min} \leq \delta T_{estimation} = t_1 - t_0 \leq T_{max} \tag{4-57}$$

（3）超时控制段。自动发电控制要求 AGC 机组的调节快速有效，控制段若超过某一给定时间间隔 T_{max}，则认为该段控制是无效调节或者错误调节。即当控制段的时间间隔大于 T_{max} 时，说明该段 AGC 调节没能在规定的时间内跟随响应系统的指令，不再对该段内各性能指标进行考核，记 AGC 错误调节一次，定义其为"非法控制段"。综上所述，非法控制段是控制段的一个子集，写成公式的形式如下

$$\delta T_{illegal} = t_1 - t_0 > T_{max} \tag{4-58}$$

从前面的描述可以看出，控制段可以分成三类，即快速控制段、考核控制段、超时控制段，其中快速控制段和考核控制段的调节动作为正确调节，即

$$n_{total} = n_{fast} + n_{estimation} + n_{illegal} \tag{4-59}$$

$$n_{right} = n_{fast} + n_{estimation} \tag{4-60}$$

式中：n_{total} 和 n_{right} 分别为式（4-33）中给出的总调节次数和正确调节次数。结合湖北电网的实际情况，对于火电机组，取值为 T_{min}，$T_{max} = 6$ min；对于水电机组，取值为 $T_{min} = 30$s，$T_{max} = 60$s。

（4）控制算法。至此，已经具体介绍了计算原则和方法，程序算法流程如图 4–13 所示。

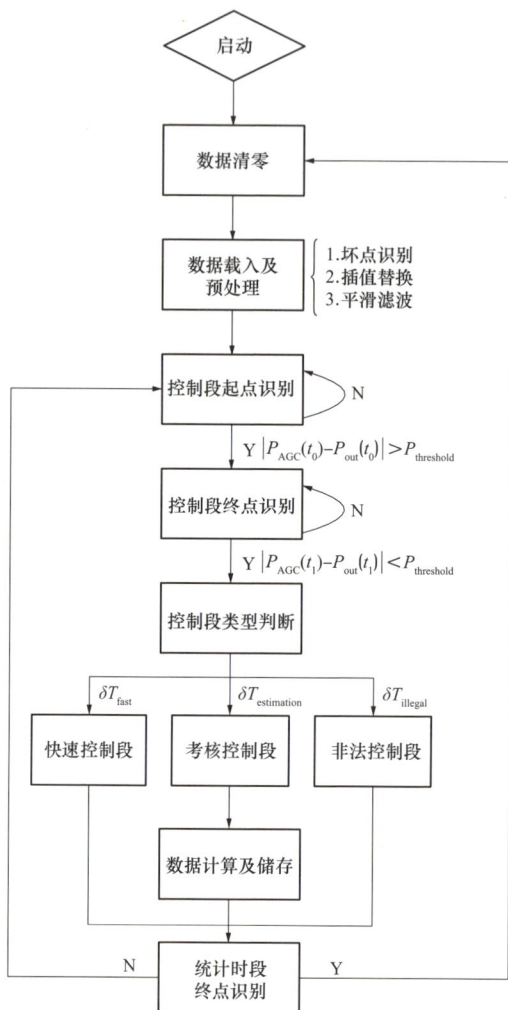

图 4–13　各性能指标相互间的对应关系

4.3　电网的无功电压控制在线监测与评估

4.3.1　简介

发电机自动励磁调节器（AVR）和电力系统稳定器（PSS）具有投资小、效益高，物理概念清晰，现场调试方便，易为现场工作人员接受等优点，因此对励磁控制的研究受到了广泛的重视，如今已经成为提高电力系统安全稳定性最重要的手段之一。自动励磁调节器起着调节电压、保持发电机机端电压恒定的作用，并可控制并联运行发电机的无功功率分配，对发电机的动态行为以及电力系统稳定极限有很大的影响。特别是现代电力电子技术的发展，使快速响应、高放大倍数的励磁系统得以实现，极大地改善了电力系统的暂态稳定性。近代线性最优及非线性最优励磁控制的理论体系也已成熟，开始投入工业运行。

可见励磁的调节作用对发电机的动态行为以及电网稳定性具有重要的影响。然而在励磁系统实际运行中，一次设备、二次设备是由不同的人员进行维护的。一次设备主要由电厂运行人员进行维护，电厂运行人员主要在中控室通过 DCS 系统监视发电机电压、电流、磁场电压和磁场电流等状态量监视励磁系统的工作状态，但对励磁系统参数整定是否合理以及其对电网动态稳定性的影响均不了解，尤其是相关的涉网参数及特性，如 PSS 和低励限制等。另外，负责电网稳定运行的调度中心则主要通过能量管理系统（EMS）进行在线的电网运行调度和管理，但对于发电机励磁系统的运行状态及安全域度、励磁调节器对电网动态稳定调节特性缺乏监测手段，对与电网稳定性密切相关的励磁系统缺乏必要的监视技术和管理措施依据。在厂网分开的大背景下，从电网的角度考虑，如何更好地监视励磁控制系统在稳态和故障情况下的动作行为，评价其对电网安全稳定性的影响，具有重要的意义。对于湖北电网而言，其系统内的发电厂子站同步相量测量单元除测量发电机组相关状态量之外，还测量包括发电机磁场电压、磁场电流、手/自动状态以及 PSS 投/退状态等反映励磁系统调节动态过程的信号，这为构建全网发电机励磁性能在线分析功能提供了基础技术条件。

一方面，为了进一步做好厂网协调，优化电网整体动态性能，本书研究基于 EMS 和 WAMS 系统，开发发电机励磁系统在线监测系统，记录励磁系统的稳态和动态行为，为调度运行人员监视全网励磁系统的实时运行状态，方便调度人员将一次设备与二次监控结合起来进行系统的调度管理；另一方面，收集和分析励磁系统在各种运行方式下的稳态行为和故障状态下的动态行为，评估励磁行为对电力系统安全稳定性的影响，为加强励磁系统的运行管理提供必要的技术支持，并为励磁控制系统精细化仿真分析和控制研究提供基础数据。

4.3.2 发电机励磁系统稳态监测指标

发电机励磁系统稳态监测的主要目的是对发电厂的励磁控制系统进行监控和统计，并为调度人员提供全网的励磁系统稳态运行状态及安全运行范围。主要的监测内容包括 AVR 状态监视和统计、PSS 状态监视和统计、发电机无功安全裕度在线计算和展示。

4.3.2.1 AVR 状态监视和统计

发电机正常运行时的示意图如图 4-14 所示。

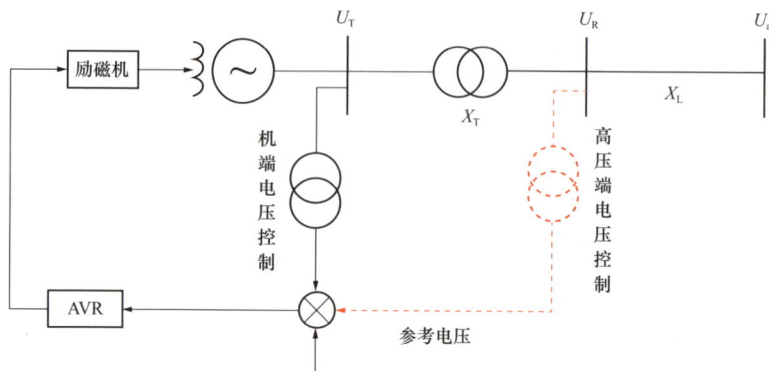

图 4-14 发电机励磁电压控制示意图

当励磁系统在"自动方式"下运行时，实际上是维持发电机端电压恒定，即 U_t 恒定，则发电机的有功功率输出公式为

$$P_e = [U_t + U/(X_t + X_1)] \times \sin\delta \qquad (4-61)$$

式中：δ 为发电机功角，即 U_t 与 E_q 的夹角。

当发电机励磁系统在自动方式下运行时，随着功率的增加、功角的加大产生的机端电压下降，经过"自动方式"的调节作用，使励磁电流增大，与之成正比的电动势 E_q 就会不断增大，并保持发电机电压恒定。由此可见，励磁系统在自动方式下运行，对提高小扰动稳定性有显著效果，同时对于防止电压不稳定也能起良好的作用，它相当于等效减少了线路电抗，加强了系统的联系。为提高全网的稳定性，有必要要求上网机组尽可能投入自动运行方式。

因此，励磁系统 AVR 状态的监测指标为"自动方式"运行的年投入率，其计算公式如下

$$AVR(\%) = \frac{励磁调节器自动方式运行小时数}{励磁调节器理论运行小时数} \qquad (4-62)$$

在实际工程中，为了统计结果的合理，"自动方式"投入理论运行小时数需剔除以下因素：

（1）剔除发电机处于停机状态的时间。

（2）剔除发电机组未并网前的空载运行时间。

（3）剔除 PMU 子站与 WAMS 系统中心通信故障时间。

根据 DL/T 843—2010《汽轮发电机交流励磁机励磁系统技术条件》的要

求，自动电压调节器应保证投入率不低于 99%；而国调要求投入的机组，机组运行时其 AVR 必须投入，即自动方式运行率为 100%。

4.3.2.2 发电机无功安全裕度在线监测

发电机的无功安全裕度反映了当前运行点发电机可以发出或吸收的无功功率能力，与系统的电压稳定裕度具有重要的联系。无功安全裕度主要由发电机的无功容量曲线决定，与发电机的运行状态相关。无功安全裕度包括无功备用裕度和进相裕度，分别对应发电机迟相和进相运行的状态。为调度人员提供在线的发电机无功安全裕度监测，可为调度员调整电压和无功储备提供有力依据，并为电网的 AVC 闭环控制提供基础数据。

（1）发电机无功运行区域分析。连续运行的发电机的无功功率输出容量极限需要考虑三个因素：电枢电流极限、磁场电流极限和端部电流极限，如图 4-15 所示。

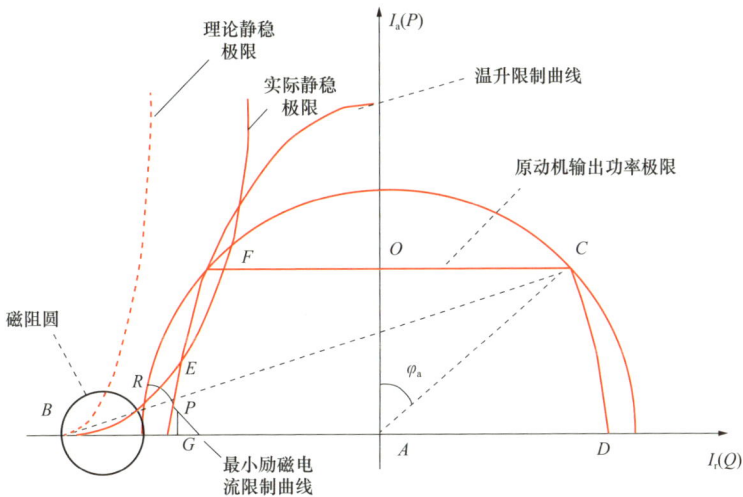

图 4-15 凸极式同步发电机安全运行极限

图中 P 轴右边为发电机迟相运行区域，左边为进相运行区域。FC 曲线代表原动机输出功率极限，AC 为半径的圆弧代表电枢电流发热运行极限，CD 弧线代表磁场发热运行极限，FG 弧线代表端部电流热运行极限，RP 弧线代表最小励磁电流限制，实际静稳极限是在理论静稳极限基础上考虑一定的静稳裕度所获得的曲线，温升限制曲线则通过实验获得。

1）迟相运行。当发电机迟相运行时，其电枢电流和磁场电流都将增加，因此电枢电流极限和磁场电流极限为发电机迟相运行的安全区域，即为图 4-15 中的 AGCO 区域。

电枢电流限制曲线的计算方法：发电机的视在功率为

$$S = P + jQ = U_t I_t (\cos \varphi + j \sin \varphi) \quad (4-63)$$

式中：φ 为功率因数角，在上面的 P—Q 坐标平面上，最大允许电流可以表示成一个半圆，圆心在坐标原点，半径等于机组的额定视在功率 S 的幅值。

最大磁场电流限制曲线的计算方法：忽略凸极效应，即认为 $x_d = x_q$ 时，最大励磁电流限制如式（4-64）所示

$$P^2 + (Q + \frac{U_t^2}{x_d})^2 = (\frac{U_t x_{ad}}{x_d} I_{fd})^2 \quad (4-64)$$

在 P—Q 坐标平面上，上述方程代表一个以（0，$-U_t^2/x_d$）为圆心，以 $x_{ad}U_t I_{fd}/x_d$ 为半径的圆。

2）进相运行。当发电机进相运行时，内电势较低，若保持发电机有功出力恒定（即原动机转矩不变），则需增大功角，从而发电机静稳定裕度减小。进相运行时的发电机绕组端部漏磁趋于严重，加剧了定子叠片中涡流电流，导致端部的局部发热。另外，发电机进相运行时，电枢电流产生的磁通与磁场电流产生的磁通叠加所产生的热效应，也将使定子端部温升增大，若超过发电机本身的热极限，将对发电机的安全稳定运行产生不利影响。因此发电机进相运行的安全区域为弧线 OFEPGA 所包围的区域。

进相区域计算：进相限制曲线是通过发电机现场进相试验获得，工程上一般近似用直线或圆来表示，如图 4-16 所示。

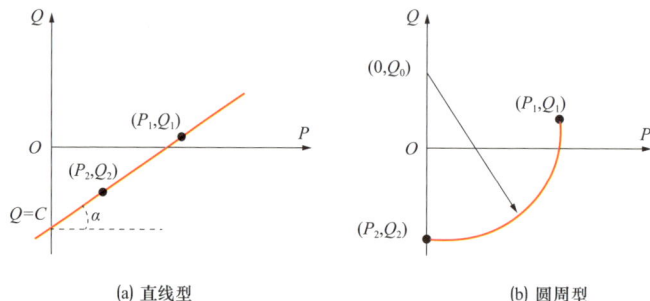

(a) 直线型　　　　　　　　　　(b) 圆周型

图 4-16　低励限制曲线

直线型

$$Q = KP + C \quad (K = \tan\alpha) \quad (4-65)$$

可以给定 K 和 C，或者给定线上两点，求出 K 及 C

$$K = (Q_1 - Q_2) / (P_1 - P_2) \quad (4-66)$$

$$C = Q_2 - P_2(Q_1 - Q_2)/(P_1 - P_2) \tag{4-67}$$

圆周型：圆心在 Q 轴上，方程为

$$P^2 + (Q_0 - Q)^2 = r^2$$
$$Q = Q_0 - \sqrt{r^2 - P^2} \tag{4-68}$$

可以给定 r 和 Q_0，或用线上两点确定 Q_0 和 r

$$Q_0 = \frac{1}{2}\left[\frac{P_1^2 - P_2^2}{Q_1 - Q_2} + Q_1 + Q_2\right]$$
$$r^2 = P_1^2 + (Q_0 - Q_1)^2 \tag{4-69}$$

当电压不同时，允许的进相无功功率是不同的，所以需要根据电压水平进行修正。

直线型

$$Q = KP + CU_t^2 \tag{4-70}$$

圆周型

$$P^2 + (Q_0 U_t^2 - Q_0 U_t^2)^2 = (rU_t^2)^2 \tag{4-71}$$

可根据发电厂提供的资料，用上述的方法，将其近似用圆周来代替，建立相应的数据库。实时运行时，则可根据测得电功率 P 及电压 U_t^2 时，可查表得出此时最大运行的无功功率值。

（2）发电机无功备用裕度在线监测。对于实际系统来说，维持发电机有充足的动态无功备用是提高系统的功率传输极限，也是增强系统电压稳定性的重要手段。无功备用裕度是指无功源的最大无功输出功率与当前实际输出无功功率的差值，可表示为

$$Q_R = Q_G^{max} - Q_G \tag{4-72}$$

式中：Q_G 为当前发电机发出的无功功率；Q_G^{max} 为发电机可发出的最大无功功率，由迟相运行时发电机无功运行区域决定，两者均为正值。

研究表明，系统的电压稳定裕度与控制区域内发电机的备用容量满足线性关系

$$M_j = k\sum_{i=1}^{N_Q} w_i Q_{R-ij} + b, \quad j = 1, 2, \cdots, N_s \tag{4-73}$$

式中：j 表示特定的场景（不同的运行方式或故障情况）；i 表示区域内的发电机编号；k、w、b 均为线性关系式中的系数，可由数据拟合求得。由上式可

知，系统的稳定裕度与无功储备容量呈正相关关系，即系统的备用容量越大则稳定裕度越大。

根据式（4-63）和式（4-64）可知，发电机的无功出力极限 Q_G^{max} 会伴随有功出力和机端电压的改变而变化。在不同的场景下，分别由励磁电流极限和定子电流极限主导。当以定子电流极限为限制时，发电机有功出力的增加会减小无功出力极限；机端电压的提升会增加无功出力极限。当以励磁电流极限为限制时，发电机有功出力的增加会减小无功出力极限；而由于励磁参考电压达到极限维持不变，机端电压提升时，无功出力极限维持恒定。因此，在负荷缓慢增长等慢动态过程中，系统中潮流分布的变化不但会影响各台发电机的无功出力，也会相应改变其无功出力极限。

因此，根据系统实时的状态，以及式（4-63）、式（4-64）和式（4-72）在线计算并监视发电机的无功备用裕度，可为调度员提供清晰的电压安全信息，并根据当前系统的发展态势快速锁定危险区域并提供在线决策的准确信息，对预防电压失稳具有重要意义。

从式（4-65）～式（4-71）可以看出，发电机的进相深度是由发电机机端电压和有功功率决定的，因此，对发电机进相裕度进行在线计算，可为调度员提供实时可靠的数据，方便调度员做出更合理的发电机进相运行调控，以抑制在电网感性无功不足时带来的各级电压运行偏高的情况，并可防止进相过度导致发电机低励限制保护的动作。进相裕度的计算公式如下

$$Q_l = Q_G - Q_G^{min} \qquad (4-74)$$

式中：Q_G 为当前发出的无功功率；Q_G^{min} 为根据进相曲线决定的最小的可发出无功功率，均为负值。

综上，发电机无功安全裕度的在线监测包括无功备用裕度和进相裕度，这两个指标由系统的实时状态决定，其计算公式如式（4-72）和式（4-74）所示。

4.3.3　发电机励磁系统动态监测指标

大电网运行中总是存在各种扰动和事故，各种故障和扰动信息记录对分析电网稳定性以及励磁系统性能优劣、是否满足国标有着不可替代的作用。WAMS 可在统一时标下记录事故过程中各种电气量和模拟量的动态行为，为励磁行为的评估和分析提供了极为有利的条件。然而 WAMS 主站存储的实时系统数据杂乱无章且数目巨大，海量的数据若仅靠人工分析几乎不可能完成。因此，本书利用故障情况下励磁系统的动态行为特性，捕捉 WAMS 数据的动态过程，并在线计算励磁系统的调节特性指标，以此评估励磁系统的动态特性。

4.3.3.1 捕捉扰动启动判据

励磁电压作为励磁系统中一个重要的控制信号，励磁电压的变化，可以准确反映励磁系统输出信号的变化，采用励磁电压突变作为启动条件能够保证扰动记录的灵敏性。然而由于发电机组励磁系统的动态增益通常能够达到 200 倍以上，对于发电机机端电压小的波动，励磁电压也会产生快速的变化以保证机端电压的恒定；但另一方面，励磁电压测量常常容易受到干扰，此时仅仅励磁电压发生瞬间突变。启动判据要综合考虑灵敏性和可靠性，既要准确迅速地记录励磁及相关参数波动，又要避免由于干扰或者其他因素引起的瞬间突变，记录无效数据。

因此扰动捕捉启动程序采用实时采集数据中发电机机端电压和发电机励磁电压两者作为判断指标（采用机端电压变化作为辅助条件可保证可靠性），启动条件为：

（1）发电机励磁电压 30ms 内的变化量超过 30% 负载额定励磁电压。

（2）发电机机端电压 500ms 内的变化量超过额定值的 0.5%。

4.3.3.2 评价指标体系

电力系统对励磁系统及其控制器在动态过程中的要求可总结为以下几点：

（1）提供快速、精准而稳定的电压控制。

（2）PSS 附加控制可有效增加阻尼，抑制低频振荡。

（3）有适当的强励倍数，可在故障下充分发挥发电机的短时过载能力。

本书根据发电机励磁控制系统在大扰动和小扰动下的不同表现，以及不同情景下所关注的励磁行为的不同，将从大扰动和小扰动两个方面的评价体现上述的三个要求。

在此，把励磁的动态性能指标分为小扰动指标和大扰动指标。

（1）小干扰动态性能指标。小干扰是电力系统正常运行中常常遇到的干扰，分析小干扰性能指标对分析电网稳定性有重要意义。励磁控制系统的小干扰性能指标是指干扰信号较小，励磁调节在线性区工作的性能指标，因而不考虑其限幅，所关注的焦点主要是扰动下励磁系统对系统稳定性的影响。

发电机励磁系统小干扰指标包括静态指标和动态指标，励磁相关的国标和行标对多项指标提出了相关要求，在此，本书只选择对系统扰动影响较明显的指标。静态指标为电压调节精度，动态指标包括振荡频率、阻尼比和调节时间，通过计算扰动下发电机和励磁系统的相关电气量，可分析计算发电机并网后励磁调节器的动态行为是否满足要求。

1）调节精度。调节精度指的是系统扰动结束后，被控量与给定值之间的不相符程度，考察的是控制系统的控制精度。由于计算的是扰动前后的稳态值的差异，因此属于静态指标。在此，本书考察的是 AVC 的控制精度，一般

AVC 采用机端电压为控制对象，故调节精度公式如下

$$\varepsilon\% = \frac{U^{\text{ref}} - U_t}{U^{\text{ref}}} \times 100\% \qquad (4-75)$$

式中：U_t 为扰动平息后的机端电压稳态值，可由 WAMS 测量得到；U^{ref} 为 AVC 控制器的设定值，可由电厂提供。

动态指标主要用于评估控制系统的快速性和平稳性。图 4-17 为湖北电网某大型机组的有功振荡曲线。

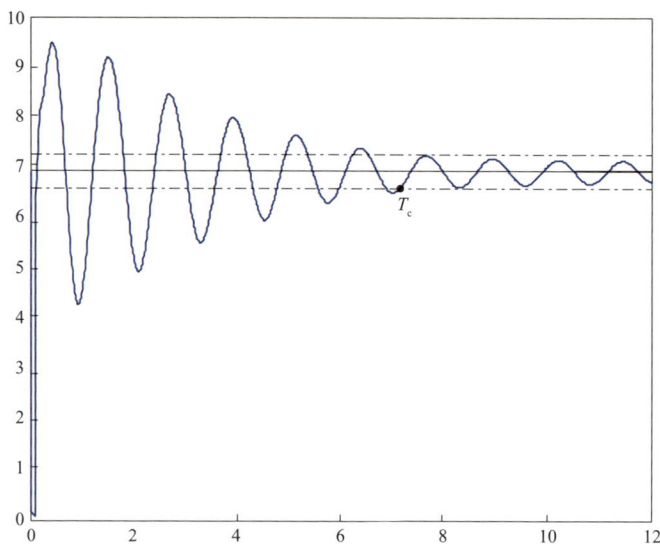

图 4-17　某大型机组有功振荡曲线

动态过程中需要评估的动态指标包括振荡频率、阻尼比、稳定时间。

2）振荡频率。振荡频率反映了系统受扰后发生电气量（包括发电机功角、联络线功率和母线电压等）的持续振荡的变化过程，是低频振荡分析的重要依据。需要指出的是，此处计算的是机组振荡的平均频率。

系统的低频振荡频率一般为 0.1 ~ 2.5Hz，又称为机电振荡。若低频振荡频率为 0.7 ~ 2.5Hz，则一般认为是局部振荡模式，通过安装 PSS 易于得到控制；若低频振荡频率为 0.1 ~ 0.7Hz，则一般认为是区间振荡模式，参与机组多，影响范围广，多发生在联系薄弱的互联电网中，对电网的安全稳定威胁很大，一般难以通过 PSS 进行有效控制。在本书研究中仅对发电机侧的机电振荡过程进行记录和分析，因此测量的电气量为发电机的电磁功率 P。

3）阻尼比。阻尼比反映了系统受扰后快速平息的能力，计算机组有功功率受扰曲线阻尼比，可用于分析评估 PSS 投入时的阻尼效果。

一般来说衰减振荡的曲线可用式（4-76）来近似表示

$$f(t)=A+Be^{-\zeta t}\sin(2\pi ft+\varphi) \tag{4-76}$$

振荡频率即为式（4-76）中的 f，Hz，阻尼比即为上式中的 ζ。

4）调节时间。调节时间定义为是从阶跃信号发生起，到被控量达到与最终稳态值之差的绝对值不超过 5% 稳态改变量的时间，对分析评估 PSS 投入时的效果，有积极意义。调节时间的计算公式为

$$t_s=t_c-t_0 \tag{4-77}$$

式中：t_c 为稳定结束时间，即有功功率与稳态值之差的绝对值第一次在 ±5% 之内的时间，如图 4-17 中的标注所示；t_0 为扰动发生时间，将符合启动判据的第一个时间点作为扰动发生时间点。

国家标准和行业标准对以上指标的规定如表 4-7 所示，在本书研究中选择行标对所提出的指标进行评估。

表 4-7　　　　　　各标准对励磁控制系统小干扰性能指标的规定

小干扰性能指标	国标	行标
调节精度	—	汽轮机 ≤ 1% 水轮机 ≤ 0.5%
阻尼比 ζ	≥ 0.1	≥ 0.1
调节时间 Ts/s ∏∏	≤ 10 ∏∏	常规励磁 ≤ 10 快速励磁 ≤ 5

（2）大干扰动态性能指标。大干扰动态性能指标是指扰动信号大到使调节达到限定幅值时的性能指标，这里主要考察的是励磁系统的强励指标。

强励就是强行励磁，当系统发生严重故障时发电机机端电压下降较为严重，强励动作，把机端电压顶起来；当故障被切除后，强励迅速退出，即利用发电机的短时过载能力提高系统在故障期间维持稳定的能力。其过程如图 4-18 所示，I_{fd} 为发电机励磁电流，故障发生后励磁电流迅速上升至 $2I_{fd}$，A 为 I_{fd} 首次等于 $2I_{fd}$ 的点，由于励磁系统的限制器作用，励磁电流维持在 2 倍位置，随后过励限制器动作，励磁电流开始降低到 $1.1I_{fN}$，B 为 I_{fd} 由 2 倍返回的起始点；C 为首次 I_{fd} 返回到 $1.1I_{fN}$ 的点。励磁电流在强励时的变化，是判定励磁系统强励能力的重要参考数据。

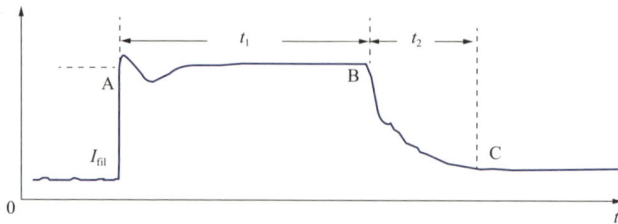

图 4-18　强励过程中励磁电流的变化示意图

发电机励磁调节器过励限制环节是首先保证设备安全的前提下，要尽可能利用励磁绕组及发电机短时过载能力，防止系统发生电压崩溃。然而若从保护设备的责任出发，会趋向于保守，留有较大的裕度。

励磁系统的强励能力对励磁系统功率部件设计、励磁装置的成本和运行可靠性，以及电力系统的暂态稳定和电压稳定都有较大的影响。过去，对每种型号的励磁装置，其强励倍数和响应速度的确定均是通过制造厂试验或现场型式试验及计算进行的。但近几年，往往只鉴定 AVR，放松了对励磁系统整体性能的监督，因而，有必要分析机组的强励能力和相关指标。在此，本书评估的强励指标包括强励电压倍数（顶值电压）、电流倍数（顶值电流）、励磁电压上升速度（励磁标称响应）、强励时间和返回时间。

1）强励电压倍数

$$K_V = \frac{U_{fdmax}}{U_{fde}}\qquad\qquad(4-78)$$

式中：$U_{fd\,max}$ 为强励过程中最大的励磁电压；U_{fde} 为额定励磁电压。

2）强励电流倍数

$$K_I = \frac{I_{fdmax}}{I_{fde}}\qquad\qquad(4-79)$$

式中：$I_{fd\,max}$ 为强励过程中最大的励磁电压；I_{fde} 为额定励磁电压。一般发生强励时都有 $K_I = 2$。

3）励磁电压响应速度。励磁电压响应速度反映了强励的速度，如式（4-80）所示

$$v = K_V/\Delta t\qquad\qquad(4-80)$$

式中：Δt 为励磁电压从稳态值到顶值电压的上升时间；v 的单位为倍 /s。

4）强励时间和返回时间。强励时间是衡量励磁系统过载能力的重要指标，评估的是励磁系统在严重故障下对系统稳定性的贡献能力；返回时间衡量的是强励状态的退出速度，主要是从保护设备的角度出发。这两个指标分别表现了

对系统和对机组安全性的考虑，同时保障厂网的安全是机网协调的初衷。

强励时间为图 4-18 中的 t_1，返回时间为图中的 t_2，计算公式如下

$$t_1 = t（B）- t（A）\tag{4-81}$$

$$t_2 = t（C）- t（B）\tag{4-82}$$

GB/T 7409—1997 及 DL/T 650—1998、DL/T 843—2003 和 DL/T 583—1995 对励磁系统大干扰动态性能指标的规定如表 4-8 所示，在本书研究中选择行标对所提出的指标进行评估。

表 4-8   国标及行标对励磁系统大干扰动态性能指标的规定

大干扰动态性能指标		国标	行标
励磁电压响应速度	强励电压倍数 / 倍	≥ 2.25	≥ 2
	强励电流倍数 / 倍	1.8	2
	常规励磁（标称响应）/ 倍·s⁻¹	≥ 2	≥ 2
	高起始励磁（变化 100% 的时间）/s	≤ 0.1	≤ 0.1
	返回时间 /s	≤ 2	≤ 2

4.3.3.3 评价指标的计算方法

（1）扰动区分方法。从上节中小干扰和大干扰的定义可以看出，调节是否达到限定幅值是区分的主要依据，而强励过程中最重要的判断指标是励磁电流，因此采用励磁电流作为区分指标。若发生扰动后励磁电流在 500ms 内 $I_{fd} \geq 1.8 I_{fn}$，则认为发生的扰动为大扰动；反之则认为发生的扰动为小扰动。

由于测量误差以及负荷随机波动和噪声的存在，为避免误判断，并提高指标计算的精度，本书会对采集的数据先进行预处理。预处理采用的是常规的时间时序平滑方法，用周围 5 个采样点的均值代替该点的测量值。

励磁指标动态监测的流程如图 4-19 所示。

（2）小干扰指标计算方法如下：

1）调节精度：从启动判据时间点后 10s 开始计算，若在一段时间内（如 1s）电压的最大和最小值之差小于死区（如 0.01p.u.），则认为电压振荡过程结束，进入稳态。取稳定区的平均值作为稳态值电压值，按照式（4-75）即可计算调节精度。

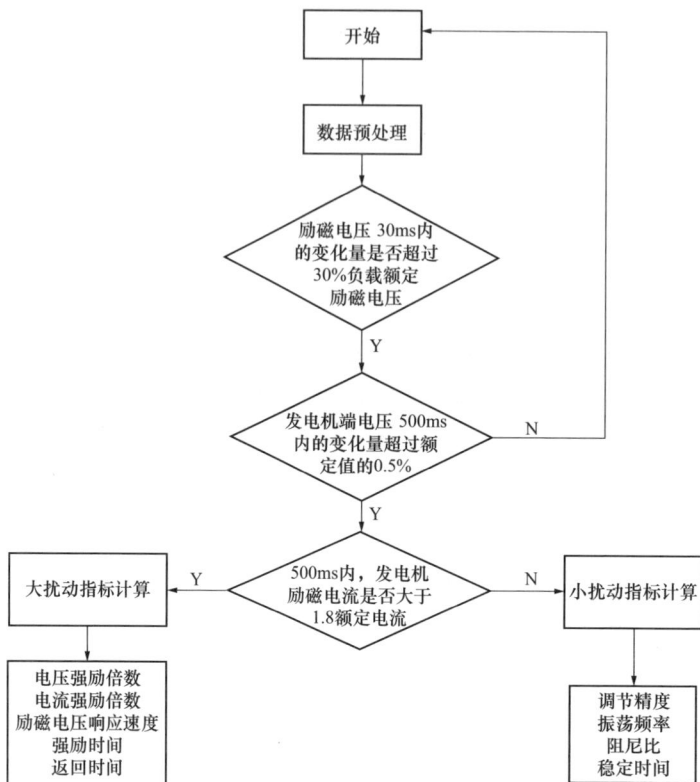

图4-19 励磁动态指标计算流程

2）稳定时间：采用和调节精度类似的方法，可找到有功功率的稳定值 P_{stable}，继而得到其 ±5% 的范围。然后寻找 $P-105\%P_{stable}<\varepsilon$ 或 $P-95\%P_{stable}<\varepsilon$ 的时间点，若该时间点后的 P 均在 ±5% 的范围内，则该点为稳定结束时间 t_c。采用式（4-77）可计算得到稳定时间。

3）振荡频率和阻尼比：假设机组有功功率的衰减振荡曲线用式(4-76) 来表示，根据得到的 WAMS 有功功率波动数据，对式（4-76）进行参数拟合，记拟合误差为

$$\varepsilon_i = y_i - f(t_i) = y_i - (A+Be^{-\zeta t_i}\sin(2\pi ft_i+\varphi)) \tag{4-83}$$

为使得拟合误差最小，即

$$Q = \sum_{i=1}^{n}\varepsilon_i^2 = \sum_{i=1}^{n}\left[y_i - (A+Be^{-\zeta t_i}\sin(2\pi ft_i+\varphi))\right] \tag{4-84}$$

式（4-83）为无约束非线性优化问题，即非线性最小二乘拟合。目前已有通用的方法解决这类问题，且计算速度可满足在线评估的要求。

需要注意的是，在系统故障过程中有功功率尚未开始振荡，不属于机电振

荡的过程。由于目前的继电保护动作一般可保证在 0.1s 内清除故障，因此为保证拟合的精度，将把故障期间的数据段截掉，仅根据满足判据开始后的 0.1s 到系统稳定这段时间的数据进行拟合。

考虑到非线性优化问题对初值的选择较为敏感，为此，本书将所拟合的参数进行预估，以得到一个较为接近的初值。各个参数的预估方法如下：

直流分量 A：计算满足启动判据后 10s 的有功功率在 1s 内的平均值，以此作为直流分量的初值；

振荡幅值 B：取振荡过程中的最大值与直流分量的差值作为振荡幅值的初值；

振荡频率 f：在满足振荡条件，振荡过程中最大值和最小值的时间差作为二分之一个周期，进而计算得到振荡频率的初值。

相位 φ：相位参数的拟合对初值的敏感度不高，且和截掉的时间有关系，无法给出较为准确的初值，因此一般初值直接设为 0 即可。

以某电厂的仿真故障为例，通过最小二乘法，来分析其小干扰特性，图 4-20 便是故障原始波形。

如图 4-21 所示，黑色曲线是原始振荡波形，红色曲线是拟合输出波形，可以看出，采用非线性最小二乘拟合出的结果与实际数值是相近的，拟合出的函数可以近似看为实际波形，计算精度可满足在线评估的要求。通过拟合算法分析 $y=A+Be^{-\zeta t_i}\sin(2\pi ft_i+\varphi)$ 的参数结果为：

直流分量 $A=5.856$；振荡幅值 $B=2.669$；阻尼比 $\zeta=0.2334$；振荡频率 $f=0.8162$，即 $y=5.856+2.669e^{-0.2334t_i}\sin(2\pi 0.8162t_i)$

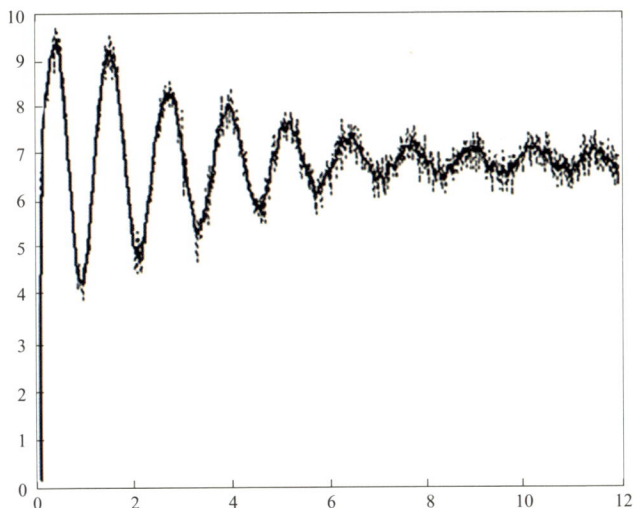

图 4-20　某电厂故障仿真曲线

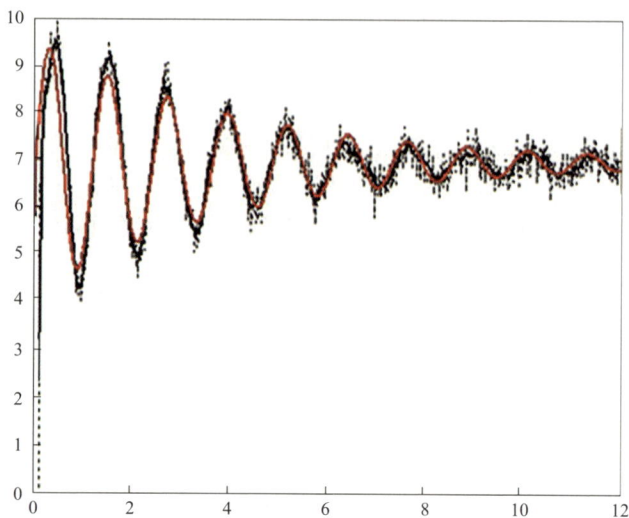

图 4-21　拟合结果与原始数据对比

不难得出，该电厂的振荡属于局部振荡，阻尼比大于 0.1，调节时间小于 10s，相关参数满足 DL/T 843—2021《同步发电机励磁系统技术条件》的要求。

（3）大干扰指标计算方法。大干扰指标的计算方法较为简单，只需根据指标的定义，找到满足条件的测量值和对应的时间点，即可求得相应的指标。如电压强励倍数的计算，只需找到振荡过程中励磁电压的最大值即可计算。其他的指标类似，在此不再赘述。

4.4　小结

本章首先通过分析 WAMS 数据，对发电机以及全网的一次调频性能进行监测与评估，目的是借此督促电厂保持发电机良好的一次调频性能，并且实时掌握全网的一次调频水平、增加电网的运行质量和稳定性。针对一次调频的在线评估，本章提出一套指标体系，其中包括了单机调差系数、全网复合特性系数、调差死区、滞后时间、稳定时间、贡献率、正确动作率和投运率这八个指标，从参数指标估计和常用指标计算 2 个方面对一次调频能力进行全面的分析和评价。根据 WAMS 数据特点，针对各项指标设计了相应的算法。在算法部分，提出了方差比较法，解决了系统频率突变关键时间点难以确定的问题；设计了数据处理的方法，剔除坏数据以及二次调频作用的影响；在单机大扰动的贡献率计算过程中，修正了实际贡献电量的计算方法，避免了机电暂态过程对计算结果准确性的影响。

　　然后，本章构建了二次调频在线评估系统的总体结构和设计方案，重点介绍了对 AGC 机组的调节性能的在线评估方法。结合现有管理细则中对 AGC 机组的相关要求，本书提出了以基于广域测量系统，以 AGC 投运率效能系数、调节容量效能系数、正确动作效能系数、响应时间效能系数、调节速率效能系数、差动速率效能系数和调节精度效能系数为核心，以短期评估系数和长期评估系数为依据的 AGC 机组调节性能实时评估体系。

　　最后本章对励磁系统在稳态和动态情况下的调节行为作用对电网稳定的影响进行评价。基于 EMS 和 WAMS 提供的稳态和动态信息，以机网协调优化监控系统为平台，建立了完整的励磁系统评价体系。稳态方面，对 AVR 和 PSS 的投入状态进行监控和统计，并对发电机无功安全裕度进行在线监测，为调度员提供直观的发电机安全运行区域，并为系统的无功分布优化提供重要依据。动态方面，对励磁系统在小扰动和大扰动下的动态行为曲线进行了自动记录和分析，针对小干扰和大干扰下励磁系统的不同表现分别进行评价。小干扰指标主要包括调节精度、阻尼比、振荡频率和调节时间等，主要关注励磁系统的调节特性，并对系统的功率振荡情况进行统计；大干扰指标主要为强励倍数、励磁上升速度、强励持续时间、强励返回时间等，主要关注大扰动瞬间励磁对系统稳定性的支持作用和发电机短时过载状态下的安全问题。针对阻尼比和振荡频率指标的计算，还提出了非线性最小二乘拟合的方法，并给出了初值的设置方法。

5

电网安全属性特征选择方法

5.1 简介

电力系统运行控制中产生的数据维数高，特征存在冗余，难以满足实时运行及调度控制需求，需要对电力系统中的初始输入特征进行筛选。目前电力系统关键控制对象的选取依赖人工经验，但随电网越来越复杂，运行规律越来越难以把握，仅靠人工经验难以把握现有关键监控对象与其他变量的内在耦合关系。除此之外，现有的特征选择方法筛选出的特征物理意义不够明确，不便于调度运行人员的监控。因此，亟需开展基础理论方法创新，探索更高效、更精细、更智能的运行方式关键特征提取方法，进一步提升对电网的认知和分析水平。

本章节将先围绕特征选择的问题讨论、方法分类、常用组合方法对特征选择进行概述，然后对三种高效准确的电网安全属性特征选择方法展开介绍，包括它们的方法原理和方法流程等，进一步利用算法实例，基于系统和样本设计实验对方法进行验证。

5.1.1 特征选择的问题讨论

从电网安全属性的众多特征中求出那些对分类识别最有效的特征，通常可以采取特征提取与选择两种方法，进而实现特征空间维数的压缩。其中特征选择（Feature Selection）是直接从已经获得的 n 个原始特征中选出所需要的 d 个特征，即直接寻找 n 维特征空间中的 d 维子空间。特征提取（Feature Extraction）是在先对 n 个原始的特征进行坐标变换以后，再取子空间进行降维获得变换后 n 维特征空间中的 d 维子空间。根据概念可知，特征提取将原始特征重新变换，构造低维特征空间，得到的特征是原始输入特征的一个映射，物理意义不够明确，不利于后续生成的安全稳定评估规则的解释说明。而对于电网安全属性的研究而言，研究者需要保留原始的输入特征的信息，因此主要考虑应用特征选择方法来实现输入空间的降维。

如图 5-1 所示是几种在实际进行特征选择分析中可能出现的情况，其中红色和绿色的样本点分别表示属于不同分类的两种样本。

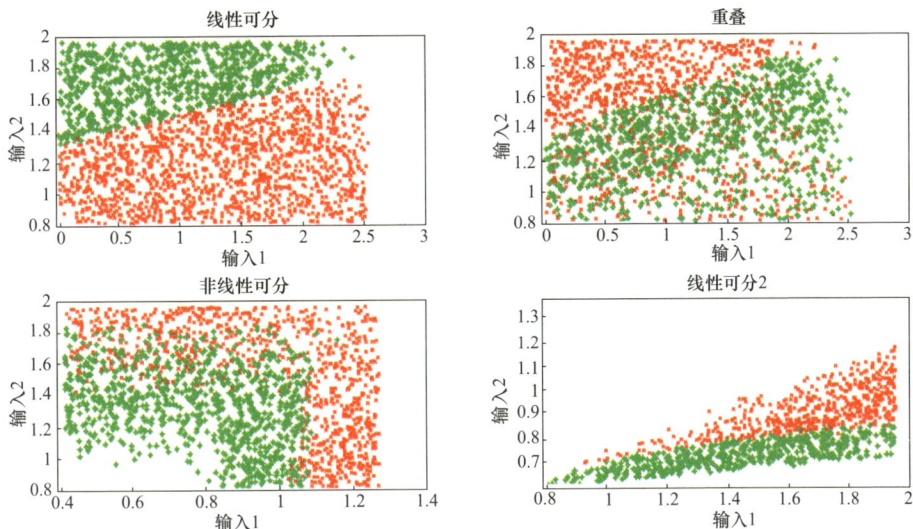

图 5-1　特征选择的几种可能情况

如左上角的图中，选择的输入 1 和输入 2 能够使得两种不同类型的样本很好地分开，而且分界面也几乎是线性的形式，这种形式的分界是对电力系统的安全评估显式表达的可能的规则形式之一，如果选取类似输入 1 和输入 2 作为特征，则相对更容易获得显式的安全稳定分类规则。对于右上角的情况，可以看到在很大程度上两种不同类型的样本是相互重叠的，因而此时的输入 1 和输入 2 从直观来看就不能被认为是较好的特征选择的结果。对于左下角的情况，利用此时的输入 1 和输入 2 能够实现两种类别的样本的区分，但是此时的分界面是非线性的形式，直观来看并不利于给出显式的数学表达。而右下角的图中，输入 1 和输入 2 可以使得两类样本线性地分开，同时也可以观察到，如果利用线性函数来描述分界面，则可以看到，分类主要是由输入 2 决定的（输入 1 在很大范围内变化都基本不影响分类的结果），因而，此时以进一步压缩所选取的子空间的维数，即更少的特征达到较好的分类效果。

5.1.2　数据选择的方法分类

特征选择方法依据是否独立于后续的学习算法，一般可以分为过滤式（Filter）和封装式（Wrapper）两种。

Filter 模型的基本原理是在众多初始特征中，筛选出一定度量标准下表现较优的一些特征，使其与目标属性最相关。有关文献将特征选择的度量标准总结为以下四类：①基于距离的度量标准，如 ReliefF、IRelief；②基于一致性的度量标准；③基于相关性的度量标准；④基于信息论的度量标准。基于信息论的度量标准，主要是利用信息熵等方法量化候选特征对于分类类别的不确定程度，即该特征或该特征子集中所包含的分类类别的信息的含量。这种度量标准的优点是，它不需要提前知道样本的分布，可以通过一定的方法直接计算样本的概率分布，而且它能很好的量化非线性关联关系，这对于电力系统的研究十分有利。此外，由于基于信息熵的方法不依赖变量的具体取值，只与变量的取值分布有关，可以较好地避免噪声数据带来的影响。如有关文献的研究已经证实，利用信息度量标准在多数情况下具有较好的性能。Filter 与后续的学习算法无关，是直接利用所有训练数据的统计性能选择特征，计算量相对小，速度快，但有可能选择的结果与后续学习算法的性能偏差较大，性能不高。

Wrapper 模型将分类算法作为特征选择算法的一个组成部分，直接利用分类性能作为特征的评价标准。在 Wrapper 方法进行选择时，一般采用的方法是交叉验证。即将样本均分为几份，依次将这些样本作为测试样本，而剩下的样本作为训练样本，通过测试样本在训练得到的分类器分类结果的准确性来最终确定所选特征的好坏。Wrapper 利用后续学习算法的训练准确率评估特征子集，偏差小，性能高，但是计算量大，效率低。

综上可知，Filter 和 Wrapper 也是两种互补的模式，两者可以结合。

5.1.3　数据选择的常用方法

目前，特征选择研究领域多使用两种模型构成的混合算法。一般考虑依次使用 Filter 方法和 Wrapper 方法进行两阶段的特征选择，第一阶段可以用 Filter 方法初步提出大部分无关或噪声特征，只保留少量特征，从而减小后续搜索规模，第二阶段将剩余特征连同样本数据作为输入参数传递给 Wrapper 选择方法，进一步优化选择重要的特征。通常可以选择 Relief 方法作为 Filter 阶段的初筛方法，选择 SVM 方法作为 Wrapper 阶段的终筛方法。

5.1.3.1　Relief 方法

Relief 方法是一种基于特征权重的算法。它根据各个特征和类别的相关性给各个特征赋予不同的权重，通过选取权重大于某一阈值的特征来进行特征选择。设训练集为 S，一共有 N 个样本，即 $S_i = (s_{i1}, \cdots, s_{ik}, \cdots, s_{ip})$，$i=1, 2, \cdots, N$，其中的 s_{ik} 表示第 i 个样本中第 k 个特征的取值，而 p 表示每个样本有 p 个候选特征，设这 p 个候选特征分别记为 $f_1, f_2, \cdots, f_p$。

定义样本 $S_i = (s_{i1}, \cdots, s_{ik}, \cdots, s_{ip})$ 和样本 $S_j = (s_{j1}, \cdots, s_{jk}, \cdots, s_{jp})$ 之间的差别如式（5–1）所示

$$diff(s_{ik}, s_{jk}) = \frac{s_{ik} - s_{jk}}{\max(s_k) - \min(s_k)} \qquad (5-1)$$

在式（5-1）中，$\max(s_k)$ 表示第 k 个候选特征取值的最大值，$\min(s_k)$ 表示第 k 个候选特征取值的最小值。

Relief 算法的原理如下（取参数为 m 表示计算次数，τ 表示阈值）：

Relief（S, m, τ）

 将原始数据集 S 有两类，分别记为 S^+ 和 S^-

 令初始候选特征的权重向量为 $W=(w_1, w_2, \cdots, w_p)=(0, 0, \cdots, 0)$

 For i=1 to m

  随机从 S 中选取一个样本 $X=(x_1, x_2, \cdots, x_p)$

  计算 X 到 S^+ 和 S^- 中每个样本的距离

  从 S^+ 中选取与 X 距离最近的样本记为 Z^+，$Z^+ \in S^+$

  从 S^- 中选取与 X 距离最近的样本记为 Z^-，$Z^- \in S^-$

  if X $\in$ S$^+$

   则 Near Hit $= Z^+$，Near Miss $= Z^-$

  else

   则 Near Hit $= Z^-$，Near Miss $= Z^+$

  endif

 updateWeight（W, X, *Near Hit*, *Near Miss*）

 endfor

 Relevance=W/m= (r_1, r_2, $\cdots$, r_p)

 for i=1 to p

  if ($r_i \geq \tau$)

   则 f_i 为选中的特征

  else

   则 f_i 为未选中的特征

  endif

 endfor

更新权重的函数为 updateWeight（W, X, *Near Hit*, *Near Miss*）。

记 Near Hit= (nh_1, nh_2, $\cdots$, nh_p)，Near Miss= (nm_1, nm_2, $\cdots$, nm_p)。

---

updateWeight（W, X, *Near Hit*, *Near Miss*）

 for i=1 to p

  更新 W 的每个元素 $w_i = w_i - diff(x_i, nh_i)^2 + diff(x_i, nm_i)^2$

 endfor

在 Relief 算法中，有以下几步可以有不同的取法：

√ 计算 X 到 S^+ 和 S^- 中每个样本的距离时，距离的定义。

√ 从 S^+ 和 S^- 中选取与 X 距离最近的样本可以选取距离最近的若干个。

√ 更新 W 的每个元素 $w_i = w_i - diff(x_i, nh_i)^2 + diff(x_i, nm_i)^2$ 时也可以选用 $diff$ 的绝对值。

总结来看，Relief 算法的原理本质上是通过分类，找与某一样本最近的同一类样本，讨论候选特征对于分类的意义。直观的想法应当是，如果第 i 个候选特征是重要特征，则 $diff(x_i, nh_i)$ 应当小于 $diff(x_i, nm_i)$，于是体现在权重上则是该特征的权重 w_i 要相应增加，反之则 w_i 应减小。

5.1.3.2 SVM 方法

SVM 算法是通过拟合两类数据样本区域间的分界面，实现数据的分类。分类原理是采用某种映射函数将数据样本映射到高维空间中，在高维空间中利用一个线性超平面来区分两类数据样本，为了最大程度地将数据样本分开，这一线性超平面是距两类样本点距离最远的最优线性超平面。

如图 5-2 所示，SVM 算法基于这样一个假设，即低维空间中难以线性可分的数据映射到高维空间中更容易线性可分，在高维空间中选取能将两类样本分开的线性超平面，再映射回原空间，即得到了原空间的一个分类器。

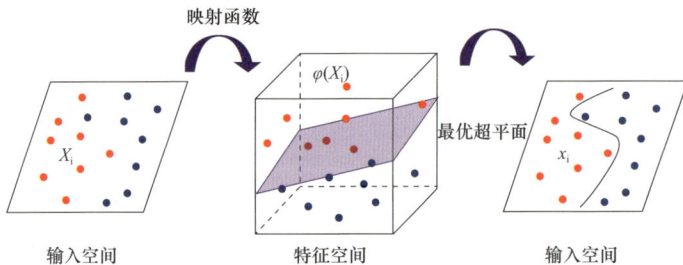

图 5-2 SVM 算法原理展示

为了尽可能地将两类样本分开，选择距离两类样本距离最远的线性超平面作为分界面，则 SVM 算法训练分类器主要是解决式（5-2）表达的问题

$$\max \frac{1}{\|w\|}$$
$$\text{s.t. } y_i[w^T\varphi(X_i) + b] \geqslant 1 \tag{5-2}$$

图 5-3 用二维特征空间示意图形象地表达了式中各变量的含义。满足以上条件的 $w^T\varphi(X_i) + b = 0$ 则是所求的最优线性超平面，也是 SVM 算法训练出的分类器。应用该规则判断样本的分类时，将样本 X 代入 $w^T\varphi(X_i) + b$ 中，通过其符号来判断 X 的分类情况。而 $w^T\varphi(X_i) + b = 1$ 或 $w^T\varphi(X_i) + b = -1$ 的样本叫

做支持向量。

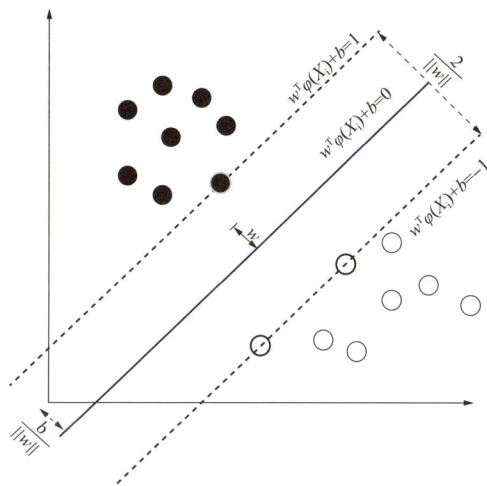

图 5-3　特征空间最优线性超平面搜索原理

　　然而，在实际应用过程中，$y_i(w^T\varphi(X_i)+b) \geqslant 1$ 约束条件过强，要求 $(w^T\varphi(X_i)+b) \geqslant 1$ 或 $w^T\varphi(X_i)+b \leqslant -1$，与 y_i 的符号相同，即要求所有的样本都分类正确。这是难以实现的，造成式（5-2）中的优化问题难以求解。特别的，在实际电力系统中，样本是保证难以完全可分的。此时，需在以上优化问题中引入松弛变量，允许部分样本被错分。

　　由此，SVM 分类器解决的优化问题可以改写为

$$
\begin{aligned}
&\min_{w,b,\xi} \frac{1}{2}w^T w + C\sum_{i=1}^{n}\xi_i \\
&s.t.\ \ y_i(w^T\varphi(X_i)+b) \geqslant 1-\zeta_i \\
&\quad\ \ \xi_i \geqslant 0, i=1,\ldots,n
\end{aligned} \tag{5-3}
$$

式中：C 代表对松弛变量 ξ 的惩罚因子，可反映松弛变量对分类效果的影响；w 是超平面的参数向量；b 是门槛值；$\varphi(X_i)$ 是将 X_i 从输入空间映射到特征空间的映射函数。

　　求解以上优化问题的方法是将其转换为对偶问题，如式（5-4）所示，其对偶问题是一个典型的二次规划问题，可以利用一些成熟的算法来进行计算。此外，对偶函数中的核函数的应用，避免了需要将低维空间的数据映射到高维空间，再将所得超平面映射回低维空间过程中造成的维数爆炸，可以直接在低维空间利用核函数实现相同的效果。

$$\min \frac{1}{2} \sum_{i=1}^{n} \sum_{i=1}^{n} \alpha_i \alpha_j y_i y_j K(X_i, X_j) - \sum_{i=1}^{n} \alpha_i$$

$$s.t. \sum_{i=1}^{n} \alpha_i y_i = 0 \qquad\qquad (5\text{-}4)$$

$$0 \leqslant \alpha_i \leqslant C, i = 1, \cdots, n$$

式中：$K(X_i, X_j)$ 为核函数。表5-1列出了常用的几种核函数，其中线性核函数 SVM 算法，直接给出了用线性函数表达的分类规则，物理意义一目了然。

一般的，核函数可以表示为映射函数的内积，有

$$K(X_i, X_j) = \varphi(X_i)^T \varphi(X_j) \qquad\qquad (5\text{-}5)$$

α 为优化变量，是式（5-3）的拉格朗日乘子，其对应的拉格朗日函数为

$$L(w, b, \xi, \alpha, \lambda) = \frac{1}{2} w^T w + C \sum_{i=1}^{n} \xi_i - \sum_{i=1}^{n} \alpha_i \{ y_i [w^T \varphi(X_i) + b]$$

$$- 1 + \zeta_i \} - \sum_{i=1}^{n} \lambda_i \zeta_i \qquad\qquad (5\text{-}6)$$

$$\alpha_i \geqslant 0, \lambda_i \geqslant 0$$

表 5-1   SVM 常用的核函数

函数名	核函数表达式
线性核函数	$K(x_i, x_j) = x_i^T x_j$
多项式核函数	$K(x_i, x_j) = (\gamma x_i^T x_j + 1)^d, \ \gamma > 0$
RBF 核函数	$K(x_i, x_j) = \exp(-\gamma \| x_i - x_j \|^2), \ \gamma > 0$
Sigmoid 核函数	$K(x_i, x_j) = \tanh(\gamma x_i^T x_j + r)$

通过求解该对偶问题，得到 α 的取值，最终得到的分类规则的表达式

$$f(X) = \sum_{i=1}^{n} \alpha_i y_i K(X_i, X) + b \qquad\qquad (5\text{-}7)$$

对于 X，可以通过 $f(X)$ 的正负确定其类别属性，若 $f(X) > 0$ 则 X 对应类别 $y=1$，在本书的研究中即表明在潮流量取值为 X 时，系统稳定，X 位于安全域内；若 $f(X) < 0$ 则 X 对应类别 $y=-1$，即表明系统不稳定，X 位于安全域外。若 $\alpha_i = 0$，说明该约束对规则的获取不起作用，只有 $\alpha_i \neq 0$ 的样本才会决定分类规则，其对应的 $y_i [w^T \varphi(X_i) + b] \geqslant 1 - \zeta_i$ 为起作用约束。

5.1.3.3 两阶段特征选择方法

应用 Relief 方法和 SVM 算法进行特征选择的一般流程如图5-4所示。

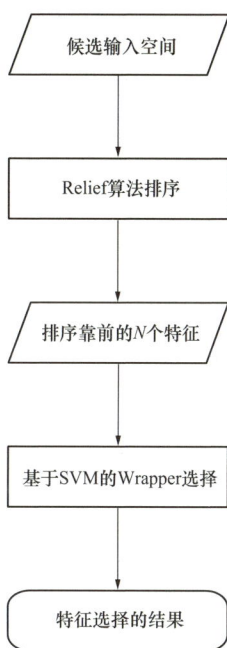

图 5-4　两阶段特征选择方法的流程

在进行特征选择前，首先需要确定候选的输入特征空间，然后利用 Relief 算法进行第一阶段特征选择，即对输入特征进行打分排序，之后根据实际需要选择排序靠前的 N 个特征进行后续的 Wrapper 阶段的特征选择，Wrapper 阶段的特征选择基于 SVM 算法进行，在进行 Wrapper 阶段特征选择时，如果选取的 N 不大，则可以采取遍历的方式进行计算，当 N 较大时，则可以采用不同的搜索算法进行筛选计算。

5.2　基于智能分析的电网安全属性特征选择方法

电力系统的安全稳定问题是一个复杂的、高维的、难以解析化求解的物理问题，一般用降维的方法进行研究。传统的方法如人工方式计算、解析法求解安全域等等，都是依据人工经验给出对特定安全稳定问题关键的特征。但随电网特性的越来越复杂，基于人工经验的方法的弊端逐渐显现。在利用人工智能和电力大数据技术研究电力系统的安全稳定问题中，首先要通过特征选择进行降维，但现有的特征选择方法筛选出的特征物理意义不明确，不便于调度运行人员监控，且仅依靠数据的相关关系得到的结论的可靠性和可信性受到了质疑。

为了解决以上问题，本书提出了以下三种基于人工智能和电力大数据技术的关键特征选择方法，并给出实际算例，验证方法的实用性。

5.2.1 信息论相关理论

本章的关键特征选择对应数据挖掘领域中的特征选择。与以往电力系统领域特征选择不同的是，本书希望以断面潮流量构成的断面特征来训练得到"稳定"与"不稳定"的边界。电力系统潮流断面概念的产生是为了便于调度运行人员监控、研究，特别是对于互联系统的调度人员。调度运行人员经过多年的经验积累，总结出了实际电网运行方式下，系统的安全性与这些关键潮流断面的定量关系，由此避免了需要同时监控全网数量庞大的各种变量。然而，这种定量关系的得出是费时费力的，并且比较粗糙，这些由人工筛选出的潮流断面也难以包含电网全部的潮流信息。有关研究表明，在固定电网的拓扑结构及事故前提下，仅由潮流断面变量作为特征得到的边界并不是唯一的，而是随运行点的变化而变化的。由此，本书希望能够通过借助信息论的工具将不同特征提供的信息量化，从而找到潮流断面特征之外能够提供"补充信息"的特征量。信息论最早出现在数据通信领域的研究中，由 C.E.Shannon 提出，利用概率论和数理统计的方法，研究信息的度量、传递等。

5.2.1.1 信息熵

为了量化"信息"这一抽象的概念，香农借用热力学中"热熵"的概念，提出了"信息熵"。热力学中的"熵"用于描述分子状态的混乱程度，混乱程度越高，则熵值越高；混乱程度越低，熵值越低。而"信息熵"（Entropy）用于刻画随机变量的不确定性，若该随机变量的不确定性越大，越需要更多的信息来确定它。

假设 X 为一离散的随机变量，其概率分布为 $p(x)=P(X=x)$。则随机变量 X 的信息熵 $H(X)$ 可以表示为

$$H(X) = -\sum_{x \in X} p(x) \log_2(p(x))$$

（5–8）

对于连续的随机变量 X，假设已知其概率分布密度 $p(x)$，则其信息熵的计算如下

$$H(X) = -\int_x p(x) \log_2(p(x))$$

（5–9）

随机变量的信息熵有如下性质：随机变量的熵是一个连续变化的量，随机变量概率分布的小幅变化对熵的影响很小。对于常量，$p(x) \equiv 1$，显然 $H(X)=0$；当 X 的取值分布均匀，即 X 取每个值的概率相等时，其熵最大。对于离散变量，总有 $0 \leqslant p(x) \leqslant 1$，规定 $0 \log_2 0=0$，则离散变量的熵值总是为正。本书的研究基于离散变量展开。

5.2.1.2 联合熵

联合熵用于描述随机变量构成的联合随机变量的不确定度，可以认为联合熵能够度量同时确定多个变量所需信息的含量。对于随机变量 X、Y，若已知其联合概率分布 $p(x,y)$，则其联合熵为

$$H(X,Y) = -\sum_{x \in X} \sum_{y \in Y} p(x,y) \log_2[p(x,y)] \qquad (5-10)$$

从式（5-11）与式（5-8）可以较为容易地得出，$H(X,Y) \geq \max(H(X), H(Y))$。两随机变量 X、Y 的不确定度比两变量各自的不确定度大。若变量之间互相独立，则由联合熵的定义可以得到信息熵的可加性性质，即

$$
\begin{aligned}
H(X,Y) &= -\sum_{x \in X} \sum_{y \in Y} p(x,y) \log_2\big[p(x,y)\big] \\
&= -\sum_{x \in X} \sum_{y \in Y} p(x)p(y)\{\log_2[p(x)] + \log_2[p(y)]\} \qquad (5-11) \\
&= H(X) + H(Y)
\end{aligned}
$$

从对于多变量，也有

$$H(X_1, \cdots, X_n) = H(X_1) + \cdots + H(X_n) \qquad (5-12)$$

5.2.1.3 条件熵

条件熵的定义为，给定一个变量 X 的条件下，另一随机变量 Y 还有多大的不确定度。可以理解为随机变量 Y 对 X 的依赖强弱程度。离散变量 Y 对 X 的条件熵为 $H(Y|X)$。

$$
\begin{aligned}
H(Y|X) &= \sum_{x \in X} p(x) H(Y|X=x) \\
&= \sum_{x \in X} p(x) \left[-\sum_{y \in Y} p(y|x) \log_2 p(y|x) \right] \qquad (5-13) \\
&= -\sum_{x \in X} \sum_{y \in Y} p(x,y) \log_2 p(y|x)
\end{aligned}
$$

式中：$p(x,y)$ 为离散变量 X、Y 的联合概率分布；$p(y|x)$ 为已知变量 X 条件下 Y 的概率分布。

结合单变量的信息熵、两变量联合熵的定义，可以推导出以下等式关系

$$H(Y|X) = H(X,Y) - H(X) \qquad (5-14)$$

从条件熵的定义可以得到以下性质。若变量 X、Y 完全互相依赖，$p(y|x) \equiv 1$，则从定义可知 $H(Y|X) = 0$，即 X 中已经包含了 Y 的全部信息。若变量 X、Y 互相独立，则 $p(x,y) = p(x)p(y)$，$p(y|x) = p(y)$，由此可得到 $H(Y|X) = H(Y)$，即变量 X 不能为变量 Y 提供任何的信息。若变量 X、Y 介于以上两种情况之间，则有 $H(Y|X) < H(Y)$。

5.2.1.4 互信息

互信息用来描述两个随机变量之间共同拥有的信息量，可以表示两随机变量相互依赖的程度。其定义为

$$MI(X;Y) = - \sum_{x \in X} \sum_{y \in Y} p(x,y) \log_2 \frac{p(x,y)}{p(x)p(y)} \quad (5-15)$$

由于互信息可以描述两随机变量共同拥有的信息量，条件熵可以描述已知一随机变量后，另一随机变量的不确定度，则若已知互信息和两随机变量的条件熵，就可以反求信息熵。即有以下等式成立

$$\begin{aligned} MI(X;Y) &= H(X) - H(X \mid Y) \\ &= H(Y) - H(Y \mid X) \\ &= H(X) + H(Y) - H(X,Y) \end{aligned} \quad (5-16)$$

式（5-16）还可以理解为：已知随机变量 $Y(X)$ 后，随机变量 $X(Y)$ 的不确定度的减少量即为二者之间的互信息。由该式可以得到 $MI(X;Y) \leqslant \min(H(X), H(Y))$。若随机变量 X、Y 完全不相关或者二者相互独立，互信息 $MI(X;Y) = 0$；而两随机变量相互依赖程度越高，互信息的值越大，但需要注意的是，若两随机变量完全依赖，其互信息并非一个常量，而是与它们的熵有关，若用于比较，可以采用标准化的互信息指标 $zMI(X;Y)$，如式（5-17）所示

$$zMI(X;Y) = \frac{2MI(X;Y)}{H(X) + H(Y)}$$

$$\begin{cases} zMI(X;Y) = 0 & X \text{、} Y \text{独立、完全不相关} \\ 0 < zMI(X;Y) < 1 & \text{其他} \\ zMI(X;Y) = 1 & X \text{、} Y \text{完全依赖} \end{cases} \quad (5-17)$$

图 5-5 形象地展示了两随机变量 X、Y 的信息熵、条件熵、联合熵及互信息的关系。

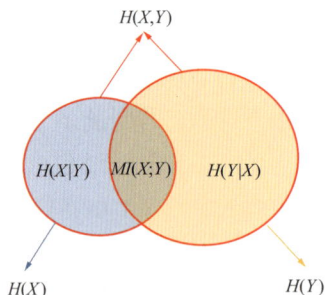

图 5-5　随机变量的信息熵、条件熵、联合熵及互信息的关系图

互信息不仅可以用来描述两随机变量间的共同信息的含量，而且可以描述两随机变量的相关程度。利用式（5-17）中的标准化后的指标 $zMI(X;Y)$ 可以量化变量 X、Y 之间的相关性。而且不同于皮尔逊相关系数等常用的线性相关系数仅可以描述变量间的线性相关关系，互信息还可以体现变量间的非线性相关关系。图5-6与表5-2利用一个简单的数学实例验证了这一点。

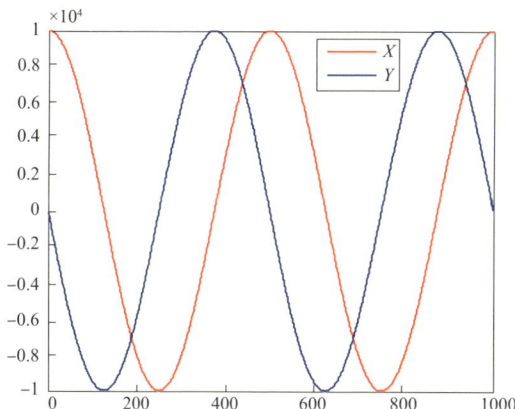

图5-6　随机变量 X、Y（$X^2+Y^2=1$）的取值分布

假设随机变量 X、Y 如图5-6所示，显然随机变量 Y 是将随机变量 X 延迟 $\frac{3}{4}$ 周期得到的，满足 $X^2+Y^2=1$，显然随机变量 X、Y 之间存在着一定的关联关系，而非独立或完全不相关的。接下来利用皮尔逊相关系数及式（5-17）中的 zMI 指标对随机变量 X、Y 之间的依赖程度进行评价，可以得到如表5-2所示结果。

表5-2　　　　　　不同评价指标下变量 X、Y（$X^2+Y^2=1$）相关程度比较

评价指标	皮尔逊相关系数	互信息（zMI）
相关程度	$7.13e^{-17}$	0.8546

以上结果说明皮尔逊相关系数为代表的线性相关系数的评价结果十分接近0，说明随机变量 X、Y 不存在线性相关性，但并未反映出随机变量 X、Y 本来存在的关联关系。而互信息 zMI 能体现出 X、Y 并非毫无联系，而且相关关系比较大，$zMI<1$ 也能体现出随机变量 X、Y 并不是完全依赖的，给定 X（Y），变量 Y（X）有两个不同的取值。

互信息的这一特性在电力系统中的应用十分重要，电力系统中的变量间多

存在较为复杂的非线性关系。利用线性相关分析比较局限于在某一运行点附近，而对于本书所研究的电力系统实用动态安全域并不适用。正如引言中提到的，本书所研究的电力系统实用动态安全域是在预想故障或故障集下，通过不断改变运行点形成大量样本，从而挖掘出安全域的边界。因此，仅利用线性相关系数判断特征与类别属性间的相关关系较为片面，本书基于信息论又提出了一种关键特征的选择方法。

5.2.1.5 联合互信息

联合互信息是在互信息的基础上的一种拓展，互信息描述的是两个变量 X、Y 之间共有的信息含量，而联合互信息是指多个变量 X_1，$\cdots$，X_n 组合成的联合变量与 Y 之间共有信息的含量，或相互依赖程度。

$$MI[(X_1,\cdots,X_n);Y] = -\sum_{y \in Y}\sum_{x_1 \in X_1}\cdots\sum_{x_n \in X_n} p(x_1,\cdots,x_n,y)\log_2[p(x_1,\cdots,x_n,y)]$$

$$= \sum_{i=1}^{n} MI(X_i;Y \mid X_{i-1},\cdots,X_1)$$

$$(5-18)$$

其中 $MI(X_i;Y \mid X_{i-1},\cdots,X_1)$ 为条件互信息，其定义表示为

$$MI(X_i;Y \mid X_{i-1},\cdots,X_1) =$$

$$-\sum_{y \in Y}\sum_{x_1 \in X_1}\cdots\sum_{x_n \in X_n} p(x_1,\cdots,x_n,y)\log_2\frac{p(x_i,y \mid x_{i-1},\cdots,x_1)}{p(x_i \mid x_{i-1},\cdots,x_1)p(y \mid x_{i-1},\cdots,x_1)}$$

$$(5-19)$$

特别的，当 $n=2$ 时，可以推导出联合互信息及条件互信息的以下等式关系，这些关系将在后续的算法中起到很大的作用。图 5-7 形象地展示了三变量（$n=2$）间的联合互信息。

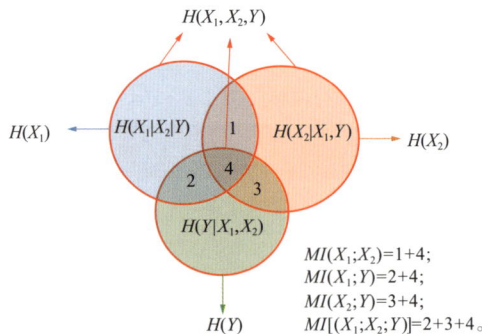

$$
\begin{aligned}
&MI(X_1;X_2)=1+4;\\
&MI(X_1;Y)=2+4;\\
&MI(X_2;Y)=3+4;\\
&MI[(X_1;X_2);Y]=2+3+4。
\end{aligned}
$$

图 5-7 三变量互信息、信息熵示意图

$$MI[(X_1,X_2);Y] = H(X_1,X_2) + H(Y) - H(X_1,X_2,Y) \qquad (5-20)$$

$$MI(X_1;X_2 \mid Y) = H(X_1 \mid Y) + H(X_2 \mid Y) - H(X_1,X_2 \mid Y)$$
$$= H(X_1,Y) - H(Y) + H(X_2,Y) - H(Y) - (H(X_1,X_2,Y) - H(Y))$$
$$= H(X_1,Y) + H(X_2,Y) - H(Y) - H(X_1,X_2,Y)$$

$$(5-21)$$

对于特征选择来讲，联合互信息的概念更为实用。但在实际算法实现过程中，由于需要计算多维联合变量的联合概率分布。例如四变量的联合互信息的求解，就需要构造 4-D 的 $n \times n \times n \times n$（$n$ 示随机变量的维度）的矩阵。这将是十分耗时且占用内存的过程，求解困难，难以实际应用。所以涌现了一批改进算法，用便于求解的指标代替联合互信息的求解来衡量筛选出的特征与分类类别的互信息。

有关文献利用单个已选特征 s_j 中与分类类别的最大条件互信息来代替整个已选特征子集 S 对分类类别的条件互信息，即利用 $\max\limits_{s_i \in S} MI(X_i, Y \mid s_j)$ 代替 $MI(X_i, Y \mid S)$；另有文献利用单个已选特征 s_j 与分类类别的联合互信息之和代替整个已选特征子集 S 对分类类别的联合互信息，即利用 $\sum\limits_{s_i \in S} MI((s_j, X_i); Y)$ 代替 $MI((S, X_i); Y)$ 还有文献利用单个已选特征 s_j 与分类类别的互信息的平均值代替整个已选特征子集 S 对分类类别的互信息。这些方法虽然处理起来简单便捷，但缺乏理论依据。本节中提出了借鉴多传感器系统信息熵定义的联合互信息的计算公式，利用该公式度量特征子集与分类类别的互信息含量，将在 5.2.2 节中给出详细介绍。

5.2.2 考虑组合效应和断面特征的关键特征选择方法

考虑组合效应和断面特征的特征选择算法中有两方面的含义，一是考虑特征间的协同效应；二是考虑与已选出的断面特征进行组合，补充少量的断面特征所遗漏的信息。因而该算法能够最大程度包含初始特征集合，提供分类类别的信息。同时，最大程度地去除了初始特征集合中与断面特征冗余的一些特征。

5.2.2.1 特征协同效应及冗余关系量化

特征的协同效应可以理解为，将特征组合起来所包含的分类类别的信息量与他们单独考虑时所包含的分类类别的信息含量之和做比较。研究表明，由于存在特征的协同效应，"N 个最优的特征组合起来并不是最优的大小为 N 的特征子集"。有关文献指出两变量的协同效应可以用式（5-22）来衡量。

$$MIG((X_1,X_2); Y) = MI((X_1,X_2); Y) - MI(X_1,Y) - MI(X_2,Y) \quad (5-22)$$

若两变量 X_1，X_2 的 MIG 指标越大，表明其协同效应越大。将式（5-18）和式（5-20）代入式（5-22）中，可以得到 MIG 的计算公式

$$MIG((X_1,X_2);Y) = H(X_1,X_2) + H(X_1,Y) + H(X_2,Y) - \\ H(X_1) - H(X_2) - H(Y) - H(X_1,X_2,Y) \qquad (5-23)$$

特征的协同效应还可以从另一个角度理解。特征 s_1 与特征 s_2 冗余越高，说明两特征提供给分类类别的信息是越相同的，若把 s_1、s_2 作为一个组合，这个组合为分类类别提供的信息含量与单独一个特征 s_1（s_2）为分类类别提供的信息相差不大，从特征的协同效应来看，s_1、s_2 协同效应很差。这说明了式（5-22）也可以反映特征间的冗余。两特征 s_1、s_2 的 MIG 越小，则说明两特征的冗余程度越大。

5.2.2.2 特征集合与类别属性间互信息量化

研究特征集合与类别属性间互信息量化的目的在于：首先，量化筛选出的特征集合与类别属性间的互信息也是考虑特征的组合效应的一方面；其次，以此作为对筛选出的特征子集的评价，将筛选出的特征子集的互信息不再增加作为算法终止的判据可以减少先验参数的产生。

5.2.1 节中提到的联合互信息非常符合对于特征集合与类别属性间互信息的量化，但是正如前文提到的，超过 3 变量的联合互信息的求解十分困难，不仅耗时而且占用大量内存，难以适用于高维数据的处理。由此，在本节中借鉴多传感器系统中的系统关联信息熵的概念，提出一种用于衡量特征集合与类别属性互信息的新的指标。

设 $P=(y_i(t))_{1 \leq t \leq m, 1 \leq i \leq n}$ 是多传感器系统中的时间序列矩阵，$y_i(t)$ 代表第 i 个传感器在时刻 t 的取值，矩阵 Q 是矩阵 P 的中心化和标准化。计算该系统的相关矩阵 R，

$$R = Q^{\mathrm{T}}Q = (r_{ij})$$
$$\begin{cases} r_{ij}=1 & i=j \\ 0 \leq |r_{ij}| \leq 1 & i \neq j \end{cases} \qquad (5-24)$$

R 其特征值为 λ_i^{R}（$1 \leq i \leq n$），可以代表每个传感器对整个系统信息的贡献值，特征值越大的传感器的贡献更为突出。则系统的关联信息熵可以用式（5-25）求解。该关联信息熵一方面衡量了系统整体所包含的信息量，另一方面也度量了特征集合中特征间的冗余程度。

$$H_{\mathrm{R}} = -\sum_{i=1}^{n} \frac{\lambda_i^{\mathrm{R}}}{n} \log_n \frac{\lambda_i^{\mathrm{R}}}{n} \qquad (5-25)$$

进一步，提出了特征集合与类别属性的互信息衡量方法。首先基于互信息构造特征集合 S 的关联矩阵 R^{S} 和已知类别属性 C 后特征集合 S 的关联矩阵 $R^{\mathrm{S|C}}$。

$$R^S = \begin{bmatrix} zMI(s_1;s_1) & zMI(s_1;s_2) & \cdots & zMI(s_1,;s_{ls}) \\ zMI(s_2;s_1) & zMI(s_2;s_2) & \cdots & zMI(s_1;s_{ls}) \\ \vdots & \vdots & & \\ zMI(s_{ls};s_1) & zMI(s_{ls};s_2) & \cdots & zMI(s_{ls};s_{ls}) \end{bmatrix} \quad (5-26)$$

$$R^{S|C} = \begin{bmatrix} zMI(s_1;s_1|C) & zMI(s_1;s_2|C) & \cdots & zMI(s_1;s_{ls}|C) \\ zMI(s_2;s_1|C) & zMI(s_2;s_2|C) & \cdots & zMI(s_1;s_{ls}|C) \\ \vdots & \vdots & & \\ zMI(s_{ls};s_1|C) & zMI(s_{ls};s_2|C) & \cdots & zMI(s_{ls};s_{ls}|C) \end{bmatrix} \quad (5-27)$$

式中：$s_i \in S$（$1 \leq i \leq ls$），ls 为 S 中特征的个数；$zMI(s_i; s_j | C)$ 是条件互信息的标准化

$$zMI(s_i;s_j|C) = \frac{2 \cdot MI(s_i;s_j|C)}{H(s_i|C) + H(s_j|C)}$$

$$\begin{cases} zMI(s_i;s_j|C)=0 & s_i;s_j独立、完全不相关 \\ 0 < zMI(s_i;s_j|C) < 1 & 其他 \\ zMI(s_i;s_j|C) = 1 & s_i;s_j完全依赖 \end{cases} \quad (5-28)$$

接下来求解关联矩阵 R^S，$R^{S|C}$ 的特征值分别为 $\lambda_i^{R^S}$，$\lambda_i^{R^{S|C}}$（$1 \leq i \leq ls$）。由此，可以计算特征集合 S 的关联信息熵 $H_R(S)$ 和已知类别属性 C 后特征集合 S 的关联信息熵 $H_R(S)$

$$H_R(S) = -\sum_{i=1}^{ls} \frac{\lambda_i^{R^S}}{ls} \log_{ls} \frac{\lambda_i^{R^S}}{ls} \quad (5-29)$$

$$H_R(S|C) = -\sum_{i=1}^{ls} \frac{\lambda_i^{R^{S|C}}}{ls} \log_{ls} \frac{\lambda_i^{R^{S|C}}}{ls} \quad (5-30)$$

借鉴互信息的关系式（5-18），可以求解基于关联信息熵的广义的特征集合与分类属性的互信息 MI_R，如式（5-31）所示。

$$MI_R(S; C) = H_R(S) - H_R(S|C) \quad (5-31)$$

5.2.2.3 考虑组合效应的特征选择方法流程

该方法基本思想是采用前向序列搜索方式（见图 5-8），从空集开始按照一定次序将候选特征加入筛选出的特征子集。其中，对第一个入选特征的选择与算法 BIF，MIFS，mRMR 等相同，选择与分类属性互信息最大的特征。接下来便是寻找能够与第一个特征产生较好组合效应的其他特征。图 5-9 展示了考虑组合效应的特征选择算法的完整流程。

输入：数据集 D，初始特征集合 X，类别属性 C。

输出：入选特征集合 S。

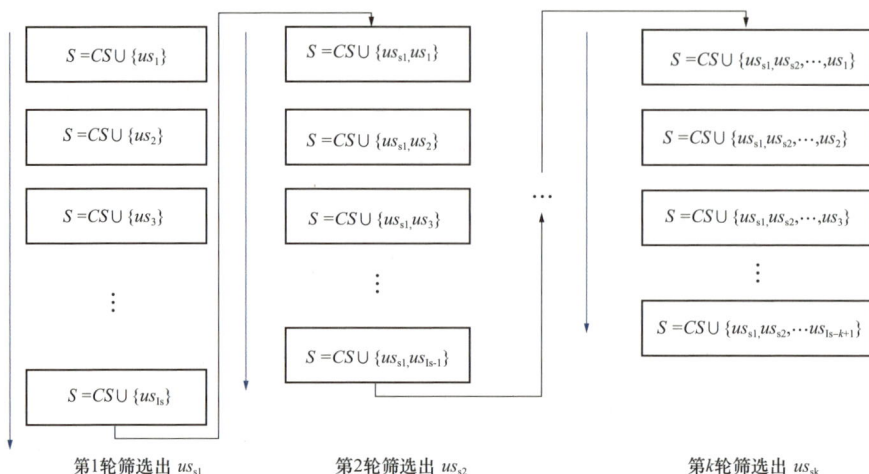

图 5-8　前向序列搜索流程图

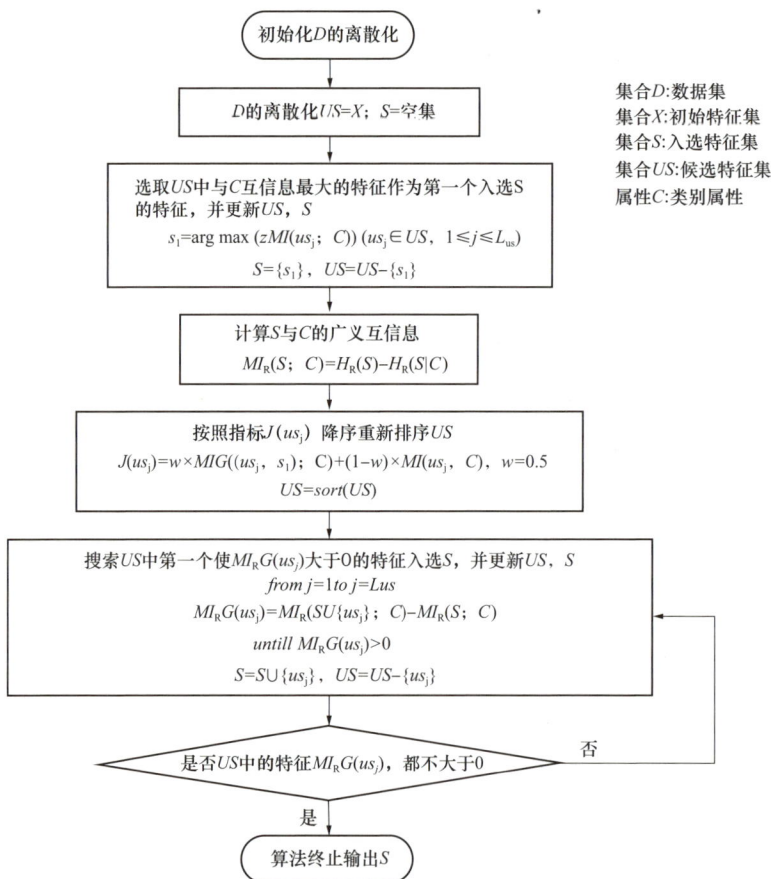

图 5-9　考虑组合效应的特征选择算法流程

（1）初始化，对数据集 D 进行离散化，便于后续求取变量的概率分布。

（2）将初始特征集合 X 中的特征全部放入候选特征集 US。

（3）计算候选特征集 US 中的每个特征与类别属性 C 的互信息 zMI（us_j；C）（$us_j \in US$，$1 \le j \le L_{us}$）（L_{us} 为候选特征集 US 中特征的个数），选取互信息最大的特征作为第一个入选集合 S 的特征，即 $s_1 = \arg \max [(zMI(us_j; C)]$，从候选特征集 US 删掉该特征。

（4）计算集合 S 与类别属性 C 的广义互信息 MI_R（S；C）。

（5）定义候选特征评价指标 J（us_j），根据以上评价指标将 US 中的候选特征按降序重新排序，$US = sort$（US）。其中，J（us_j）$= w \times MIG[(us_j, s_1); C] + (1-w) \times MI$（$us_j$，$C$），$w = 0.5$ 该指标既包含了与已入选特征 s_1 的组合效应又包括了对类别属性的相关关系。

（6）将候选特征集 US 中的特征 us_j 按次序 $from\ j = 1\ to\ j = L_{us}$ 与集合 S 组合 $S \cup \{us_j\}$，分别计算新组合与类别属性 C 的广义互信息 MI_R（$S \cup \{us_j\}$；C），直到信息增量 MI_RG（us_j）> 0，说明该特征的加入可以使已选特征集合为类别属性 C 提供的信息更多。将该特征加入集合 S，即 $S = S \cup \{us_j\}$，更新 MI_R（S；C）$= MI_R$（$S \cup \{us_j\}$；C）。并将该特征从集合 US 删除，$US = US - \{us_j\}$，本轮特征添加结束。其中，MI_RG（us_j）$= MI_R$（$S \cup \{us_j\}$；C）$- MI_R$（S；C），该指标用于刻画集合 S 中添加一特征后能够为类别属性提供的信息含量的改变量。

（7）重复步骤（6），直到遍历 US 中的所有特征，都不能使 MI_RG（us_j）> 0 即 $all\ MI_RG$（us_j）≤ 0，（$1 \le j \le L_{us}$），则算法结束。

（8）输出选择出的特征集合 S。特征集合 S 即包含了特征 s_1 和与特征 s_1 有较好的组合效应，且冗余度低的特征子集。

在以上算法流程中并未涉及到分类算法，只是根据数据样本本身的概率分布探究数据间的相关关系，以此进行特征筛选，属于 Filter 模型的一类算法。该算法遵从数据样本本身的概率分布，考虑了特征的组合效应，除离散化中的参数，算法本身并未引入其他参数。

5.2.2.4　纳入断面特征的关键特征选择方法

在考虑组合效应的基础上，纳入断面特征得到最终算法，如图 5-10 所示，分为两个阶段：Filter 阶段，先采用考虑组合效应的特征选择算法，实现对原始特征的初筛；Wrapper 阶段，将 SVM 算法分类准确率作为评价指标，再采用 GreedyStepwise 前向序列搜索方法（见图 5-8），向既定的断面特征集合中逐一添加组合特征，直到达到停止条件。其中停止条件主要有以下两类：①分类准确率的提高小于某一阈值；②特征子集中特征的个数达到规定个数。

（1）算法的整体流程。输入：数据集 D，初始特征集合 X（不含断面特征），断面特征集合分区数量 N，类别属性 C。输出：入选特征集合 S。

1）初始化，对数据集 D 进行离散化，便于后续求取变量的概率分布。

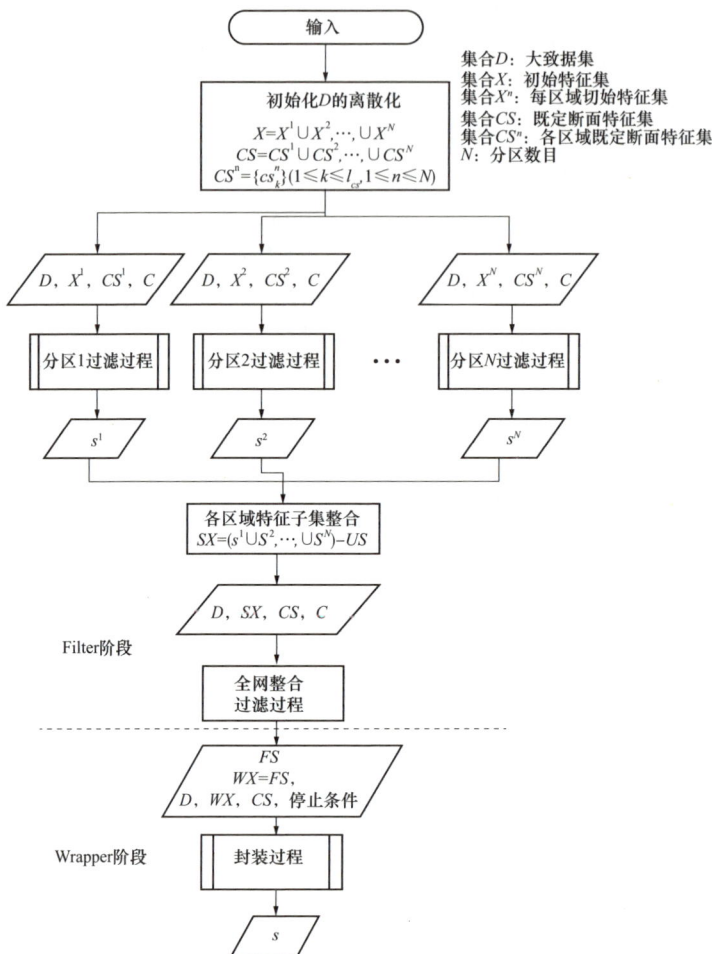

图 5-10　纳入断面特征的关键特征选择算法整体流程

2）将初始特征集合 X 中的特征按区域划分 X^n（$1 \leq n \leq N$），将断面特征集合中的断面特征按区域划分 $CS^n = \{cs_k^n\}$（$1 \leq k \leq L_{cs}$，$1 \leq n \leq N$）。

3）调用过滤过程，分区域分别从初始特征集合中，筛选与 CS^n 中的断面特征具有高组合效应且低冗余度的特征，得到具有高组合效应低冗余的特征子集 S^n（$1 \leq n \leq N$），其中 $CS^n \subset S^n$。

4）汇总各区域的特征子集，获得新的不包含断面特征的初始特征集合 SX，即 $SX = (S^1 \cup S^2 \cdots \cup S^N) - US$。

5）调用过滤过程，筛选与 CS 中的断面特征具有高组合效应且低冗余度的特征，得到具有高组合效应低冗余的特征子集 FS，其中 $CS \subset FS$，至此 Filter 阶段结束。

6）以上 Filter 阶段的结果作为 Wrapper 阶段的输入 $WX=FS$，本书选择第一类停止条件。

7）调用封装过程，得到进一步筛选的特征子集 S，其中 $CS \subset S$，至此 Filter 阶段结束。

8）算法结束，输出特征子集 S。

（2）过滤过程：筛选与特定断面特征具有高组合效应低冗余的特征（见图 5–11）。输入：数据集 D，初始特征集合 X^n，既定断面特征集合 CS^n，类别属性 C。输出：入选特征集合 S^n。

1）将该区域初始特征 X^n 全部放入候选特征集 US^n，$US^n=X^n$ 即将断面特征全部放入该区域入选特征集合 S^n，即 $S^n=CS^n$，利用式（5–31）计算集合 S^n 与类别属性 C 的广义互信息 $MI_R(S^n; C)$。

2）定义候选特征评价指标 $J(us_j^n)$，根据以上评价指标将 US 中的候选特征按降序重新排序，$US^n=sort(US^n)$。其中，$J(us_j^n)=w*\max(MIG((us_j^n, us_k^n); C))+(1-w)*MI(us_j^n, C)$，$w=0.5$ 该指标既包含了与既定断面特征 CS^n 的组合效应又包括了对类别属性的相关关系。

3）将候选特征集 US^n 中的特征 us_j^n 按次序 *from j*=1 *to j* = *lus* 与集合 S^n 组合 $S^n \cup \{us_j^n\}$，分别计算新组合与类别属性 C 的广义互信息 $MI_R(S^n \cup \{us_j^n\}; C)$，直到信息增量 $MI_RG(us_j^n)>0$，说明该特征的加入可以使已选特征集合为类别属性 C 提供的信息更多。将该特征加入集合 S^n，即 $S^n=S^n \cup \{us_j^n\}$，更新 $MI_R(S^n; C)=MI_R(S^n \cup \{us_j^n\}; C)$。并将该特征从集合 US^n 删除，$US^n=US^n-\{us_j^n\}$，本轮特征添加结束。其中，$MI_RG(us_j^n)=MIR(S \cup \{us_j^n\}; C)-MI_R(S^n; C)$，该指标用于刻画集合 S^n 中添加一特征后能够为类别属性提供的信息含量的改变量。

4）重复步骤 3），直到遍历 US^n 中的所有特征，都不能使 $MI_RG(us_j^n)>0$ 即 *all* $MI_RG(us_j^n) \leqslant 0$，$(1 \leqslant j \leqslant lus)$，则过程结束，得到特征子集 S^n。

（3）封装过程：筛选与特定断面特征能得到高分类准确率的特征（见图 5–12）。输入：数据集 D，初始特征集合 WX，既定断面特征集合 CS，停止条件。输出：入选特征集合 S。

1）初始化 $S=CS$，$US=WX-CS$。

2）形成 *lus* 个特征组合 $S \cup \{us_j\}$，$(1 \leqslant j \leqslant lus)$，利用 SVM 算法分别进行训练，得到相应的 *lus* 个分类准确率 *accuracy*(j)，$(1 \leqslant j \leqslant lus)$，选取准确率最高的特征组合作为新的 S，即 $S=S \cup \{us_k\}$，$k=\arg\max(accuracy(j))$，$(1 \leqslant j \leqslant lus)$，$US=US-\{us_k\}$。

输入
D, X^n, CS^n, C

集合D: 数据集
集合X^n: 初始特征集
集合CS^n: 既定断面特征集
属性C: 类别属性
集合S^n: 入选特征集
集合US^n: 候选特征集

初始化
$S^n = CS^n, US^n = X^n$
$MI_R(S^n; C) = H_R(S^n) - H_R(S^n|C)$

按照指标$J(us_j^n)$降序重新排序US^n
$J(us_j^n) = w^* \max(MIG((us_j^n, us_k^n); C)) + (1-w)^* MI(us_j^n, C), w=0.5$
$US^n = sor(\cup S^n)$

搜索US^n中第一个使$MI_RG(us_j^n)$大于0的特征入选S^n, 并更新US^n, S^n
$from\ j=1\ to\ j=L_{us}$
$MI_RG(us_j^n) = MI_R(S \cup \{us_j^n\}; C) - MI_R(S^n; C)$
$until\ MI_RG(us_j^n) > 0$
$S^n = S^n \cup \{us_j^n\}; US^n = US^n - \{us_j^n\}$

是否US中的特征$MI_RG(us_j^n)$都不大于0

否

是

过滤过程终止
输出S^n

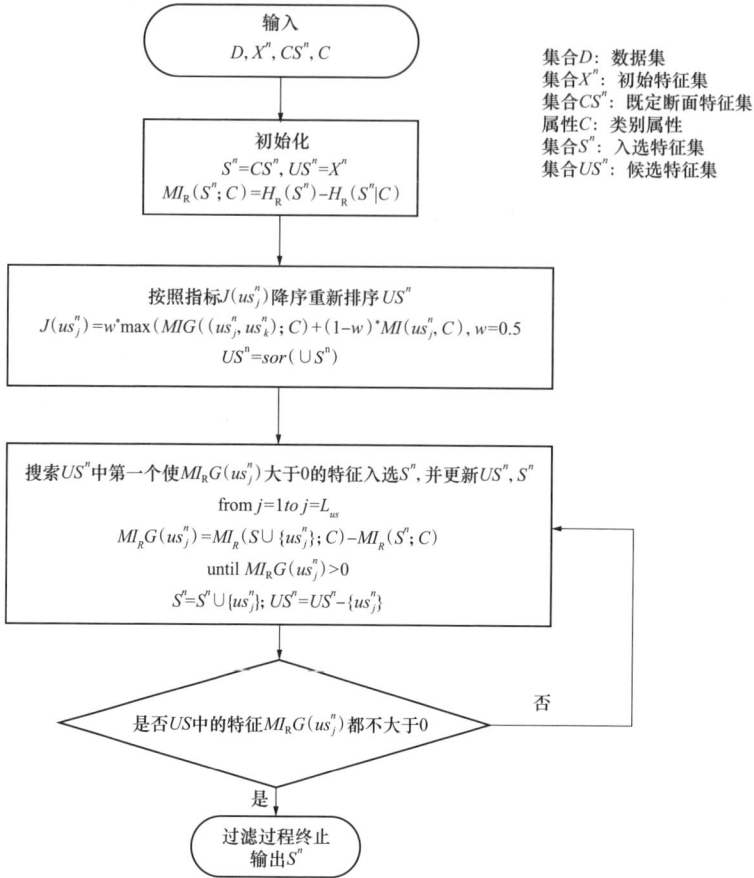

图 5-11 过滤过程

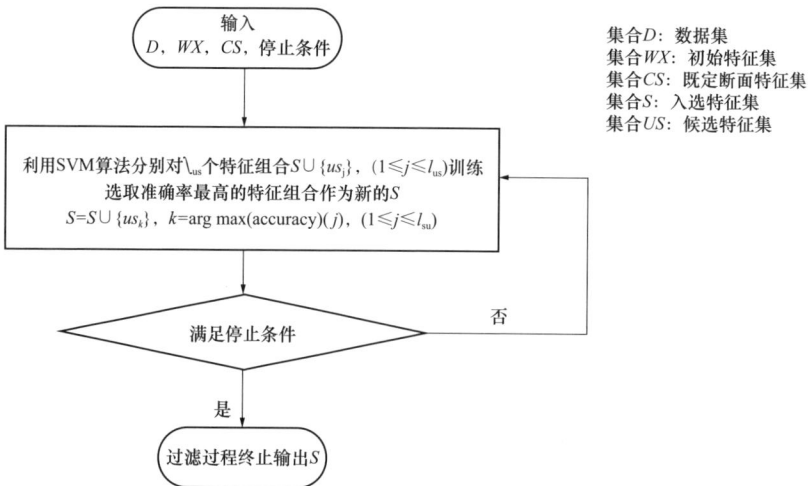

输入
$D, WX, CS,$ 停止条件

集合D: 数据集
集合WX: 初始特征集
集合CS: 既定断面特征集
集合S: 入选特征集
集合US: 候选特征集

利用SVM算法分别对$\l_{us}$个特征组合$S \cup \{us_j\}, (1 \leqslant j \leqslant l_{us})$训练
选取准确率最高的特征组合作为新的S
$S = S \cup \{us_k\}, k = \arg \max(accuracy)(j), (1 \leqslant j \leqslant l_{su})$

满足停止条件

否

是

过滤过程终止输出S

图 5-12 封装过程

3）查看是否满足停止条件，不满足则重复步骤2）直到满足停止条件，过程结束，得到特征子集 S。

5.2.2.5 算例分析

（1）系统及样本。本节基于CEPRI-36节点系统对以上提出的关键特征选择算法进行验证。CEPRI-36节点系统的接线图如图5-13所示，该系统共有8台发电机，32条线路，10个负荷。

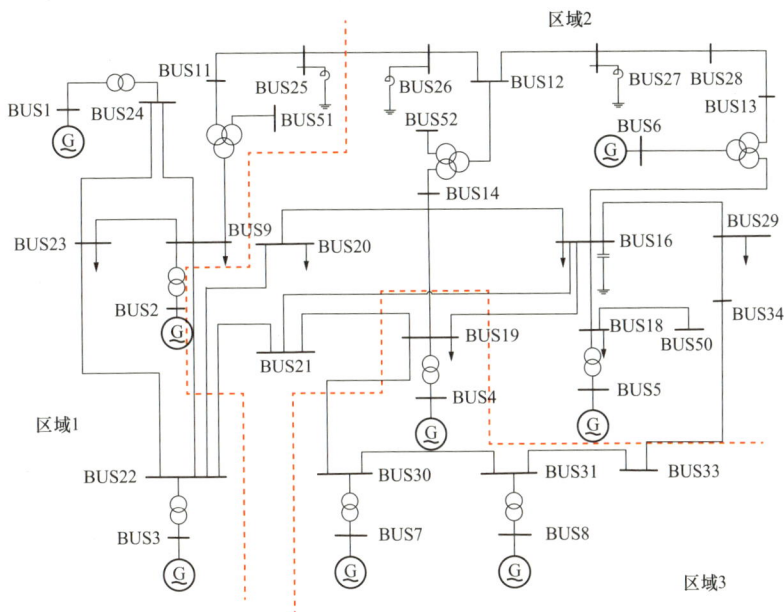

图5-13 CEPRI-36节点系统接线图

为了产生包括断面特征的大量样本用于研究，本书基于安全域的概念，采用固定预想故障，不断改变潮流（运行点）进行暂态稳定计算仿真的方法。固定预想故障为：线路 BUS16-BUS20 在 $t=0$s 于线路 0% 处（即母线出线端）发生三相短路接地故障，故障持续 0.2s 后，切除该线路。不断改变运行点（潮流），从中随机选取 1000 个稳定样本、1000 个不稳定样本共 2000 个样本作为训练样本，从剩下的样本中选取 500 个稳定样本、500 不稳定样本共 1000 个样本作为测试样本。

分区方式如图5-13所示，区域1与区域2通过断面1相连，断面1由线路 BUS25-BUS26，BUS22-BUS20，BUS22-BUS21 构成，断面潮流方向以区域1流向区域2为正；区域2与区域3通过断面2相连，断面2由线路 BUS19-BUS21，BUS19-BUS14，BUS19-BUS16，BUS33-BUS34，以区域3流向区域2为正。

统计各区域初始特征，区域 1 共有 78 个初始特征，区域 2 共有 136 个初始特征，区域 3 共有 50 个初始特征，此外还有断面 1、断面 2 的有功无功共 4 个特征。需要注意的是，区域间联络线两端的有功、无功同时属于两侧区域，所以最终共有 268 个初始特征用于进行特征选择。其中联络线上的特征量出现多次，这恰好能用于检验本书所提出的特征选择方法是否能够有效去除冗余特征。

（2）方法验证。基于同一种分类算法，同一组样本数据，利用基于不同特征集合训练的分类器的分类准确率的高低来衡量该特征集合包含系统潮流信息的多少。同时基于电力系统本身区域内联系强，区域间联系弱的特点，本书提出了先分区域筛选再汇总的算法流程。

为了验证该算法的有效性，本节利用不同的特征集合训练分类器进行对比；为了验证算法的适用性，针对每种特征集合，对不同的特征集合的说明如表 5-3 所示，其中 S^n 表示区域 n 中经过本书提出特征选择方法筛选出的与既定断面特征 CS^n 具有较好组合效应的特征子集，$CS^n \subset S^n$，FS 是将以上各区域得到的特征子集汇总后再次筛选得到的代表全网的特征子集，也是整个 Filter 阶段最终得到的特征子集。本节选用 5 种不同的分类算法训练分类器，如表 5-4 所示。

表 5-3   特征集合说明

特征集合编号	特征集合说明	特征
CASE1	区域 1 全部特征 + 断面 1 特征	共计 78+2=80 个
CASE2	S^1	共计 22+2=24 个
CASE3	区域 2 全部特征 + 断面 1 特征 + 断面 2 特征	共计 136+2+2=140 个
CASE4	S^2	共计 38+2+2=42 个
CASE5	区域 3 全部特征 + 断面 2 特征	共计 50+2=52 个
CASE6	S^3	共计 22+2=24 个
CASE7	全网全部特征 + 断面 1 特征 + 断面 2 特征	共计 236+2+2=240 个

续表

特征集合编号	特征集合说明	特征
CASE8	$S^1 \cup S^2 \cup S^3$	共计 76 个
CASE9	FS	线 路：AC30_Qi；AC12 _Pi；AC31_Qi；AC10 _Pj；AC10 _Qi；AC30 _Pi； AC31 _Pi；AC11 _Pj；AC34 _Qi；AC23 _Qi；AC28 _Pi；AC23 _Pj；AC35 _Pj； AC16 _Pj；AC42 _Pj；AC27 _Pi；AC27 _Qj；AC28 _Qi；AC42 _Pi；AC44 _Pi； 母线：BUS22_V；BUS34_V；发电机：BUS5_Q；BUS6_P； 负荷：BUS29308_Q；断面：断面 1_P；断面 1_Q；断面 2_P；断面 2_Q； 共计 30 个

表 5-4   分类算法说明

算法编号	分类算法	算法参数设置
算法 1	SVM，线性核函数	C=1.0
算法 2	SVM，多项式核函数	C=1.0，E=3，γ =1
算法 3	SVM，RBF 核函数	C=1.0，γ =0.01
算法 4	决策树	C=0.25，M=2
算法 5	随机森林	M=10，d=0

分别基于 CASE1-CASE9 的特征集合，利用表 5-4 中的分类算法及设置的样本进行训练，并用相同的测试集进行测试，共计 45 组实验情境。

区域 1 中的原有特征 78 个，利用本书提出的算法选择出 24 个特征与断面 1 的 2 个特征组合成 S^1，用于代表区域 1 中的潮流信息。区域 2、区域 3 同理。可以认为 S^1、S^2、S^3 是各区域特征精简后的特征子集。将 3 个区域的特征子集汇总成全网的特征子集 $S^1 \cup S^2 \cup S^3$，再次筛选，是为了去除区域间特征的冗余，得到 72 个特征与断面 1、断面 2 的 4 个特征组合构成 FS，则 FS 为通过 Filter 阶段筛选，能够提供尽可能多的全网潮流信息的特征子集。全网 Filter 阶

段筛选出的特征 FS 的分布如图 5-14 所示。

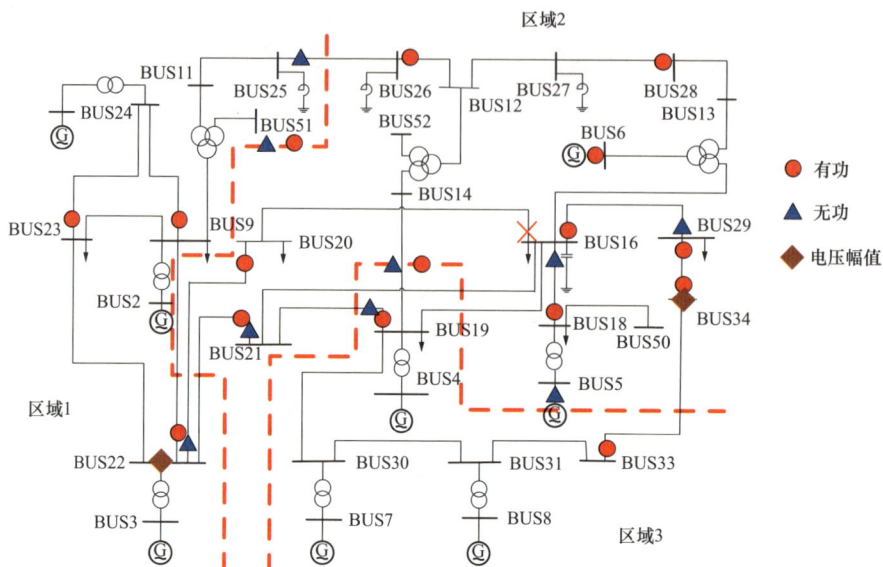

图 5-14　全网 Filter 阶段筛选出的特征 FS 的分布

进一步的，为了避免单次训练结果具有偶然性，每组实验均进行 10 次，取 10 次训练的准确率的平均值，实验结果如表 5-5 所示。

表 5-5　　　　　　　　　　45 组实验情境分类正确率结果

	算法 1	算法 2	算法 3	算法 4	算法 5
CASE1	86.60	92.85	79.04	81.93	83.09
CASE2	86.29	92.53	76.56	81.76	84.79
CASE3	93.00	97.63	89.43	92.59	93.07
CASE4	92.46	97.29	85.59	90.63	93.29
CASE5	90.18	93.25	71.76	80.84	84.59
CASE6	89.13	92.81	67.62	80.62	84.82
CASE7	93.22	96.60	90.19	93.09	92.60
CASE8	92.89	97.10	87.01	90.78	92.57
CASE9	92.47	97.01	84.18	91.01	93.21

将以上 45 组实验的结果分为以下对比情况：

　　本书中将特征子集的十次训练的平均分类准确率作为衡量其所含系统稳定信息含量的标准。从图 5-15 中每幅图来看，各区域筛选后的特征子集包含的信息与原始全部特征包含的信息相差无几，甚至在随机森林算法中出现了特征子集的分类准确率高于全部特征的情况。图 5-16 也可以反映这一点。横向来看，区域 2 中的特征的分类准确率较高，这是符合电力系统的一般认识的，因为故障发生在区域 2 中，与区域 2 内的各变量的联系更为紧密。除了在以 RBF 为核函数的 SVM 算法中，筛选出的特征子集效果不够好外，其他算法中的结果都证明了本书筛选出的特征子集有效去除了冗余，且保留了高信息含量。

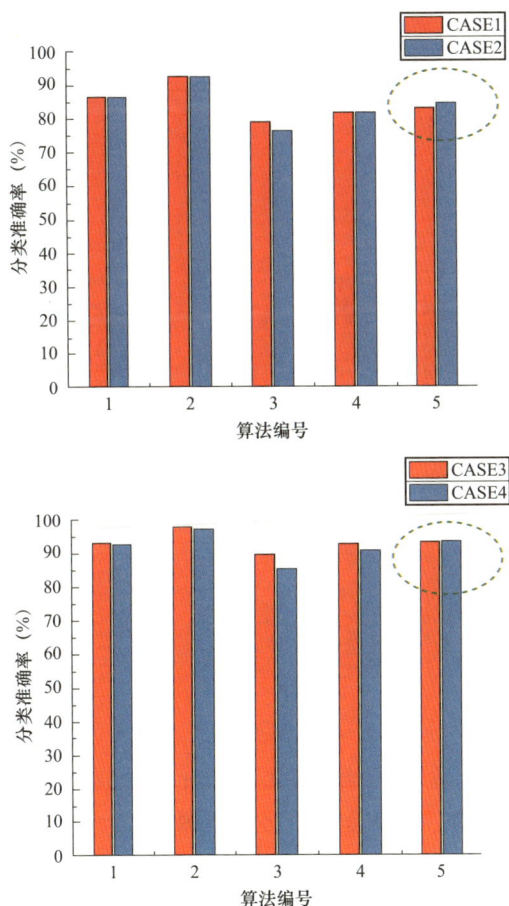

图 5-15　各区域筛选出的特征子集与原区域全部特征分类准确率比较（一）

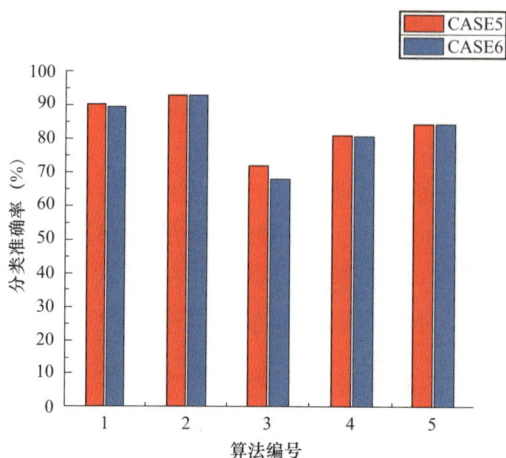

图 5-15　各区域筛选出的特征子集与原区域全部特征分类准确率比较（二）

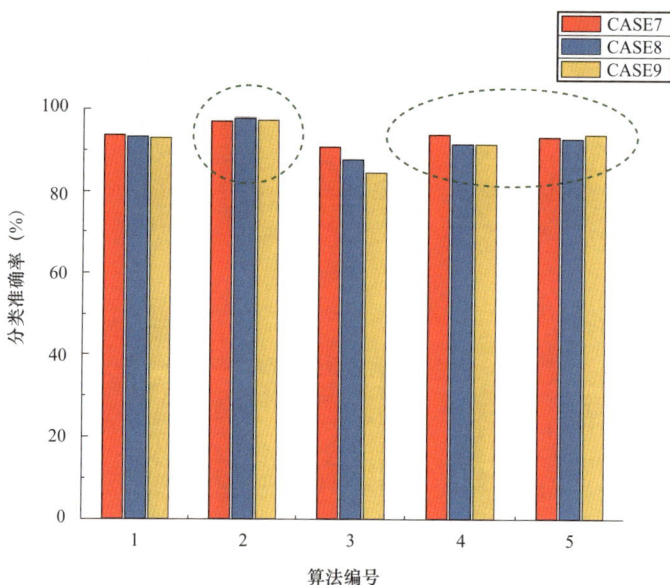

图 5-16　全网初筛特征子集、Filter 阶段最终特征子集与
全网全部特征分类准确率比较

　　进一步的，将表 5-6 所示的 4 种 Filter 模型的特征选择算法与 Wrapper 算法（线性核函数 SVM）相结合，采用前向序列搜索方法，依次向 4 个断面特征构成的初始特征集合中增加特征。分类准确率结果如图 5-17 所示。

表 5-6 特征选择算法说明

	算法介绍	筛选出的特征说明（Wrapper 阶段候选特征）
特征选择算法 1	Relief	4 个断面特征 + 前 26 个非断面特征
特征选择算法 2	InfoGain	4 个断面特征 + 前 26 个非断面特征
特征选择算法 3	Correlation	4 个断面特征 + 前 26 个非断面特征
特征选择算法 4	本书算法	共从 268 个特征中筛选出了 30 个特征，包含 4 个断面特征

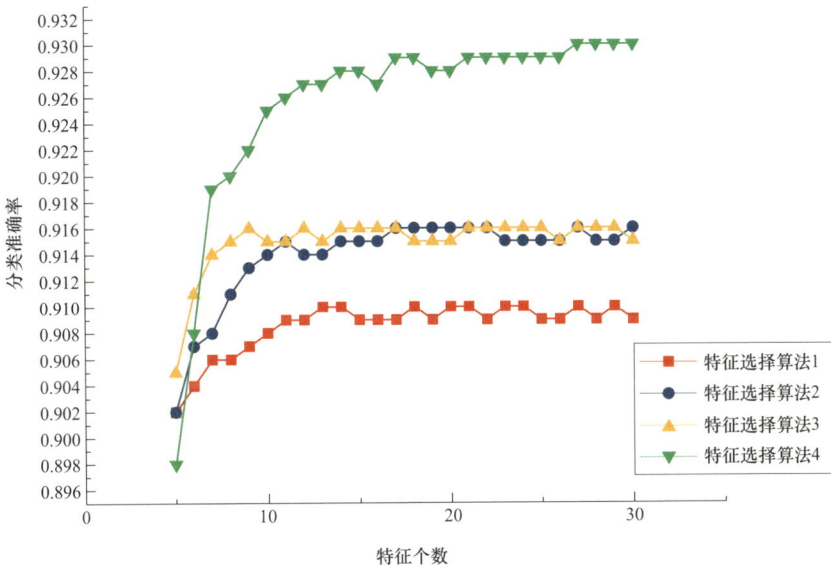

图 5-17　不同 Filter 算法 +Wrapper 算法筛选出的特征子集的分类准确率比较

从以上结果可以看出，本书提出的算法较其他三种算法的分类准确率是最高的，说明本书提出的算法确实能够获取与断面特征有很好组合效应的特征共同构成关键特征集合。

此外，从图 5-17 的结果可以看出，当特征子集中的特征数目低于 10 时，分类准确率增长较快，而特征数目高于 10 时，特征的增加并不会给准确率的提高带来更多优势，趋于饱和。由此，本书中 Wrapper 阶段的停止条件可以选择为准确率增加至低于 0.001。

5.2.3　基于 Boosting 算法和嵌入式方法的关键特征选择方法

基于 Boosting 算法和嵌入式方法的电力系统关键特征选择方法有两方面的优势，首先在模型中融合 Boosting 算法通过叠加获得强学习器的性能，使得分类性能相较于一般的 SVM 等方法产生了大幅度提高；同时，采用嵌入式方法的筛选逻辑，不需要反复对特征集合进行迭代，远远降低了对应的筛选过程搜索空间；因此，使用这样并行化的训练方式可以大幅提高特征筛选的效率。

5.2.3.1　Boosting 算法

根据训练逻辑的不同，Boosting 算法又可以分为自适应提升 Boosting 算法和梯度提升 Boosting 算法。

自适应提升 Boosting 算法（AdaBoost）主要通过自适应加速，实时对所有权重进行重新分配。具体来说，自适应提升 Boosting 算法首先用基础模型对原始数据集进行预测，然后为每个观察结果提供相等的权重。而在更新的过程中，出现错误的观察结果会被给予更高的权重和关注。自适应提升 Boosting 算法的流程可以做以下的描述，如果输入为二分类数据集，即输入为

$$T = (x_1, y_1), (x_2, y_2), \cdots, (x_N, y_N) \tag{5-32}$$

式中：每个样本都包含了特征和对应的标签输出，实例 $x_i \in X \subset R^n$，标记 $y_i \in Y = \{-1, +1\}$，X 是对应的实例空间，而 Y 则是标签 Label 集合，则 AdaBoost 会通过从训练数据中按顺序训练基分类器并组合的方法最终得到一个强分类器。具体的学习过程可以描述如下：

（1）对输入数据的权值分布函数进行初始化，对应的公式为

$$D_1 = (w_{11}, \cdots, w_{1i}, \cdots, w_{1N}), w_{1i} = \frac{1}{N}, i = 1, 2, \cdots, N \tag{5-33}$$

（2）对 $m = 1, 2, \cdots, M$，使用 D_m 训练数据集进行学习并生成对应的基分类器，记为

$$G_m(x) : X \to \{-1, +1\} \tag{5-34}$$

（3）计算 $G_m(x)$ 在已知的训练集所得到的分类误差指标 e_m

$$e_m = P[G_m(x_i) \neq y_i] = \sum_{i=1}^{N} w_{mi} I[G_m(x_i) \neq y_i] \tag{5-35}$$

（4）计算 $G_m(x)$ 的系数 α_m

$$\alpha_m = \frac{1}{2} \ln \frac{1 - e_m}{e_m} \tag{5-36}$$

（5）进一步地对训练数据集的权值分布进行一次更新，则有

$$D_{m+1} = (w_{m+1,1}, \cdots, w_{m+1,i}, \cdots, w_{m+1,N})$$

$$w_{m+1,i} = \frac{w_{mi}}{Z_m} \exp[-\alpha_m y_i G_m(x_i)], i = 1, \cdots, N \tag{5-37}$$

在式（5-37）中的 Z_m 是使 D_{m+1} 成为一个概率分布的规范化因子，对应的

完整定义如下

$$Z_{\mathrm{m}} = \sum_{i=1}^{N} w_{\mathrm{mi}} \exp\left[-\alpha_{\mathrm{m}} y_i G_{\mathrm{m}}(x_i)\right] \quad (5-38)$$

（6）在上一步的基础上线性组合基分类器可以得到

$$f(x) = \sum_{m=1}^{M} \alpha_m G_m(x) \quad (5-39)$$

（7）则最终分类器的表达式为

$$G(x) = \mathrm{sign}[f(x)] = \mathrm{sign}\left[\sum_{m=1}^{M} \alpha_m G_m(x)\right] \quad (5-40)$$

输出为：最终分类器 $G(x)$。

而梯度提升 Boosting 算法（GBDT）是以决策树为基函数的提升方法，提升树模型可以表示为决策树的加法模型，如

$$f_{\mathrm{M}}(x) = \sum_{m=1}^{M} T(x; \theta_{\mathrm{m}}) \quad (5-41)$$

式中：$T(x; \theta_{\mathrm{m}})$ 表示决策树；θ_{m} 为决策树的相关参数；M 则为树的个数。

梯度提升 Boosting 算法的一般流程可以做以下的描述。

输入

$$T = (x_1, y_1), (x_2, y_2), \cdots, (x_{\mathrm{N}}, y_{\mathrm{N}}) \quad (5-42)$$

式中：每个样本都包含了特征和对应的标签输出，实例 $x_i \in X \subset R^{\mathrm{n}}$，标记 $y_i \in Y = \{-1, +1\}$，X 是对应的实例空间，而 Y 则是标签 Label 集合，具体的学习过程为

1）初始化

$$f_0(x) = \arg\min_c \sum_{i=1}^{N} L(y_i, c) \quad (5-43)$$

2）对 $m=1$，2，$\cdots$，M，分别对 $i=1$，2，$\cdots$，N，计算

$$r_{\mathrm{mi}} = -\left[\frac{\partial L[y_i, f(x_i)]}{\partial f(x_i)}\right]_{f(x)=f_{\mathrm{m-1}}(x)} \quad (5-44)$$

对 r_{mi} 按照回归树进行拟合运算，可以获得第 m 棵树的叶结点输出结果 R_{mj}，$j=1$，$\cdots$，J，在此基础上进一步计算：

$$c_{\mathrm{mj}} = \arg\min_c \sum_{x_i \in R_{\mathrm{mj}}} L[y_i, f_{\mathrm{m-1}}(x_i) + c] \quad (5-45)$$

更新为

$$f_{\mathrm{m}}(x) = f_{\mathrm{m-1}}(x) + \sum_{j=1}^{J} c_{mj} I\left(x \in R_{mj}\right) \tag{5-46}$$

3）得到最终的集成回归树，如

$$\hat{f}(x) = f_{\mathrm{M}}(x) = \sum_{m=1}^{M} c_{mj} I\left(x \in R_{mj}\right) \tag{5-47}$$

输出：回归树 $\hat{f}(x)$。

梯度提升 Boosting 算法相比现在主流的深度学习中使用的梯度下降方法，其可扩展性更强，可以使用多样化的弱学习器进行充分的模型融合，不依赖于具体的模型结构，对解决电力系统安全稳定问题具有很好的适用性。

进一步的，采用工业领域应用效果较好的梯度提升 Boosting 方法 Xgboost 算法，其核心算法思路为在模型中持续添加回归树对现有预测的残差进行拟合进而获得最优的整体表现，Xgboost 相较于普通的梯度提升 Boosting 算法主要从损失函数和树结构上进行了改良。

（1）损失函数。在 Xgboost 模型中通过近似的方法将损失函数进行二阶泰勒展开，在第 t 次迭代可以得到式（5-48）

$$Obj^{(t)} \simeq \sum_{i=1}^{n}\left[l\left(y_i, \hat{y}_i^{(t-1)}\right) + g_i f_t\left(x_i\right) + \frac{1}{2} h_i f_t^2\left(x_i\right)\right] + \Omega\left(f_t\right) \tag{5-48}$$

此时在训练过程中，由于在 $t-1$ 步已经计算出相关的已知值，所求的目标函数变为

$$Obj^{(t)} \simeq \sum_{i=1}^{n}\left[g_i f_t\left(x_i\right) + \frac{1}{2} h_i f_t^2\left(x_i\right)\right] + \Omega\left(f_t\right) \tag{5-49}$$

该式说明在计算时只需要对每一步的损失函数求解其一阶导数和二阶导数的值即可得到每一步的 $f(x)$，简化了计算的过程。

（2）树结构。对于单棵决策树，主要由表征叶子结点权重的向量 w 和从单个样本到目标叶子结点之间的映射关系 q 组成，即有

$$f_t(x) = w_{q(x)}, w \in R^{\mathrm{T}}, q: R^{\mathrm{d}} \to \{1, 2, \cdots, T\} \tag{5-50}$$

单棵决策树的叶子节点越少意味着对应的模型越简单，同时为了防止叶子结点的权重过高，Xgboost 在目标函数中加入由所有决策树叶子数量和所有结点权重所组成的正则化项。

$$\Omega\left(f_t\right) = \gamma T + \frac{1}{2} \lambda \sum_{j=1}^{T} w_j^2 \tag{5-51}$$

在此基础上，如果将每个叶子结点所有的样本划入单个集合，则可以将目

标函数进一步修改为

$$Obj^{(t)} \simeq \sum_{j=1}^{T}\left[\left(\sum_{i\in I_j}g_i\right)w_j + \frac{1}{2}\left(\sum_{i\in I_j}h_i + \lambda\right)w_j^2\right] + \gamma T \qquad （5-52）$$

进一步定义 G_j 和 H_j 分别为叶子结点 j 所包含样本的一阶偏导数累加和与二阶偏导数累加和，并代入式（5-52），可以得到

$$Obj^{(t)} = \sum_{j=1}^{T}\left[G_j w_j + \frac{1}{2}\left(H_j + \lambda\right)w_j^2\right] + \gamma T \qquad （5-53）$$

该式则变为只包括叶子结点权重的一元二次函数，且由于各个叶子节点之间相互独立，则最值在每一个叶子结点的表达式中都取到最值点时获得，即最优权重为

$$w_j^* = -\frac{G_j}{H_j + \lambda} \qquad （5-54）$$

此时对应的目标函数变为

$$Obj = -\frac{1}{2}\sum_{j=1}^{T}\frac{G_j^2}{H_j + \lambda} + \gamma T \qquad （5-55）$$

通过这样对树结构的重新调整实现了目标函数求解的大幅优化。

5.2.3.2　嵌入式算法

嵌入式特征选择方法的思路和核心优势是：如果能将特征选择过程包含在机器学习模型训练本身的过程，则会在更短的时间内为该模型提供更好的特征筛选结果。

具体来说，在嵌入式方法中，特征选择算法作为学习算法的一部分进行集成，对应的学习算法利用其自己的变量选择过程，同时执行特征选择和分类/回归，所以也可以认为嵌入式方法结合了筛选器和包装器方法的特性。

最常见的嵌入式方法是决策树相关的算法，如随机森林，极度随机树等。基于树的算法在生长过程的每个递归步骤中选择一个特征进行生长，并依据此将样本集划分为较小的子集，节点中特征的使用情况因此成为重要程度的有效度量，直接建立了特征和目标之间的关联。另一种嵌入式方法与正则化相关，即在现有的线性模型中加入具有 L1 惩罚项的 LASSO、具有 L2 惩罚项的 Ridge 或者同时兼有 L1 和 L2 惩罚项的弹性网络等，利用梯度下降的方向实现将非关键特征权重降低为 0 的效果，从而在被动过程中实现了特征的筛选和剔除。

5.2.3.3　基于 Xgboost 和嵌入式方法的特征选择方法

将 Xgboost 模型和嵌入式方法进行结合，则对于单个特征的评价主要依赖

于树生长过程中所使用的特征次数或者带来的增益，并按照 Boosting 算法中具有差异性的权重进行最终求和，从而得到对于特征的描述和排序。下面对算法进行详细描述。

输入：数据输入特征集合 D

输出：包含前 N 个系统关键特征的最优特征子集 S

算法过程：

（1）对集合进行初始化。设定原始特征集合 $F=D$，备选集合 $S1=D$，已选集合 $S2=\varnothing$。

（2）剔除无差异特征。计算并剔除 F 中方差为 0 的特征，其本身不存在有效性，对集合 $S1$ 进行更新为 F。

（3）Xgboost 模型训练。以 $S1$ 为输入进行基于十折交叉验证法的 Xgboost 模型训练，嵌入式得到模型的最优结果。

（4）特征重要性排序。对 $S1$ 中的特征按照重要性指标的降序排列。

（5）特征剔除。删除 $S1$ 中排名靠后的 30% 特征，将 $S2$ 更新为 $S1$。

（6）特征数量判断。判断此时 $S2$ 中的关键特征数量是否满足 N 的阈值要求，如果是则输出 $S2$ 为最优特征子集 S，否则重新进入步骤（3）。

图（5-18）给出了基于 Xgboost 模型和嵌入式方法的特征选择算法的流程图。

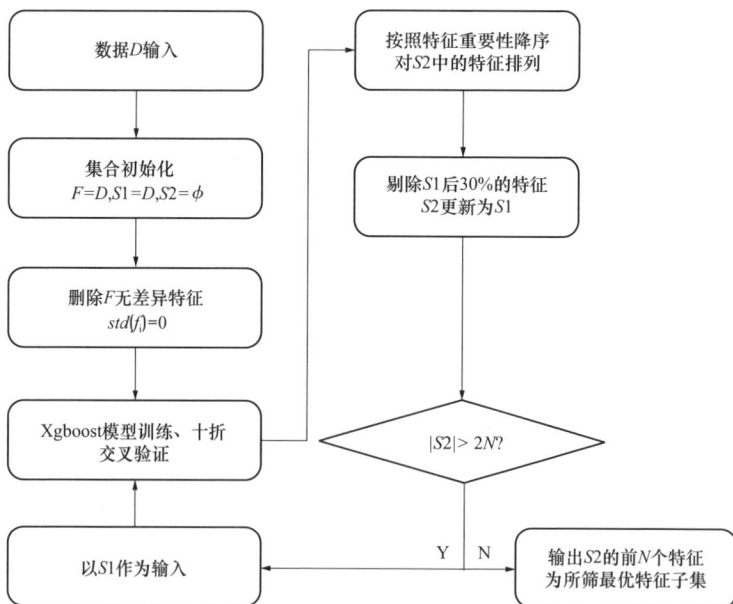

图 5-18　基于 Xgboost 模型和嵌入式方法的特征选择算法

5.2.2.4 算例分析

（1）系统及样本。利用 IEEE-39 节点标准算例对本章所提出的方法进行研究和分析，IEEE-39 节点系统的接线图如图 5-19 所示。该系统的基准功率为 100MVA，系统的具体组成包括发电机 10 台，线路 34 条，变压器 12 个，负荷 19 个。在样本选择上，重点关注特征的使用和筛选结果，输入样本中的 228 个特征对应潮流计算后的系统物理量，在工程实际中具有良好的可观测性。

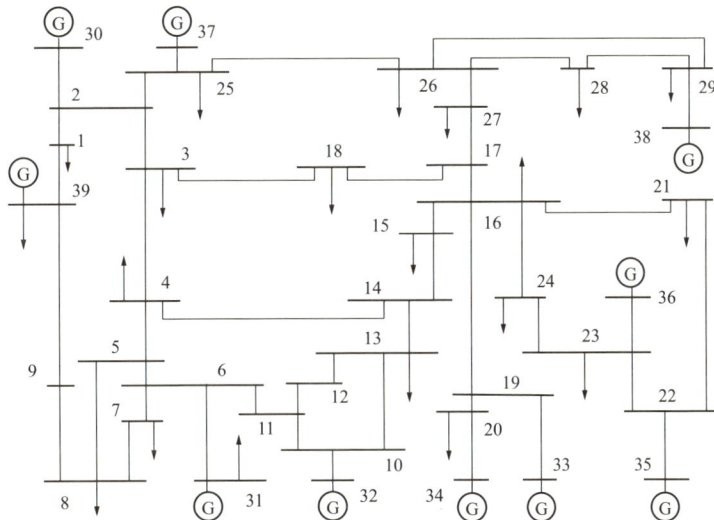

图 5-19　IEEE-39 节点测试系统接线图

（2）方法验证。为了进一步观察，在系统的图上标注出关键特征筛选的结果，分别表示出故障发生位置，关键母线筛选特征和关键线路的筛选特征，具体的可视化结果如图 5-20 所示。

可以看到，关键特征的筛选结果主要三部分构成：

1）与故障发生位置距离较近的母线和线路特征。这些关键特征分布在故障周围，对安全稳定分析有着较为明显的影响，其中又以附近的发电机母线相关的特征为主，体现了筛选结果比较符合直观经验的部分。

2）全局的系统负荷水平和区域负荷水平。这些特征同样表征了系统的运行状态空间和区域的工况，对安全稳定分析的影响较为明显，体现出分区判断和整体运行点对于安全稳定分析的关键作用，符合较为深层次的物理逻辑。

3）物理距离较远的关键母线和线路特征。以母线 38 的有功出力和无功出力为例，这一母线的位置较远，但是对应的特征重要程度排名很高，作为关键性的发电机母线，在系统的整体安全稳定运行的非线性关系中作用明显。这一类特征的筛选结果，充分体现出本部分所提出的方法是非常有效的，能够充分利用自己的优势对现有的分析方法提出较多的补充信息。

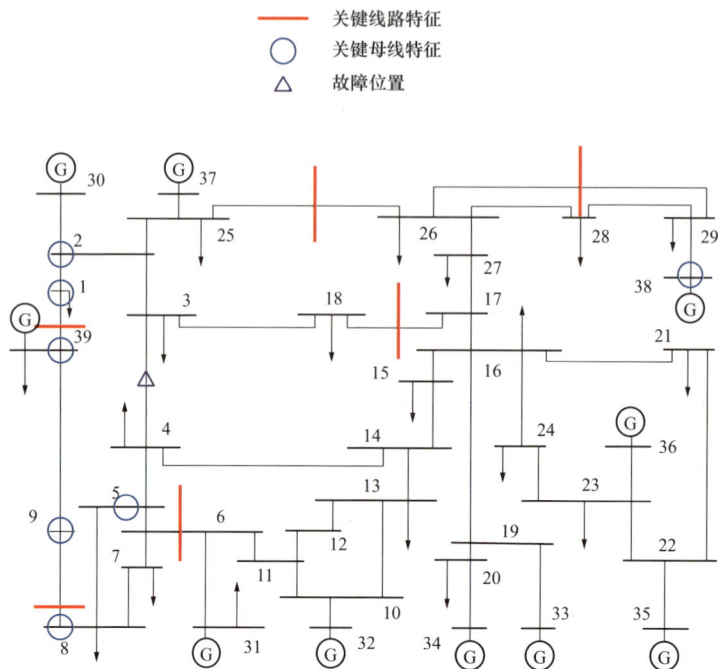

图 5-20　IEEE-39 节点系统关键特征可视化分布图

图 5-21 对比有关文献所提出的两阶段特征选择算法，筛选出数量同样为 30 的特征子集，并分别采用线性核函数的 SVM 和 Xgboost 模型，分析验证集分类准确率随特征数量依次增加后的表现情况如图 5-21 所示。

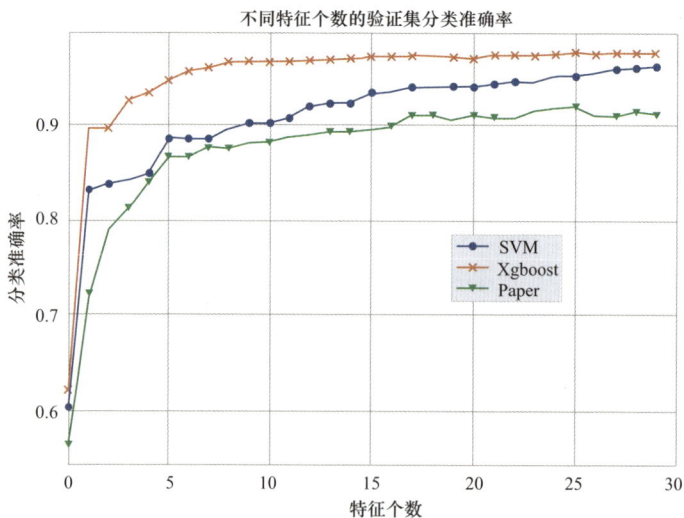

图 5-21　不同特征个数下的算法验证集分类准确率对比

可以看到，首先本书筛选出的特征具有明显的预测优势，在判断安全稳定问题方面，即使使用相同的分类模型 SVM，其对应的效果也要高过文献所筛选出来的特征相关的结果，这充分说明了筛选结果的有效性。其次，在对比普通的支持向量机模型和本章所使用的基于 Boosting 算法的 Xgboost 模型方面，也可以看到使用相同的输入特征，Xgboost 模型能够更加准确地对安全稳定的结果进行预测，对应着更好的准确率指标，这对于提升安全稳定分析的有效性具有十分重要的意义。另外可以发现，随着特征数量的提高，对分类效果所带来的边际提升在不断地削弱，这也是符合关键特征集合以及筛选算法原理的结果，也从侧面说明了只需要使用小部分关键的特征，就可以实现任务结果方面较好程度的拟合，在实际的工程和操作中可以极大地提升效率。

进一步的，从输入降维可视化的角度进行分析，使用无监督学习的 T–SNE 算法，把高维数据转化为二维或三维数据从而可以通过散点图展示的方法，尽可能多地在低维空间保留高维数据的关键结构。分别使用原始的全部输入特征进行无监督降维和使用筛选得到的关键特征集合进行无监督降维，所得的结果如图 5–22 和图 5–23 所示。注意这里为了表示清晰，只显示了 1000 个样本所表示的代表性结果。

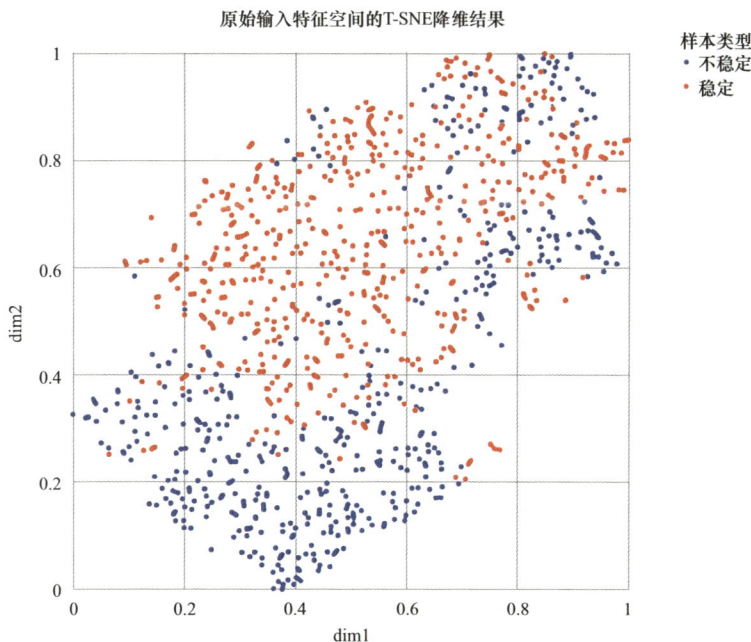

图 5-22　原始输入特征空间的降维可视化图

筛选后输入特征空间的T-SNE降维结果

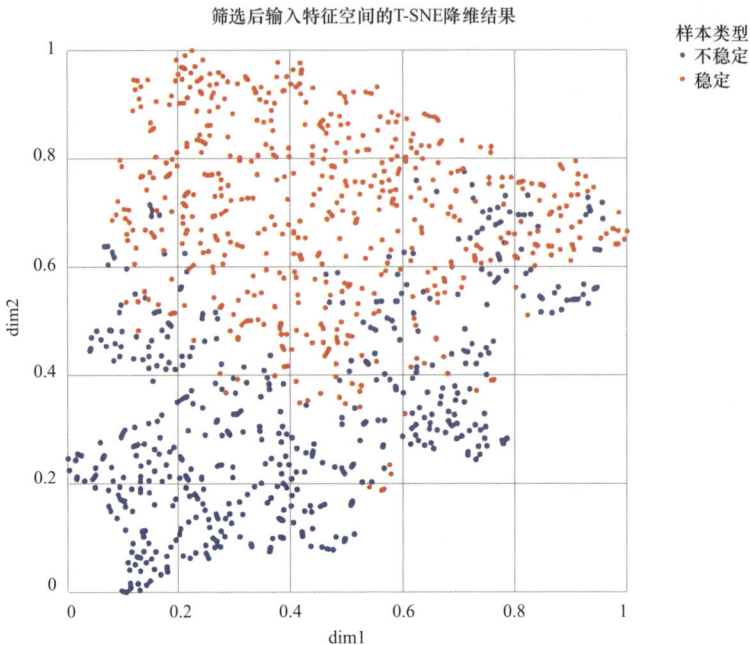

图 5-23　关键特征输入空间的降维可视化图

对比两张图可以看到本部分筛选所得关键特征结果的有效性。原始的样本由于输入的维度过高，在低维空间几乎是混杂在一起，直观上呈现相互交织的状况，此时对于任何的分类模型其预测效果必会大打折扣，使用简单的人工计算式进行近似则会损失很多关键信息。而筛选后的特征集合降维结果中，稳定和不稳定的两类样本几乎只在交错部分有一定的重合，呈现出来的边界特性较为明显，经过非线性关系抽取的学习器进行进一步学习则能对两类样本做出比较好的区分，同时所需要的计算空间也会大大减少。

5.2.4　基于 LightGBM 模型的组合式特征选择方法

将 LightGBM 算法用于特征选择算法进行预筛选特征，通过与 Wrapper 的组合式特征选择算法，能够有效筛选保留原始信息的特征子集，在较少的特征子集下也能表现出很好的分类性能。

5.2.4.1　LightGBM 算法

轻量级梯度提升机（LightGBM）算法是一种基于决策树的集成学习算法，于 2017 年被提出，是基于梯度增强决策树（GBDT）模型的提升版本。在原理中放弃了 GBDT 的预排序算法，选用直方图算法进行代替，使得算法的速度和效率得以大大提升。

其中直方图算法是将原本连续的特征值进一步离散成 k 个整数特征值，并给每个特征构造一个相应的直方图。算法训练时只需在直方图中基于离散值来寻找最优分割点，如图 5-24 所示。尽管基于离散值寻找到的分割点是粗糙的，并非最优的准确分割点，但由于决策树本身是一个弱模型，这使得分割点的准确与否并非十分重要，甚至粗糙的分割点有正则化效果进而可以有效防止过拟合。直方图的采用使 LightGBM 算法在训练中不需存储预排序之后的结果，使得内存占用大大减小；计算次数由 $N_{data} \times N_{feature}$ 变为 $k \times N_{feature}$，时间复杂度也大大降低。

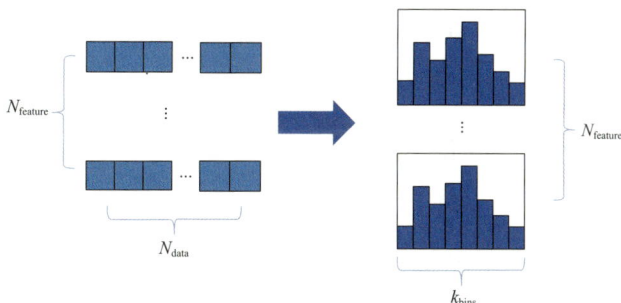

图 5-24　直方图算法示意图

同时在直方图算法中，某一节点的直方图可由相邻节点的直方图作差得到，避免了遍历所有数据构造直方图，使得效率进一步得到提升，如图 5-25 所示。

图 5-25　直方图作差加速示意图

5.2.4.2　基于 LightGBM 模型的组合式特征选择方法

该算法是利用 LightGBM 算法筛选出的初步特征子集，然后在 SVM 分类器中获取关键特征子集。这里给出基于 LightGBM 模型的组合式特征选择算法流程，如图 5-26 所示。

首先将原始特征输入 LightGBM 算法中进行训练，然后将其训练过程中特征的使用次数及对结果的总增益作为特征重要性指标来进行初步特征选择，最后再结合 Wrapper 算法获取最终特征子集。

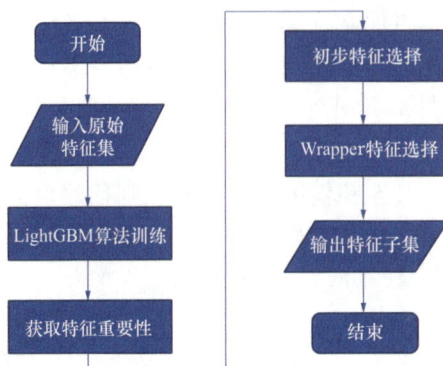

图 5-26 基于 LightGBM 的组合式特征选择算法

5.2.4.3 算例分析

（1）系统及样本。算例采用有关文献中的 CEPRI-36 节点系统，系统接线图如图 5-27 所示。

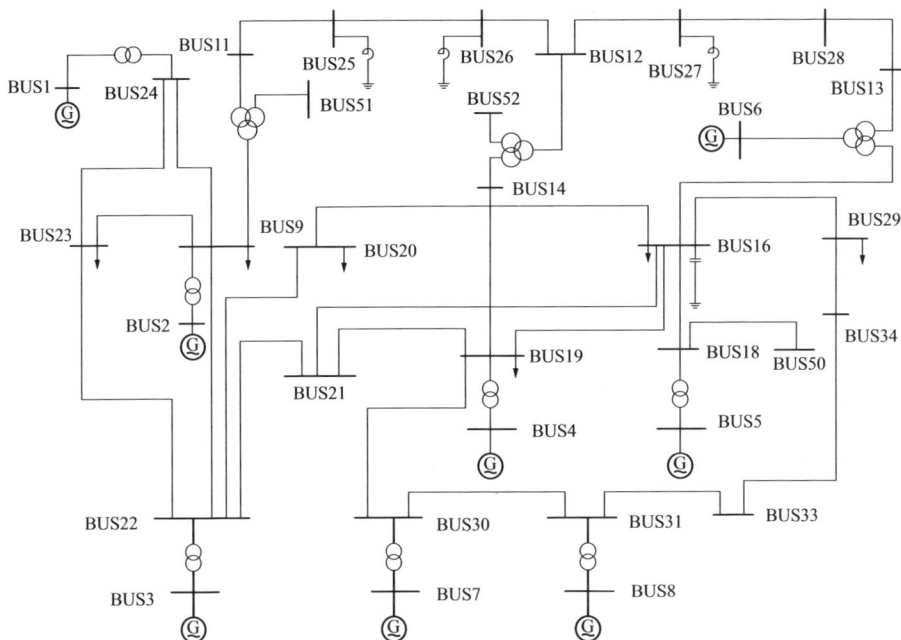

图 5-27 CEPRI-36 节点测试系统接线图

该系统包含 8 台发电机，32 条线路，10 个负荷。样本集也与该文献采用的样本一致。预设故障为：线路 BUS16-BUS20 在 0s 时于线路首端（即母线出线端）发生三相短路故障，0.2s 后切除该线路。通过改变运行点（发电机有功出力、负荷变化范围为 80% ~ 120%）对故障后 5s 内系统暂态过程进行仿真。以节点的注入有功、无功功率，母线的电压幅值和相角为初始特征，暂稳与否为标签，共生成 8000 个样本。样本中共有 228 个初始特征，5407 个稳定样本和 2593 个失稳样本。

（2）方法验证。随机选取 70% 的样本作为训练集，剩下 30% 样本作为测试集。以准确率为评价指标，通过网格搜索和五折交叉验证寻找最优参数，对支持向量机（SVM）、随机森林（RF）、K 近邻法（KNN）、逻辑回归（LR）、XGBoost 和 LightGBM 六种数据挖掘算法的分类效果进行测试，结果如表 5-7 所示。

表 5-7   不同数据挖掘算法的效率及准确率

模型	训练时间（s）	准确率（%）	
		训练集	测试集
SVM	18.745	96.32	95.38
RF	8.5978	100	96.45
KNN	3.6848	96.17	94.08
LR	2.875	96.48	95.21
XGBoost	13.400	99.98	96.92
LightGBM	0.8891	100	98.08

由表 5-7 结果可以看出，LightGBM 分类算法的训练时间远低于其他数据挖掘算法，同时分类性能在各种算法中表现也是最佳。这说明了 LightGBM 具有训练速度快、效率高、准确率高的显著优点。因此本书考虑将 LightGBM 算法用于衡量特征重要性并获取特征子集。

下面对 LightGBM 算法用于特征选择的有效性，即其是否能够筛选出保留原始特征信息的特征子集，进行验证。

这里先不考虑 Wrapper 过程，直接将 LightGBM 算法与其余四种 Filter 特征选择算法分别筛选出的 30 个特征子集送入支持向量机分类模型中进行性能测试，结果如表 5-8 所示。

表 5-8   不同特征选择算法 +SVM 模型的准确率

模型	分类准确率（%）	
	训练集	测试集
SVM（全部特征子集）	96.32	95.38

续表

模型	分类准确率（%）	
	训练集	测试集
PCA+SVM	86.33	85.83
MI+SVM	91.61	91.43
VT+SVM	93.93	93.66
Relief+SVM	90.80	90.75
LightGBM+SVM	96.28	96.24

在表 5-8 中，PCA 为主成分分析法，MI 为互信息法，VT 为方差选择法，Relief 为有关文献中使用的过滤式特征选择法。测试中，SVM 采用线性核函数，惩罚参数 C=100，各个模型中送入 SVM 训练的均为对应方法筛选出的 30 个特征。LightGBM 算法中参数设置为：max_depth = 8，num_leaves = 80，learning_rate = 0.01，feature_fraction = 0.5，bagging_fraction = 0.5，min_data_in_leaf = 20。

由表 5-8 可以看出，①基于 LightGBM 算法选择出的 30 个特征在 SVM 中的分类性能显著优于其他四种特征选择算法；②基于 LightGBM 算法选择出的特征训练子集和测试子集在 SVM 中的分类性与未进行特征选择时准确率相当甚至更高。这说明了 LightGBM 算法可以有效筛选出保留原始特征信息的特征子集，验证了其用于特征选择算法的有效性。

为进一步验证 LightGBM 特征选择算法的泛化性能即通用性，这里将其筛选出的 30 个特征分别送入表 5-7 中的其他几种数据挖掘算法中，得到各个算法的分类准确率测试结果如表 5-9 所示。

表 5-9　　　　　　　LightGBM 特征选择 + 不同算法的准确率

算法	分类准确率（%）	
	训练集	测试集
SVM	96.28	96.24
RF	100	97.38
KNN	96.91	95.04
LR	96.11	95.21
XGBoost	100	97.79

对比表 5-7 与表 5-9 中的结果，可以看出表 5-9 两个特征集下各种数据挖掘算法的准确率基本一致，且表 5-9 中各种算法的精度都很高。这说明了利用 LightGBM 作为特征工程选择出的特征较好地保留了原始特征集的特征信息，且通用性强，泛化性能高，改变学习器模型时不需重新进行特征选择。

这里对基于 LightGBM 算法的组合式特征选择算法进行进一步的性能测试。利用 LightGBM 初步筛选得到 30 个特征之后，再与 Wrapper 方法（采用线性核函数的 SVM）结合进行特征选择。Wrapper 法采用前向序列搜索算法，依次增加特征个数，获取不同特征个数情形下的分类准确率，如图 5-28 所示。

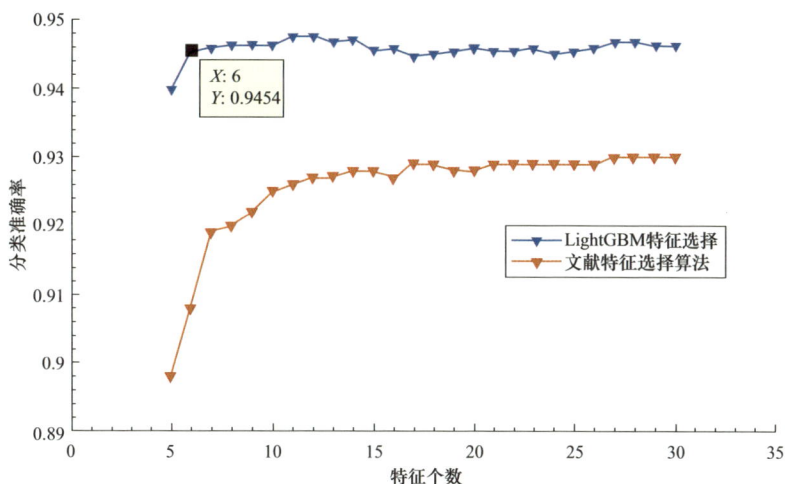

图 5-28 不同特征个数下的 SVM 分类准确率

图 5-25 中文献特征选择算法为有关文献中提出的考虑组合效应的特征选择算法，从图中可以看出：①该法作为特征选择算法时 SVM 的分类准确率明显高于文献算法；②在提出的特征选择算法中，当特征个数达到 6 个左右时，SVM 分类准确率即趋于平稳。这说明本书所提出的组合式特征选择算法可以在较少的特征子集下，使分类器表现出更好的分类性能，充分验证了该算法的有效性。

5.3 小结

本章节主要介绍电网安全属性特征选择方法的相关理论和方法实现。

在 5.1 中充分介绍特征选择的概况。在 5.2 中展开介绍基于人工智能和电力大数据技术的电网安全属性特征选择方法，包括：在 5.2.1 中，提出了一种考虑组合效应的关键特征选择方法，并将经实践检验能够体现一定因果关系的断面特征纳入初始候选特征中，筛选出能够提供补充信息的特征，以尽量少的特征提供尽可能多的潮流信息。在 5.2.2 中，提出了一种基于 Boosting 算法和嵌入式方法的关键特征筛选方法，更好地结合了电力系统本身的特征输入特性，在输入环节只保留了在调度监控中较为实用的特征类型，并且在精度、速度及方法的鲁棒性和一致性存在明显优势。在 5.2.3 中，提出了一种基于 LightGBM 模型的组合式特征选择方法，能够有效筛选保留原始信息的特征子集，并在较少的特征子集也能表现出较好的分类性能。进一步的，对于上述方法的实现，分别在系统算例上进行分析，并得到了实用性验证。

总的来说，本章节内容从基本概念、方法描述等内容入手，循序渐进，帮助读者由浅及深了解基于人工智能和电力大数据技术的电网安全属性特征选择方法，并通过算例分析让读者对方法有进一步生动的认识和理解。

参考文献

［1］ Fodor I K. A survey of dimension reduction techniques［J］. Ncoplasia, 2002, 7（5）:475–485.

［2］ Liu H, Yu L. Toward Integrating Feature Selection Algorithms for Classification and Clustering［J］. IEEE Transactions on Knowledge & Data Engineering, 2005, 17（4）:491–502.

［3］ Kononenko I. Estimating attributes：Analysis and extensions of RELIEF［J］. 1996, 784:171–182.

［4］ Sun Y, Li J. Iterative RELIEF for feature weighting：International Conference on Machine Learning, 2006［C］.

［5］ Dash M, Liu H. Consistency–based Search in Feature Selection［J］. Artificial Intelligence, 2003, 151（1–2）:155–176.

［6］ Wei H L, Billings S A. Feature Subset Selection and Ranking for Data Dimensionality Reduction［J］. Pattern Analysis & Machine Intelligence IEEE Transactions on, 2007, 29（1）:162–166.

［7］ Wang Z, Li M, Li J. A multi–objective evolutionary algorithm for feature selection based on mutual information with a new redundancy measure［J］. 2015, 307:73–88.

［8］ Amjady N, Keynia F. A new prediction strategy for price spike forecasting of day–ahead electricity markets［J］. 2011, 11（6）:4246–4256.

[9] N. A, F. K. Day-Ahead Price Forecasting of Electricity Markets by Mutual Information Technique and Cascaded Neuro-Evolutionary Algorithm [J]. 2009, 24 (1):306-318.

[10] Wang Q, Shen Y, Zhang Y, et al. Fast Quantitative Correlation Analysis and Information Deviation Analysis for Evaluating the Performances of Image FusionTechniques [J]. 2004, 53 (5):1441-1447.

[11] Peng H, Long F, Ding C. Feature Selection Based on Mutual Information: Criteria of Max-Dependency, Max-Relevance, and Min-Redundancy [J]. IEEE Transactions on Pattern Analysis & Machine Intelligence, 2005, 27 (8):1226-1238.

[12] Abedinia O, Amjady N, Zareipour H. A New Feature Selection Technique for Load and Price Forecast of Electrical Power Systems [J]. IEEE Transactions on Power Systems, 2016:1.

[13] Kwak N, Choi C H. Input feature selection for classification problems [J]. IEEE Transactions on Neural Networks, 2002, 13 (1):143.

[14] Kwak N, Choi C H. Input feature selection by mutual information based on Parzen window [J]. IEEE Transactions on Pattern Analysis & Machine Intelligence, 2002, 24 (12):1667-1671.

[15] Hoque N, Bhattacharyya D K, Kalita J K. MIFS-ND: A mutual information-based feature selection method [J]. Expert Systems with Applications, 2014, 41 (14):6371-6385.

[16] Bennasar M, Hicks Y, Setchi R. Feature selection using Joint Mutual Information Maximisation [J]. Expert Systems with Applications An International Journal, 2015, 42 (22):8520-8532.

[17] Salueña C, Avalos J B. Information-Theoretic Feature Selection in Microarray Data Using Variable Complementarity [J]. IEEE Journal of Selected Topics in Signal Processing, 2008, 2 (3):261-274.

[18] Hall M A, Holmes G. Benchmarking Attribute Selection Techniques for Discrete Class Data Mining [J]. IEEE Transactions on Knowledge & Data Engineering, 2003, 15 (6):1437-1447.

[19] Liu H, Liu L, Zhang H. Feature Selection Using Mutual Information: An Experimental Study [J]. 2008, 5351:235-246.

[20] Wang L, Zhu J, Zou H. Hybrid huberized support vector machines for microarray classification and gene selection. [J]. Bioinformatics,

2008, 24（3）:412.

［21］ Liu J, Ranka S, Kahveci T. Classification and feature selection algorithms for multi-class CGH data［J］. Bioinformatics, 2008, 24（13）:i86-i95.

［22］ Cortes C, Vapnik V. Support-Vector Networks［J］. Machine Learning, 1995, 20（3）:273-297.

［23］ 余贻鑫.电力系统安全域方法研究述评［J］.天津大学学报（自然科学与工程技术版）, 2008, 41（6）:635-646.

［24］ Cover T M, Thomas J A. Elements of information theory［M］. Tsinghua University Press, 2003.

［25］ Xue Y, Huang T, Li K, et al. An efficient and robust case sorting algorithm for transient stability assessment: IEEE Power & Energy Society General Meeting, 2015［C］.

［26］ 李鹏, 苏寅生, 李建设, 等.多维安全域下南方电网的方式计算探讨［J］.南方电网技术, 2011, 05（6）:112.

［27］ Dy-Liacco T E. Enhancing power system security control［J］. Computer Applications in Power IEEE, 1997, 10（3）:38-41.

［28］ 余贻鑫, 林济铿.电力系统动态安全域边界的实用解析表示［J］.天津大学学报（自然科学与工程技术版）, 1997（1）:1-8.

［29］ 刘云飞, 江全元, 陈跃辉, 等.基于 Adomian 分解方法的暂态稳定并行仿真研究［J］.机电工程, 2014, 31（5）:649-654.

［30］ 邓晖, 赵晋泉, 吴小辰, 等.基于受扰电压轨迹的电力系统暂态失稳判别（一）机理与方法［J］.电力系统自动化, 2013, 37（16）:27-32.

［31］ 王浩.电力系统静态电压安全域的研究［D］.天津大学, 2014.

［32］ 曾沅, 樊纪超, 余贻鑫, 等.电力大系统实用动态安全域［J］.电力系统自动化, 2001, 25（16）:6-10.

［33］ 余贻鑫, 冯飞.电力系统有功静态安全域［J］.中国科学:数学, 1990, 33（6）:664-672.

［34］ 余贻鑫, 董存, T LEE Stephen, 等.复功率注入空间中电力系统的实用动态安全域［J］.天津大学学报, 2006, 39（2）:129-134.

［35］ Wang Q, Shen Y, Zhang Y, et al. A quantitative method for evaluating the performances of hyperspectral image fusion［J］. IEEE Transactions on Instrumentation & Measurement, 2003, 52（4）:1041-1047.

[36] Wang Q，Shen Y，Zhang Y，et al. Fast quantitative correlation analysis and information deviation analysis for evaluating the performances of image fusion techniques [J] . IEEE Transactions on Instrumentation & Measurement，2004，53（5）:1441–1447.

[37] 吴双，胡伟，张林，等.基于AI技术的电网关键稳定特征智能选择方法 [J] .中国电机工程学报，2019，39（1）:14–21+316. DOI:10.13334/j.0258–8013.pcsee.180871.

[38] Ke G，Meng Q，Finley T，Wang T，Chen W，Ma W et al. LightGBM：a highly efficient gradient boosting decision tree [C] // Advances in Neural Information Processing Systems 30（NIP 2017）. 2017:3146–3154.

[39] 张鹏.基于数据挖掘的电网实用动态安全域研究 [D] .清华大学，2017.

[40] Zhang P，Hu W ，Liu X，et al. Study on practical dynamic security region of power system based on big data [C] 2017 12th IEEE Conference on Industrial Electronics and Applications（ICIEA）. IEEE，2017：1996–1999，doi：10.1109/ICIEA.2017.8283165.

6

安全域概念下的电网安全评估方法

6.1 简介

随着电网特性的越来越复杂，拓扑结构的复杂和受控元件的激增使得大电网运行的安全特征和规律越来越难以全面把握，由于电网互联程度的提高，导致一旦发生某事故，很有可能波及全网，造成大停电事故，因此又对电网的安全稳定提出了更高的要求。传统的人工方式计算的弊端，如规则粗糙、过于依赖人工经验、难以适应在线运行方式的多变等逐渐显现。因此，本章节主要基于安全域概念，借助人工智能和大数据技术对动态安全域进行求解获取，以便于实现电网在线动态安全评估。

本章节将先对电力系统的安全域进行基本介绍，引入电网实用动态安全域概念，然后重点介绍三种基于人工智能和电力大数据技术的动态安全域获取方法，包括动态安全域的获取、在线更新和迁移方法，并通过算法实例进行分析验证。

6.1.1 安全域概念及分类

电力系统是一个十分复杂的特高维的非线性系统，特别是其电磁暂态过程，很难用简单的数学模型来描述，其安全域边界的形状和分布更是难以想象。但自"安全域"概念提出以来，众多研究表明，电力系统的安全域边界是存在的，这说明了安全域和"不安全域"是可以利用非线性边界分开的。安全域描述的是电力系统可以安全稳定运行的区域，是在逐点法的基础上发展出的，引入域的概念，不仅可以获取电力系统当前运行点是否安全的信息，而且可以从当前运行点距离安全域边界的远近等信息中，获取系统安全裕度、最优预防控制信息。安全域研究对应电力系统中的预防控制。

电力系统中的特征量种类众多，且这些特征量并不相互独立，则电力系统的安全域可以用不同的特征量来描述，基于描述安全域的变量种类的不同，可

162

以将安全域定义的空间分为以下几种，这实际上是对原始特征空间的一种降维：

（1）注入功率空间。由系统中全部节点的有功注入功率、无功注入功率组成，实际上除发电机节点、负荷节点、装有无功补偿装置的节点外，其他节点的有功、无功注入功率始终为 0。该定义空间中，除发电机的无功功率外，其他变量都便于控制，但不利于监视。

（2）决策空间。由系统中发电机节点的有功出力、母线电压，负荷节点的有功功率、无功功率组成。决策空间中的变量都便于进行控制，但不利于监视。

（3）割集功率空间。由系统中某个重要割集上有功功率、无功功率组成，该空间中的安全域既便于控制也便于监视。

在安全域的研究中，根据所研究的安全稳定问题的类型的不同，可以将安全域主要分为以下几种：

（1）静态安全域。运行在静态安全域范围内的潮流，满足由线路电流不越限、节点电压不越限、发电机出力不越限构成的安全约束条件。注入功率空间上静态安全域形式为

$$\Omega_{SS} := \{y \mid \exists x,\ st.\ f(x) = y; g(x) \leqslant 0\}$$
$$f(x) = y : 潮流方程 \tag{6-1}$$
$$g(x) \leqslant 0 : 安全约束条件$$

（2）小扰动稳定安全域。运行在该安全域内的潮流，能够保证小扰动稳定，在不考虑混沌的条件下，小扰动稳定问题研究中主要有三种分岔情况：①当系统的一个实特征值由负变正时，产生的鞍节分岔（SNB），系统的所有鞍节分岔点表示为 SNBs；②当系统的一对复特征值实部由负变正时，产生的 Hopf 分岔（HB），系统的所有 Hopf 分岔点表示为 HBs；③奇异诱导分岔（SIB），系统的所有奇异诱导分岔点表示为 SIBs。注入功率空间上小扰动稳定安全域形式为

$$\Omega_{SD} := \{y \mid [\partial F(x)/\partial x]特征值实部全为正\}$$
$$F(x) = \dot{x} = f(x, y) : 系统机电暂态微分代数方程 \tag{6-2}$$
$$\Omega_{SD}边界 : \partial\Omega_{SD} = \overline{\partial\Omega_{SD} \cap \{SNBs\}} \cup \overline{\partial\Omega_{SD} \cap \{HBs\}} \cup \overline{\partial\Omega_{SD} \cap \{SIBs\}}$$

（3）动态安全域。

事故前运行在动态安全域中的点，对于给定的预想故障，事故发生后系统能够保持暂态稳定。注入功率空间上动态安全域形式为

$$\Omega_{d} := \{y \mid x_{d}(y) \in A(y)\} \tag{6-3}$$

式中：$x_{d}(y)$ 表示事故发生前系统的母线电压幅值和相角向量；$A(y)$ 表示事故后由平衡点 y 确定的稳定域。表达式（6-1）～式（6-3）中，x 代表系统母

线电压幅值和相角向量，y 代表系统节点注入的有功功率、无功功率。

（4）综合安全域。综合安全域 Ω 是由能够满足各类安全稳定约束的运行点构成的集合，可以表示为静态安全域、小扰动安全域和动态安全域的交集 $\Omega=\Omega_{SS}\cup\Omega_{SD}\cup\Omega_d$，可用图 6–1 形象的表示。

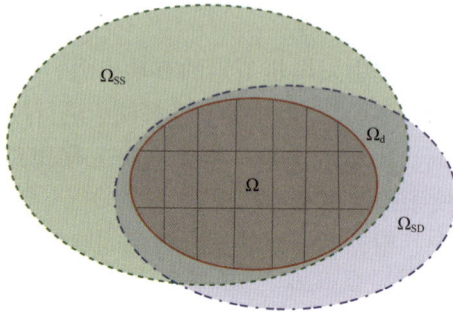

图 6–1　综合安全域示意图

综合安全域（网格区）；静态安全域（绿色）—虚线为边界；小扰动稳定安全域（紫色）—
点画线为边界；动态安全域（红色）—实线为边界

6.1.2　电网实用动态安全域

实际电网中，调度运行人员通过运行方式计算，制定在预想的故障上电网的安全稳定运行规则，这些规则以关键断面（省间联络线、省内重要断面等）为对象，给出不同条件（典型运行方式）下，该断面的经验极限，以此监视电网的安全状态。当电网运行在该规则范围内时，认为电网在预想故障发生后能够保持暂态稳定，是安全的。表明由人工方式计算得到的电网运行规则框定的运行范围，某种程度上也可以视为一种动态安全域，这一动态安全域具有很鲜明的特点：定义在少量关键断面（还有一些与关键断面十分相关的特征量）上，便于调度人员监视和控制；具有很强的保守性，也有比较明显的缺点：

（1）用多个一维空间的简单叠加近似高维安全域，过于粗糙，忽略了多个关键断面间的耦合关系，实际系统中已经暴露了该问题。

（2）关键断面及相关特征量的选择依赖人工经验，仅靠人工经验难以把握复杂电网的全部规律，容易有所遗漏。

因此，本节提出了"电网实用动态安全域"概念，旨在解决实际系统中安全稳定规则存在的问题，希望借助数据的相关关系结合已经实践证明的因果关系，给出一个便于监控的、精细化的、基于已经实践检验的关键断面的、高维的电网实用动态安全域。

首先，本节提出的电网实用动态安全域的定义空间为纳入断面潮流的潮流空间，包括所有节点的电压幅值、电压相角；线路上的有功功率、无功功率；发电机节点的有功出力、无功出力；负荷节点的有功功率、无功功率；关键断面的有功功率、无功功率（简称为"断面特征"）。

其次，本节提出的电网实用动态安全域基于一个固定的事故前拓扑结构，它是这样一系列运行点（潮流）的集合：以该运行点运行的电网，在预想事故集中的每个故障发生后，均能够保持暂态稳定。

其中的"实用"有两方面含义：一方面，该实用动态安全域用包含断面特征的尽可能少的特征量来描述，描述的表达式尽可能简单，以便于调度运行人员实际使用；另一方面，该实用动态安全域是对真实的整个安全域的一部分的一个近似，由于实际电网中的变量众多，真实安全域的范围是巨大的，不可能产生覆盖整个安全域的样本。这一点不会实际应用产生很大的影响，因为实际电网的运行方式（潮流）经常变化，但其变化通常都是在一定范围内。由此，对于实际大电网，可以产生能够覆盖实际运行方式的样本，挖掘出在该范围内的真实安全域的一段边界。

6.2　电网实用动态安全域的获取方法

根据电力系统安全域的定义，位于安全域内的运行点，在预想故障下系统可以保持安全，而位于安全域外的运行点，在预想故障下，系统会失去暂态稳定。即安全域的边界是将系统的运行空间划分为稳定区域和不稳定区域区分开的边界，本质上也是一个二分类的分类器。因此电网安全稳定评估可以通过对安全域的拟合，在故障前利用潮流量判断指定故障发生后电网系统的安全稳定状态，明确影响系统安全稳定的因素，并据此进行预防控制。下面具体介绍三种基于 SVM 算法的电网动态安全域获取方法，并进行了相应算例分析。

6.2.1　基于 SVM 算法的电网实用动态安全域的拟合方法

由于 SVM 算法的核心原理是，将低维空间线性不可分非线性可分的数据映射到高维空间中线性可分，找到一个最优的线性超平面作为分类器。因此，利用 SVM 算法拟合安全域边界，比依赖于临界点选取的直接拟合法、解析法原理上更具有说服力。

6.2.1.1　拟合方法概述

主要采用如下方法：首先生成大量的分布在安全域边界内外的样本，然后选择合适的映射函数映射到高维空间，通过 SVM 算法求解该高维空间中一个最优超平面将这些映射后的样本分开，这一最优超平面即对应了原低维空间中安全域的边界。

同时考虑到动态安全域对应电网中的离线、在线暂态稳定评估的应用模式：在离线阶段获取实用动态安全域边界的表达式，离线阶段可以在日前或更早完成；在在线阶段，将电网当前运行潮流带入以上表达式判断该潮流是否处于实用动态安全域内，以此判断电网当前状态是否安全。显然，离线阶段对实用动态安全域边界的获取是关键。而在离线阶段利用 SVM 来挖掘边界的一般流程包括四个步骤：第一步，批量仿真，基于安全域概念利用仿真生成大量样本用于训练；第二步，数据降维，在众多备选特征中选取少量特征用于描述所挖掘的实用动态安全域边界；第三步，参数优化，通过一定的实验方法确定分类算法中的参数的最优取值；第四步，规则训练，利用分类算法训练分类器。

进一步，结合上一章内容可以得到对电网系统动态安全域的拟合求解方法，即实现电网的暂态稳定评估。具体流程：首先需要进行特征选择，可以根据候选属性按照前一章提出的两阶段特征选择方法操作，然后利用 SVM 进行安全域概念下电网安全稳定评估精细规则的生成。如图 6-2 所示。

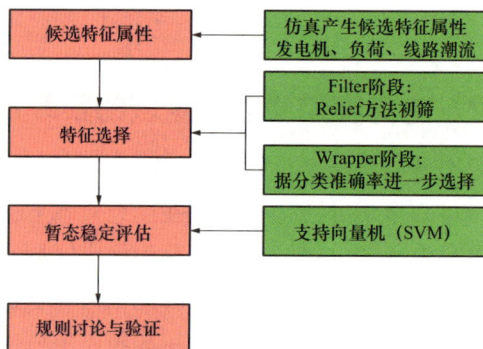

图 6-2　安全域概念下电力系统暂态稳定分析的流程

6.2.1.2　算例分析

（1）系统设置。本节中采用 5.2.2.5 中的系统为算例，如图 5-13 所示。断面构成，区域 1 与区域 2 通过断面 1 相连，断面 1 由线路 BUS25-BUS26，BUS22-BUS20，BUS22-BUS21 构成，断面潮流方向以区域 1 流向区域 2 为正；区域 2 与区域 3 通过断面 2 相连，断面 2 由线路 BUS19-BUS21，BUS19-BUS14，BUS19-BUS16，BUS33-BUS34，以区域 3 流向区域 2 为正；模拟具有三个省份的区域电网，各省内部无关键断面，在图 5-13 中用红色虚线表示。

（2）样本生成。固定预想故障为：线路 BUS16-BUS20 在 t=0s 于线路 0%处（即母线出线端）发生三相短路接地故障，故障持续 0.2s 后，切除该线路。改变潮流的方式为：8 台发电机的有功功率在发电机的出力范围内随机改变，10 个负荷的有功功率、无功功率在给定范围内同增同减，保持负荷的功率因数不变。通过以上方式在由 8 台发电机的有功出力上下限、10 个负荷的有功功率、无功功率上下限构成的 28 维的功率注入空间中，不断进行采样，对潮流收敛的样本利用 PSASP 软件进行暂态稳定仿真，获得样本，具体的上下限设置如表 6–1 和表 6–2 所示。初始采样为 25201，潮流收敛的有 12986，其中有 2782 个稳定样本，10204 个不稳定样本。从中随机选取 2239 个稳定样本，2961 不稳定样本共 5200 个样本作为训练样本，从剩下的样本中选取 505 个稳定样本，495 不稳定样本共 1000 个样本作为测试样本。

表 6–1　　　　　　　CEPRI–36 节点系统发电机有功出力上下限

发电机	有功出力下限（标幺值）	有功出力上限（标幺值）
BUS1	0	10
BUS2	5	9
BUS3	2	4.5
BUS4	0	2.5
BUS5	4	6
BUS6	−0.5	1
BUS7	0	3
BUS8	2	4.5

表 6–2　　　　　　　CEPRI–36 节点系统负荷上下限

负荷	有功下限（标幺值）	有功上限（标幺值）	无功下限（标幺值）	无功上限（标幺值）
BUS16301	3	6	1.38	2.76
BUS18302	2.5	5	1.2791	2.5581
BUS19303	0	1.5	0	1.1493
BUS20304	0	1.5	0	0.9889
BUS21305	0	1.5	0	1.0714
BUS22306	1.5	3	1.1192	2.2384
BUS23307	2	4	1.0035	2.0070
BUS29308	3.5	7	0.0673	0.1346
BUS50310	0	0	0	0
BUS9300	2.5	5	1.4694	2.9388

用于描述潮流（运行点）的特征有：母线电压幅值 36 个；母线电压相角 36 个；线路两端有功、无功共 32×4=128 个；发电机有功出力、无功出力共 16 个；负荷的有功、无功共 20 个，总计 236 个。

将以上特征分入每个分区中，区域 1 共有 78 个初始特征，区域 2 共有 136 个初始特征，区域 3 共有 50 个初始特征，此外还有断面 1、断面 2 的有功无功共 4 个特征。需要注意的是，区域间联络线两端的有功、无功同时属于两侧区域，所以最终共有 268 个初始特征用于进行特征选择。

（3）特征选择。利用第 5 章考虑组合效应的关键特征筛选方法共筛选出 9 个特征，它们分别是 Line_AC31_Pj；Line_AC34_Qi；Bus9_V；Gen5_Q；Line_AC24_Qj；断面 1P；断面 1Q；断面 2P；断面 2Q，其分布如图 6-3 所示：

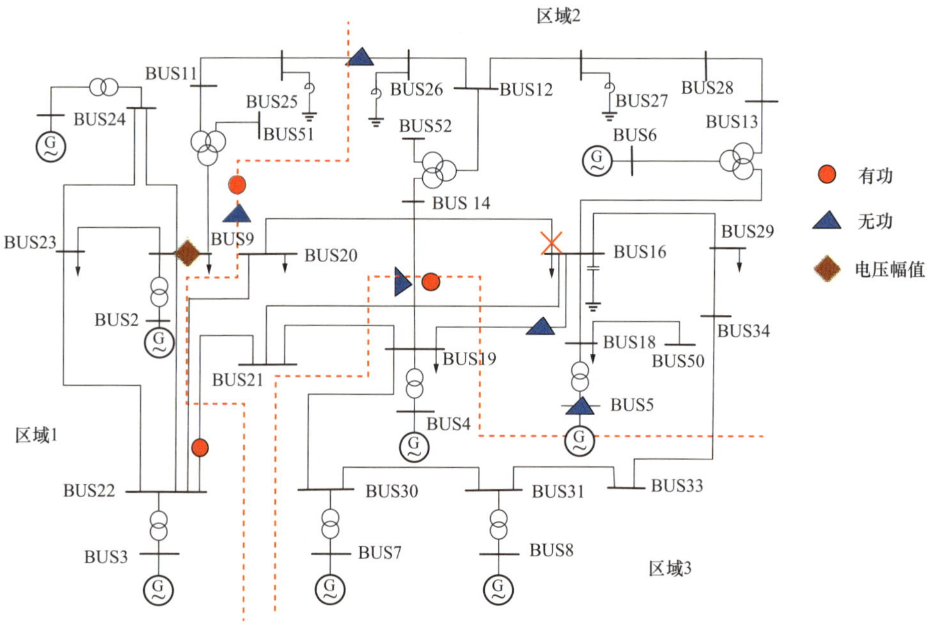

图 6-3　描述动态安全域的关键特征分布

（4）SVM 参数选择。在本书的研究中，为了便于调度人员使用，采用线性核函数 SVM 算法，该算法中只有一个参数，即 C。本书通过如下的实验来确定 C 的取值。

实验 1：在所有样本中选取 100 个稳定样本、100 个不稳定样本，在断面 1 有功、断面 2 上的无功两个特征构成的二维特征集合上对以上样本进行训练，并不断改变 C 的取值，从 0.1～4，观察分类器变化。实验结果如图 6-4～图 6-6 所示。

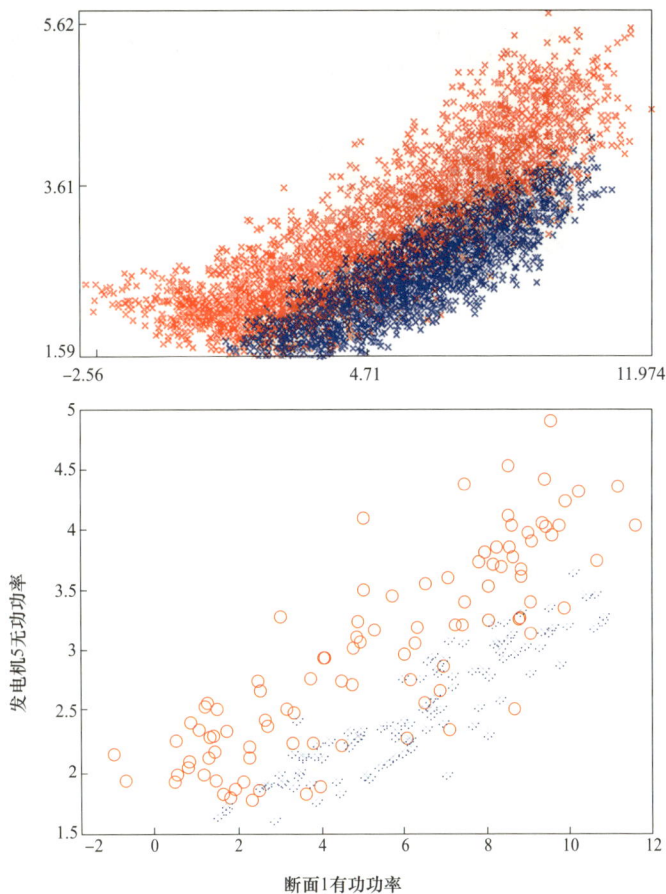

图 6-4 样本分布

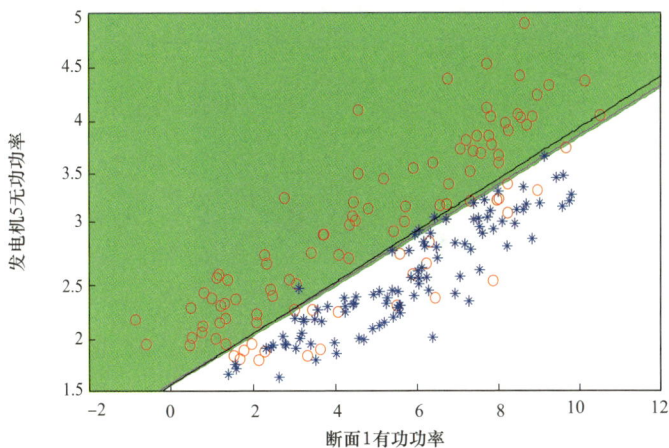

图 6-5 SVM 算法中 C 参数对分类器的影响—线性核函数分类边界（一）

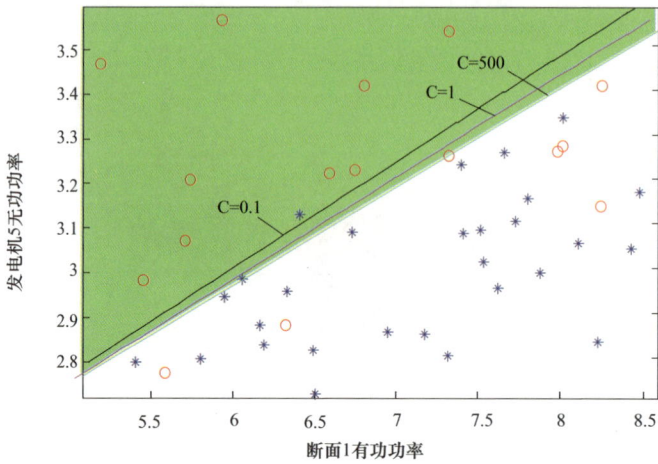

图 6-5　SVM 算法中 C 参数对分类器的影响—线性核函数分类边界（二）

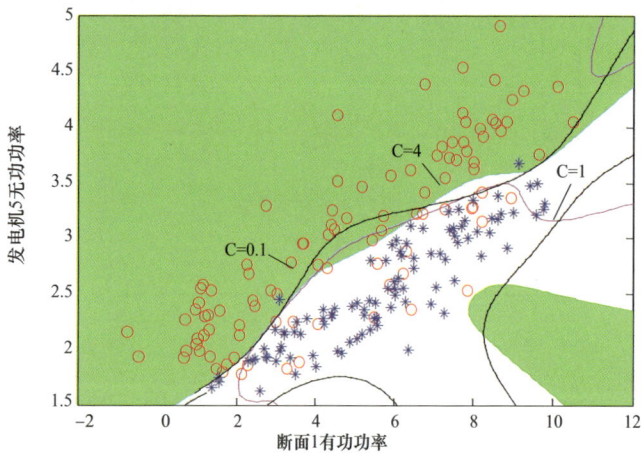

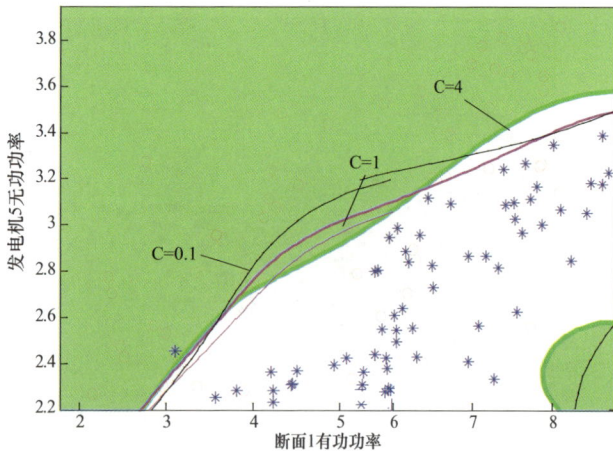

图 6-6　SVM 算法中 C 参数对分类器的影响 -6 阶多项式核函数分类边界

从图 6-4 ～图 6-6 的结果可以看出，C 参数对于分类器的形状影响较大。C 参数代表了分类器对于错分样本的重视程度，若 C 越大，对错分样本越看重，给其惩罚越大，准确率越高，分类器的形状也越接近真实的非线性边界。

实验 2：训练样本 5200，测试样本 1000，改变 C 的取值，从 0.1 ～ 60，计算 OFT 指标和训练集分类准确率。得到的结果如图 6-7 所示。

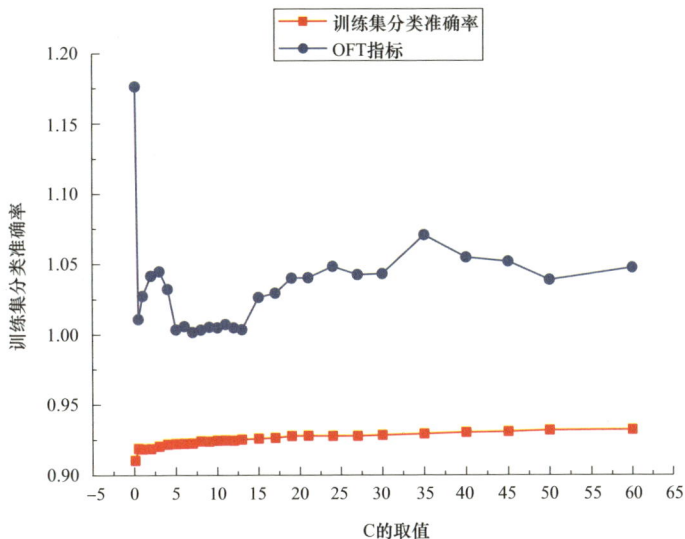

图 6-7　SVM 算法中 C 参数对训练集分类准确率及 OFT 指标的影响

从实验 2 的结果可以看出随着 C 的取值的增加，训练集分类准确率确实在增加，但过拟合指标 OFT 也升高了，说明 C 过大会造成过拟合。由此，综合两个实验的结果，本书选取 C=10。

（5）训练结果分析。为了便于调度运行人员观察和参考，采用线性核函数的 SVM 算法对样本进行训练，经训练得到了在以上预想故障下，CERPI-36 节点系统的实用动态安全域的边界如下：（其中各特征均是归一化后的值）

$$
\begin{aligned}
f(X) = {} & 4.0643 \times \tilde{P}_{\mathrm{AC31\_J}} + 8.4361 \times \tilde{Q}_{\mathrm{AC34\_I}} + 8.8254 \times \tilde{V}_{\mathrm{BUS9}} \\
& + 36.1372 \times \tilde{Q}_{\mathrm{GEN\_BUS5}} - 3.3092 \times \tilde{Q}_{\mathrm{AC24\_J}} - 27.7454 \tilde{P}_{\text{断面1}} \\
& - 9.2997 \tilde{Q}_{\text{断面1}} - 10.9889 \tilde{P}_{\text{断面2}} - 6.3732 \tilde{Q}_{\text{断面2}} + 8.0654
\end{aligned}
\qquad (6\text{-}4)
$$

利用十折交叉验证法，可得到该实用动态安全域边界的准确率如表 6-3 所示：

表 6-3　　　　　　　　　　　实用动态安全域边界的准确率

分类结果	训练阶段		测试阶段	
	稳定样本	不稳定样本	稳定样本	不稳定样本
稳定	2153	291	485	56
不稳定	86	2670	20	439
评价指标	分类准确率 92.75% 误判率 5.60% 漏判率 1.65%		分类准确率 92.4% 误判率 5.6% 漏判率 2%	

以上准确率说明对于绝大多数样本来讲，通过线性核函数的 SVM 训练得到的动态安全域边界对其是适用的。之所以有误差，是因为样本并不是完全可分的。采用 C=10 的参数，几乎没有过拟合。此外，在电力系统并不希望存在误判，即希望具有一定的保守性。从以上结果可以看出，得到动态安全域的边界的误判率是较低的。为了进一步减少误判率，本书提出了基于动态安全域边界的安全裕度的测算，将安全稳定规则定义为满足一定安全裕度的实用动态安全域的子集。

6.2.2　基于增量学习的实用动态安全域在线更新方法

由于目前电网安全稳定问题的研究思路是离线制定规则，在线匹配。但随着电网的不断运行和发展，总会有新的运行方式产生，对应电网安全稳定问题的规则应该是不断调整的，因此提出了基于增量学习的方法对现有的实用动态安全域边界进行更新，主要采用的是经典的增量 SVM 算法，根据一个新的样本修正原有分类器，在不训练的情况下得到新的分类器。下面将基于这种增量学习算法对 6.2.1 获取的实用动态安全域进行更新，并在算法实例中验证。

6.2.2.1　增量 SVM 算法

经典的 SVM 算法利用映射函数，将低维空间中非线性可分的样本映射到更容易实现线性可分的高维空间中，通过在高维空间中寻找距离样本点最远的最优超平面确定原低维空间中的分类器的表达式。算法的核心是求解一个标准的二次规划问题，该二次规划问题的约束条件的数目与训练样本集中样本的数目相同，这也是算法主要耗时部分。针对该二次规划问题的求解方法的不同，人们提出了很多 SVM 算法的改进算法，以提高训练速度。在实际应用过程中，对分类器的训练通常是利用大量的样本数据进行的，造成该二次规划问题十分复杂，往往这一过程十分耗时，难以实现在线学习。

当有新的样本产生时，完全抛弃原有的分类器，将新样本加入原样本集中重新训练无疑是十分浪费的，特别的，当仅有一个新的样本产生时，重新训练分类器显然是不划算的。由此，人们提出了增量支持向量机算法。一类基于 SVM 的增量学习方法是将在原分类器训练过程中起作用的支持向量与新的样本构成新的训练样本集，以此减少重新训练样本的数据，提高训练速度。这类方法只能得到近似的解。本书采用有关文献提出的增量支持向量机算法，该方法每次增加一个样本，并保证在该过程中原样本和新的样本都保持 KKT 条件。

具体公式如下，SVM 算法的求解转化为求解其对偶问题，该对偶问题的拉格朗日函数为

$$
\begin{aligned}
L(\alpha,\delta,\mu,b) = \frac{1}{2}\sum_{i=1}^{n}\sum_{i=1}^{n}\alpha_i\alpha_j y_i y_j K(X_i,X_j) - \sum_{i=1}^{n}\alpha_i \\
- \sum_{i=1}^{n}\delta_i\alpha_i + \sum_{i=1}^{n}\mu_i(\alpha_i - C) - b\sum_{i=1}^{n}\alpha_i y_i
\end{aligned}
\tag{6-5}
$$

其 KKT 条件可表达为以下不等式组

$$
\frac{\partial L}{\partial \alpha_i} = \sum_{j=1}^{n}\alpha_j y_j K(X_i,X_j)y_i - 1 - \delta_i + \mu_i + by_i = 0
$$

$$
\begin{aligned}
\delta_i \geqslant 0 \\
\delta_i\alpha_i = 0 \\
\mu_i \geqslant 0 \\
\mu_i(\alpha_i - C) = 0 \\
i = 1,...,n
\end{aligned}
\tag{6-6}
$$

式中：令 $Q_{ij} = y_i y_j K(X_i,X_j)$，则 $\dfrac{\partial L}{\partial \alpha_i}$ 可改写为

$$
\begin{aligned}
\frac{\partial L}{\partial \alpha_i} = \sum_{j=1}^{n}\alpha_j Q_{ij} + by_i - 1 - \delta_i + \mu_i \\
= y_i f(X_i) - 1 - \delta_i + \mu_i
\end{aligned}
\tag{6-7}
$$

式中：$f(X)$ 即训练出的分类规则，或称分类器。$f(X_i)$ 的正负代表样本 X_i 的预测类别信息：$f(X_i) > 0$，样本 X_i 的预测类为 1；$f(X_i) < 0$，样本 X_i 的预测类为 –1。

$$
f(X_i) = \sum_{j=1}^{n}\alpha_j y_j K(X_i,X_j) + b
\tag{6-8}
$$

令 $g_i = \sum_{j=1}^{n} Q_{ij}\alpha_j + by_i - 1$，则 KKT 条件可以化为

$$\frac{\partial L}{\partial \alpha_i} = g_i - \delta_i + \mu_i = 0$$
$$\delta_i \geqslant 0$$
$$\delta_i \alpha_i = 0 \qquad\qquad (6-9)$$
$$\mu_i \geqslant 0$$
$$\mu_i(\alpha_i - C) = 0$$
$$i = 1,\ldots,n$$

根据 α_i 的取值不同，该 KKT 条件可以进一步简化为以下三种情况：

（1）当 $\alpha_i=0$ 时，有

$$\mu_i = 0, \delta_i \geqslant 0, g_i - \delta_i + \mu_i = 0 \qquad (6-10)$$

从而有

$$g_i \geqslant 0 \qquad\qquad (6-11)$$

（2）当 $\alpha_i=C$ 时，有

$$\delta_i = 0, \ \mu_i \geqslant 0, \ g_i - \delta_i + \mu_i = 0 \qquad (6-12)$$

从而有

$$g_i \leqslant 0 \qquad\qquad (6-13)$$

（3）当 $0 \leqslant \alpha_i, \ \leqslant C$ 时，有

$$\mu_i = 0, \ \delta_i = 0, \ g_i - \delta_i + \mu_i = 0 \qquad (6-14)$$

从而有

$$g_i \equiv 0 \qquad\qquad (6-15)$$

对于训练样本集 D 中的样本，可以根据 $\{\alpha_i, g_i\}$ 的取值不同将其划分至三个不同的集合 $D=R \cup E \cup S$。对于样本 X_i。

若 $\alpha_i=0$，$g_i \geqslant 0$，则 $X_i \in R$，R 称为保留集，保留集中的样本对应的约束对优化问题不起作用，即这些样本对最优线性超平面的确定不起作用。

若 $\alpha_i=C$，$g_i \leqslant 0$，则 $X_i \in E$，E 称为集，误差集中的样本有可能引起错判。

若 $0 \leqslant \alpha_i \leqslant C$，$g_i \equiv 0$，则 $X_i \in S$，S 称为支持向量集，该集合中的样本为支持向量，这些样本决定了最优线性超平面的位置（见图 6-8）。

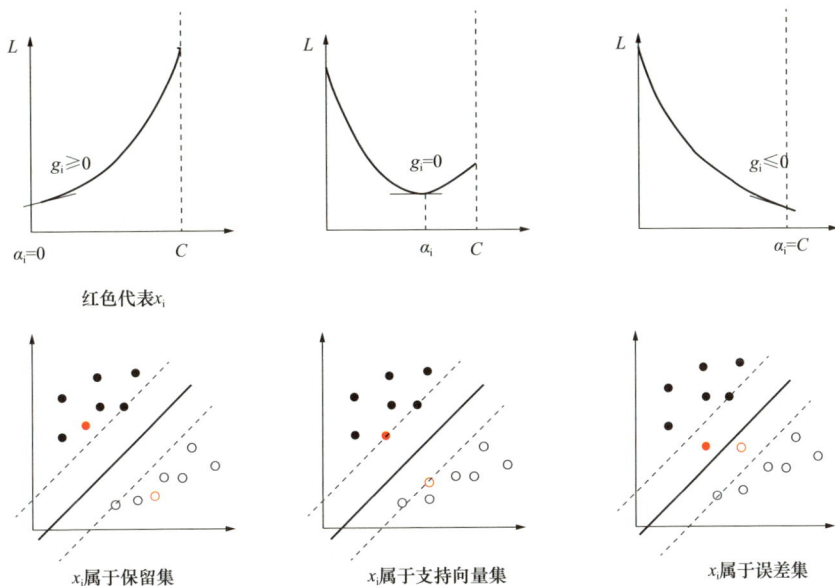

红色代表x_i

x_i属于保留集　　　　x_i属于支持向量集　　　　x_i属于误差集

图6-8　R，S，E集合中样本示意图

（1）保持KKT条件的增量变化。当每一个增量过程发生时，训练集$D=R \cup S \cup E$中各样本对应的系数进行改变，以保证在增量过程中KKT条件仍然得到满足。变化过程如式（6-16）所示

$$\Delta g_i = Q_{ic}\Delta\alpha_i + \sum_{j\in D}Q_{ij}\Delta\alpha_j + y_i\Delta b, \quad \forall i \in D\cup\{c\}$$
$$0 = y_c\Delta\alpha_c + \sum_{j\in D}y_j\Delta\alpha_j \tag{6-16}$$

由于$X_i \in R$，E时，$\Delta a_i \equiv 0$，则上式可以进一步化简为

$$\Delta g_i = Q_{ic}\Delta\alpha_i + \sum_{j\in S}Q_{ij}\Delta\alpha_j + y_i\Delta b, \quad \forall i \in D\cup\{c\}$$
$$0 = y_c\Delta\alpha_c + \sum_{j\in S}y_j\Delta\alpha_j \tag{6-17}$$

式中：α_c是增量样本对应的拉格朗日系数，也是本书的求解目标，将其初始值设为0，将增量样本c作为候选样本探索其属于哪一集合；y_c代表增量样本对应的分类信息。式（6-18）表明了当α_c有所变化时，为了保持KKT条件继续满足，其他样本的参数也要有所变化。

对于支持向量集$S=\{X_{s1},\cdots,X_{s1_S}\}$中的样本，总有$g_i \equiv 0$，因而有$\Delta g_i \equiv 0$，进一步进行推导可以得到如下关系式

$$Q \cdot \begin{bmatrix} \Delta b \\ \Delta \alpha_{X_{s1}} \\ \vdots \\ \Delta \alpha_{X_{slS}} \end{bmatrix} = - \begin{bmatrix} y_c \\ Q_{X_{s1}c} \\ \vdots \\ Q_{X_{slS}c} \end{bmatrix} \Delta \alpha_c \qquad (6-18)$$

其中

$$Q = \begin{bmatrix} 0 & y_{X_{s1}} & \cdots & y_{X_{slS}} \\ y_{X_{s1}} & Q_{X_{s1}X_{s1}} & \cdots & Q_{X_{s1}X_{slS}} \\ \vdots & \vdots & \ddots & \vdots \\ y_{X_{slS}} & Q_{X_{s1}X_{slS}} & \cdots & Q_{X_{slS}X_{slS}} \end{bmatrix} \qquad (6-19)$$

由此可以计算增量带来的原有样本相应系数的变化量

$$\Delta b = \beta \Delta \alpha_c$$
$$\Delta \alpha_j = \beta_j \Delta \alpha_c, \qquad \forall j \in D \qquad (6-20)$$

其中，β 的值可以借助 Q 的计算得到

$$\begin{bmatrix} \beta \\ \beta_{X_{s1}} \\ \vdots \\ \beta_{X_{slS}} \end{bmatrix} = -P \cdot \begin{bmatrix} y_c \\ Q_{X_{s1}c} \\ \vdots \\ Q_{X_{slS}c} \end{bmatrix} \qquad (6-21)$$

$$P = Q^{-1}$$

对于，保留集 R 和误差集 E 中的样本，其对应系数 α_i 是常数，不随增量而改变，因而可以认为 $\beta_i=0$，而其 g_i 会随着增量而变化，变化规律如下

$$\Delta g_i = \gamma_i \Delta \alpha_c, \qquad \forall i \in R \cup E \qquad (6-22)$$

其中

$$\gamma_i = Q_{ic} + \sum_{j \in S} Q_{ij}\beta_j + y_i \beta, \qquad \forall i \in R \cup E \qquad (6-23)$$

事实上，对于增量 c，其 g_c 随 α_i 的变化也可以用式（6-22）和式（6-23）表示。对于支持向量集 S 中的样本，其 g_i 的变化也可以表达为以上形式，其 $\gamma_i=0$。

综合以上公式的推导，可以得到各样本对应拉格朗日参数随增量变化的统一表达式如下

$$\Delta b = \beta \Delta \alpha_c$$

$$\Delta \alpha_j = \beta_j \Delta \alpha_c, \qquad \forall j \in D$$

$$\Delta g_i = \gamma_i \Delta \alpha_c, \qquad \forall i \in D \cup \{c\}$$

$$\beta_i = \begin{cases} \begin{bmatrix} \beta \\ \beta_{X_{s1}} \\ \vdots \\ \beta_{X_{s|S}} \end{bmatrix} = -P \cdot \begin{bmatrix} y_c \\ Q_{X_{s1} c} \\ \vdots \\ Q_{X_{s|S} c} \end{bmatrix} & \forall i \in S \\ \\ 0 & \forall i \in R \cup E \end{cases} \qquad (6\text{-}24)$$

$$\gamma_i = \begin{cases} Q_{ic} + \sum_{j \in S} Q_{ij} \beta_j + y_i \beta & \forall i \in R \cup E \cup \{c\} \\ \\ 0 & \forall i \in S \end{cases}$$

图 6-9 展示了增量样本 c 的拉格朗日系数 α_c、g_c 不断迭代变化，直到确定增量样本所属集合的过程。

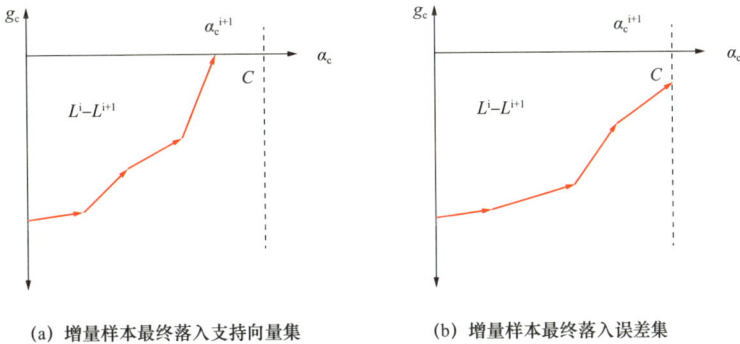

(a) 增量样本最终落入支持向量集　　　　(b) 增量样本最终落入误差集

图 6-9　增量样本经过 i 次迭代后 α_c、g_c 取值确定的过程

（2）P 矩阵的更新。当确定了候选样本 c 属于支持向量集 S 后，支持向量集 S 维度增加，需要对 P 进行扩充更新，更新的方法为

$$P \leftarrow \begin{bmatrix} P & \vec{0} \\ \vec{0} & 0 \end{bmatrix} + \frac{1}{\gamma_c} \begin{bmatrix} \beta \\ \beta_{X_{s1}} \\ \vdots \\ \beta_{X_{s|S}} \\ 1 \end{bmatrix} \cdot \begin{bmatrix} \beta & \beta_{X_{s1}} & \cdots & \beta_{X_{s|S}} & 1 \end{bmatrix} \qquad (6\text{-}25)$$

不可避免的，在不断的增量学习过程中，会有样本从支持向量集 S 穿越

到保留集 R 或误差集 E，此时，需要对 P 矩阵进行缩减。假设 k 样本穿越出 S 集，则 P 中的元素需要进行以下调整

$$P_{ij} \leftarrow P_{ij} - P_{kk}^{-1} P_{ik} P_{jk}, \quad i, j \neq k \tag{6-26}$$

（3）增量学习流程。新增样本 c 后，基于原有的分类器 $f(X) = \sum_{j=1}^{n} \alpha_j y_j K(X, X_j) + b$ 获得新分类器的增量学习的完整流程如图 6-10 所示。

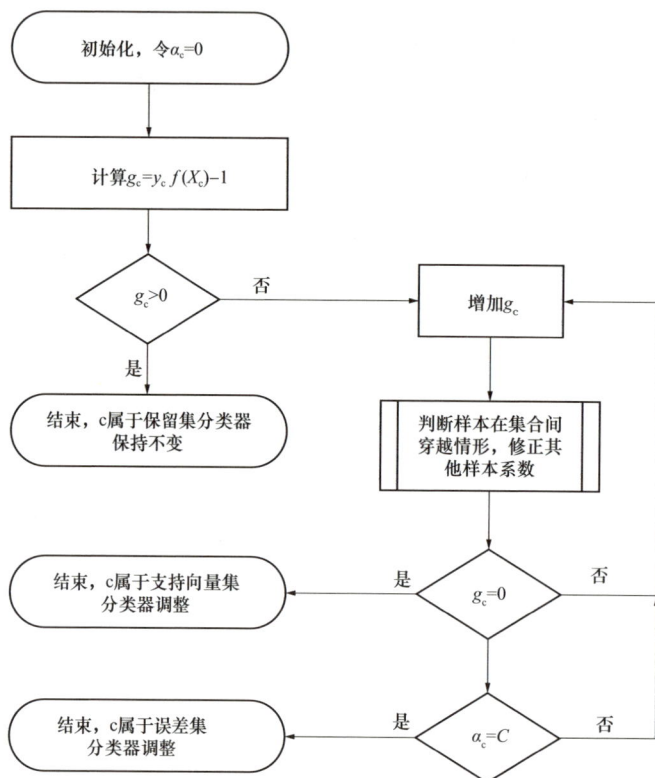

图 6-10　增量学习完整流程

具体步骤为：

1）初始化 $\alpha_c = 0$。

2）计算 $g_c = y_c f(X_c) - 1$。

3）如果 $g_c > 0$，说明 $y_c f(X_c) > 1$，那么候选样本 c 一定属于保留集，不会对当前最优线性超平面产生影响，也不会影响其他样本的拉格朗日参数 α_i。

4）如果 $g_c > 0$，那么不断增加 α_c 直到下面的某一条件得到满足：

a. $g_c = 0$，则将候选样本 c 加入到支持向量集，此时需要更新 P 矩阵，进而利用式（6-25）更新其他样本的参数 α_i，b。

b.$\alpha_c=C$，则将候选样本 c 加入到误差向量集，更新其他样本的 g_i。

c.在不断增加 α_c 的过程中，需要注意不同集合的样本在集合间穿越的问题，在 α_c 增加的过程中应时刻保证以下条件得到满足：

a）$g_c \leq 0$，若取等，则候选样本 c 应加入支持向量集。

b）$\alpha_c \leq C$，若取等，则候选样本 c 应加入误差向量集。

c）$0 \leq \alpha_j \leq C$，$\forall j \in S$，等于 0 时，样本 j 从支持向量集穿越到保留集；等于 C 时，样本 j 从支持向量集穿越到误差集。

d）$g_i \leq 0$，$\forall i \in E$，若取等，则样本 i 从误差集穿越到支持向量集。

e）$g_i \geq 0$，$\forall i \in R$，若取等，则样本 i 从保留集穿越到支持向量集。

5）获得新的 $\tilde{\alpha}_i$，$\tilde{b}$，α_c（$i=1$，2，$\cdots$，n），新的分类器可以表示为

$$f(X) = \sum_{j=1}^{n} \tilde{\alpha}_j y_j K(X, X_j) + \alpha_c y_c K(X, X_j) + \tilde{b} \tag{6-27}$$

6.2.2.2 更新方法概述

随着电网每天不断的运行，总会有新的样本产生，事实上每隔 15min 就会有一个新的运行点产生。由于在基于 SVM 的实用动态安全域的离线训练阶段，不可能产生覆盖所有情况的样本，换言之，总有可能产生与训练样本相距较远的样本。这样的样本就会对原有的实用动态安全区域边界提出挑战。此时，就可以利用上节中的快速增量学习算法对实用动态安全域边界进行快速调整，然后再根据安全裕度的定义，得到具有一定安全裕度的电网安全稳定运行规则。在实际电网中，相邻时间的运行点相差一般不会很多，因此可以用上一个 15min 中更新后的实用动态安全域边界评估下一个 15min 系统的动态安全，动态安全域的边界不断滚动更新，越来越接近真实的安全域边界，能够适应在线运行方式的多变。

结合上一章的关键特征筛选，及利用 SVM 算法对电网实用动态安全域边界的获取，结合本节提出的基于增量学习方法对安全域边界的更新，最终给出基于人工智能及电力大数据技术的电网实用动态安全域获取在电力系统应用的完整流程，如图 6-11 所示。

6.2.2.3 算例分析

该节是在 6.2.1 节的系统上进行增量学习实验及验证，同样应用 5.2.2.5 中的系统为算例。

（1）增量样本拉格朗日系数迭代过程。为了便于观察，本小节选取 10 个增量样本，对其拉格朗日系数 α_c 的迭代过程进行跟踪，图 6-12 形象地展示了增量样本的拉格朗日系数随迭代的变化情况。共进行 10 次迭代。需注意虽然将 10 个增量样本的迭代过程画在一起，但实际上它们是逐一增加进去的，即不同样本的迭代过程是顺次发生的，其原始训练集是有所区别的。

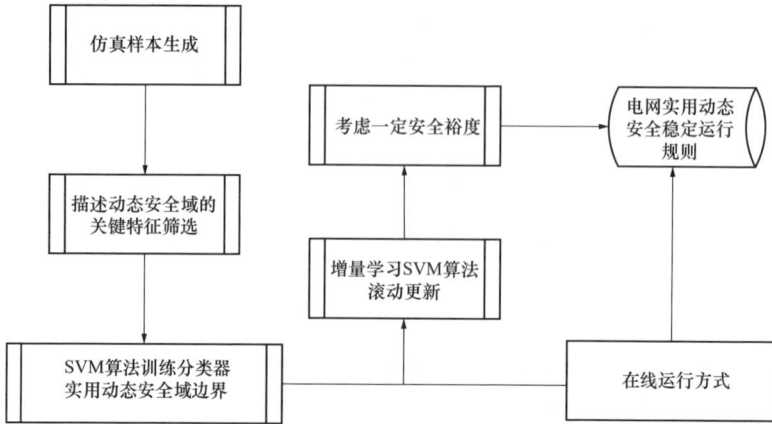

图 6-11　基于数据挖掘的电网实用动态安全域应用流程

　　该结果展示了 10 个新增样本中有 4 个增量样本在其加入其对应原训练集的过程中，被确定为新的支持向量，加入到支持向量集中。而其余 6 个则被增加到误差集中。特别是样本 13 的加入使其拉格朗日系数有了较大改变。

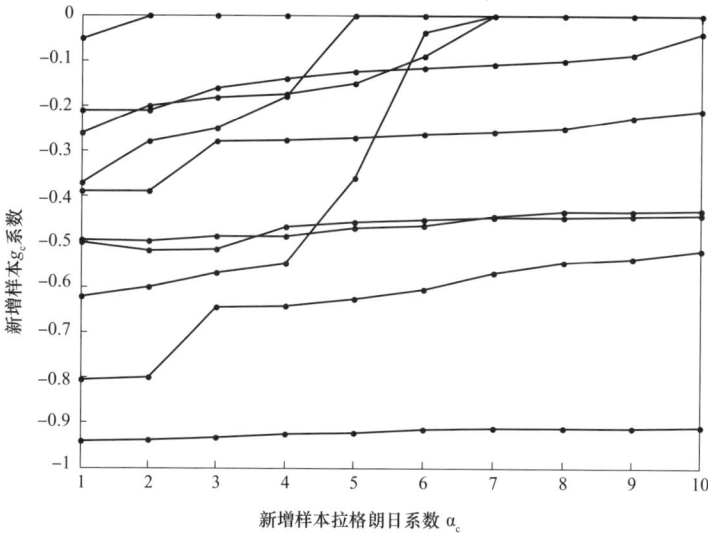

图 6-12　新增样本的 α_c、g_c 随迭代的变化过程

　　（2）原始样本拉格朗日系数随新增样本的增加变化过程。本书随机选取了 20 个新增样本，将其逐一加入，原始训练样本集共有 5200 个样本，选取其中的 100 个样本，跟踪其拉格朗日系数 α_i 的变化过程，得到了如图 6-13 所示的结果。

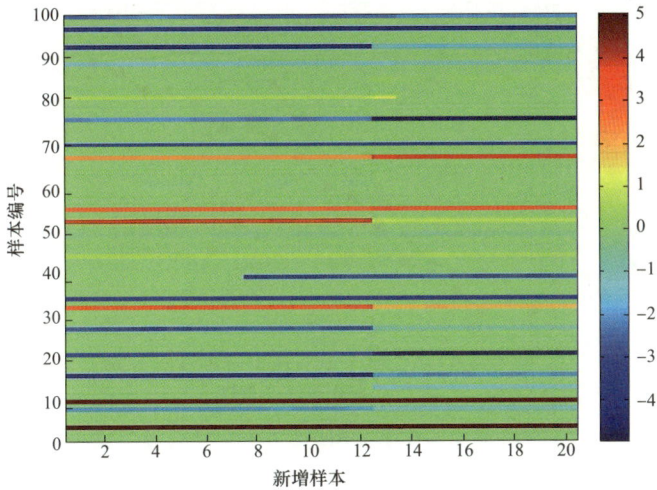

图 6-13　新增样本的 α_c、g_c 随迭代的变化过程

图中的结果表明随着 20 个新增样本的不断加入，原始训练样本集中样本的拉格朗日系数在不断变化，其中有 1 个样本由原来的支持向量变为普通样本，而有 4 个样本由普通样本变为支持向量。

（3）基于增量学习的动态安全域更新。本节中采用如下几组算例，其中的样本都是基于 6.2.1 节生成的样本，从中随机筛选一定数量的样本构成不同作用的样本。SVM 算法选择 6 阶多项式核函数，其中 C=10。

算例 1：660 个初始训练样本；340 个测试样本；每次增加 10 个新增样本，最终共增加 170 个新增样本。

算例 2：5200 个初始训练样本；1000 个测试样本；每次增加 10 个新增样本，最终共增加 170 个新增样本。

从图 6-14 ～图 6-17 中的对比结果可以看出，利用本章介绍的增量学习的方法在快速更新分类器与重新训练分类器的准确率相差不多，但效率具有很大的优势，比重新训练节省很多的时间。算例 1 中的样本量远不如实际系统中的样本量多，所以重新训练的时间也在可以接受的范围内。但算例 2 结果表明重新训练耗时耗力。特别是在实际大电网中，重新训练将难以满足在线更新的需要。而增量学习方法的时间优势将可以很好的在线利用。从而能够在一定程度上弥补"离线训练、在线应用"模式难以覆盖全部样本的不足。

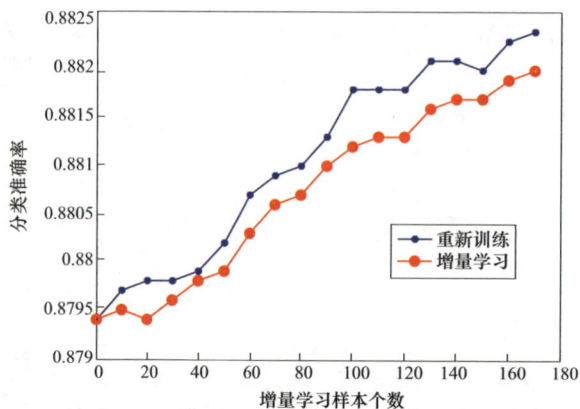

图 6-14 算例 1 基于增量学习和基于重新训练的分类准确率对比

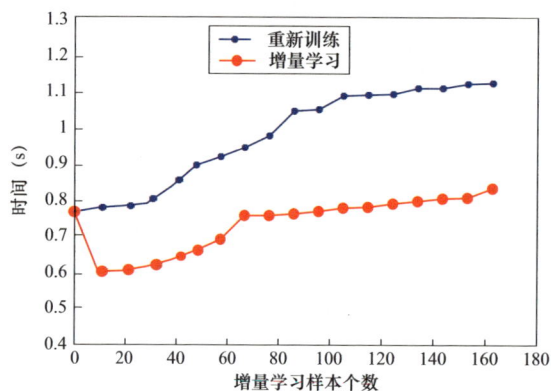

图 6-15 算例 1 基于增量学习和基于重新训练的耗时对比

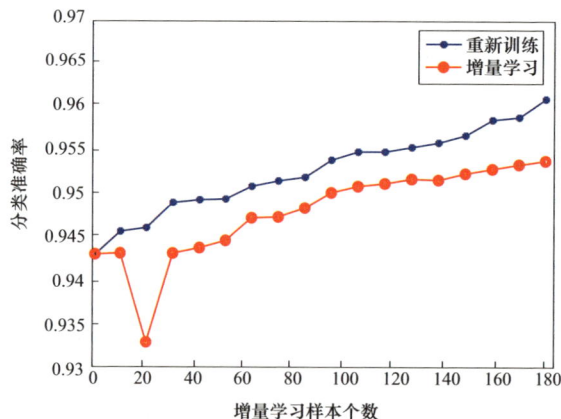

图 6-16 算例 2 基于增量学习和基于重新训练的分类准确率对比

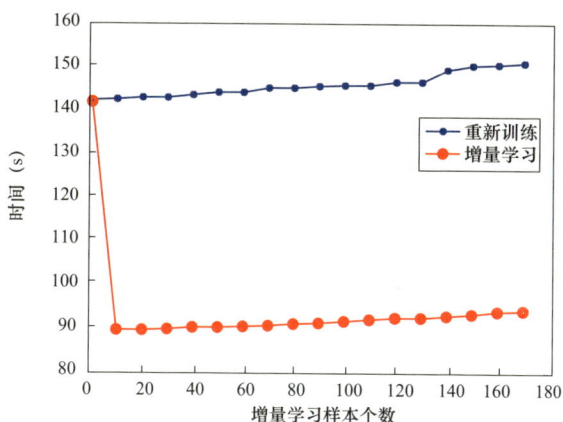

图 6-17 算例 2 基于增量学习和基于重新训练的耗时对比

6.2.3 考虑检修计划的 SVM 动态安全域迁移方法

计划检修是电力系统中非常重要的一项工作，此时检修前系统的动态安全域模型无法适应计划检修后的变化，而重新进行大量暂态仿真样本并进行训练是一项十分耗时的工作。而且随着电力系统互联水平和规模的日益提高，电力设备故障、老化等对系统安全的影响越发重大，计划检修对保证电力系统安全稳定而言非常重要。设备检修时相当于电力系统的拓扑结构发生变化，根据安全域定义，检修情况后的电力系统动态安全域将发生改变，原有安全域不再适用。检修不同设备时电力系统动态安全域的变化是不一样的。若对每一种检修情况下的电力系统动态安全域都进行重构，再考虑不同事故集，构建一个电力系统的安全域所需要的工作量巨大。而且检修时，由于只是一件设备停运，此时系统的动态安全域与检修前的动态安全域是虽然不同但紧密相关的。因此，本书针对电力系统拓扑改变情况，提出了一种考虑检修计划的 SVM 动态安全域迁移算法。

6.2.3.1 检修计划下的动态安全域分析

传统的机器学习算法要求训练集与测试集数据服从相同分布，并具有相同的特征空间。SVM 也是如此。但当电力系统处于检修或故障状态时，电力系统的拓扑结构发生改变，相应的数据分布也发生变化，此时电力系统原有的动态安全域模型不再适应。

以二维安全域为例，如图 6-18 所示，绿色虚线代表检修前动态安全域，黄色虚线代表检修后安全域。检修时，原有安全域内的部分运行点（图中为黄色点）由稳定点变为失稳点，说明检修前后的动态安全域是不同的。

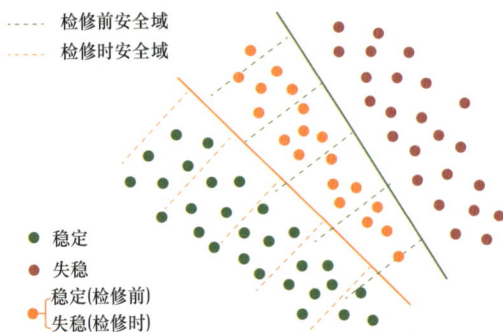

图6-18　检修前后动态安全域

而对于电网系统的高维数据，重新进行暂态仿真生成大量标注样本和训练算法是一个十分耗时的过程。虽然可以考虑基于检修后系统的极少量数据样本，通过充分利用原有系统的标注数据及学习到的知识，来改善在检修系统中动态安全域的学习效果，但是少量数据无法反映数据的真实分布。若直接利用少量检修后样本进行训练，很可能无法获取实际的分类面，如图6-19中分类面A与B。

考虑到电力系统一般同时只存在单个设备检修，结构变化有限。因此，可以合理假设检修前后电力系统在同一个事故下的动态安全域是十分接近的，即两个SVM分类模型的超平面是十分接近的，如图6-19中分类面A与C。这说明在求解检修方式下动态安全域时，检修前系统的标注数据和动态安全域模型仍可能具有一定有价值的知识。

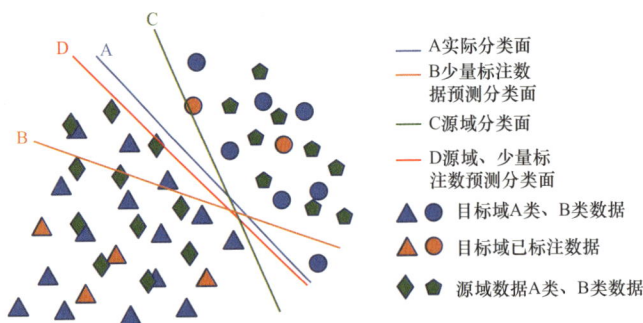

图6-19　基于少量标注数据预测示意图

因此，为求解检修方式下的动态安全域，本节考虑了一种基于大量检修前标注样本和少量检修样本数据的优化算法。该算法将检修前动态安全域的知识迁移至检修后系统中，避免了重新标注数据及训练算法的过程，同时可以获取接近于实际动态安全域的分类超平面，如图6-19中分类面D。

一方面，根据SVM的理论介绍可知，对SVM算法中分类超平面起到作用的主要是少量的支持向量，因此将源域的大量已标注数据和目标域的少量已标注数据作为数据集共同训练其实是没有必要的，可以选取源域支持向量和目标域少量数据作为训练集以达到迁移目的。选取源域支持向量代表源域所有标注数据，这一方面最大限度地保留了源域的知识；另一方面，支持向量仅为标注数据的很小一部分，这大大减小了迁移算法的复杂度。

另一方面，考虑到检修前与检修后的系统属于两个领域，领域不同，数据分布不一致，不同样本对目标域的模型影响程度也是不一致的。因此应给不同样本赋予不同权重进行训练，当两个系统相关性越强，检修前动态安全域越能代表检修后的安全域，对引入的检修前知识给予较少的惩罚参数；当两个系统相关性越弱，对引入知识则给予较大的惩罚参数。

6.2.3.2 迁移方法概述

本节针对电力系统拓扑改变情况，提出了一种考虑检修计划的 SVM 动态安全域迁移算法。该算法从检修前的动态安全域学习知识，并迁移至检修后系统中，使得算法可以在利用较少检修样本的情形下实现较好的动态安全域学习效果，为服务于电网的实际应用进一步铺平了道路。这里给出基于 SVM 的动态安全域迁移算法的基本原理图，如图 6-20 所示。

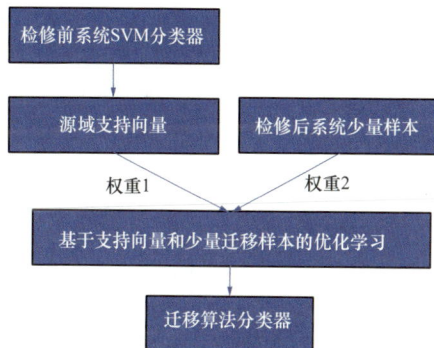

图 6-20　SVM 迁移算法基本思想

具体方法包括：考虑检修情况，提出了利用少量检修后数据对原有 SVM 安全域分类模型进行改进的安全域迁移算法。该算法利用最大均值差异法 MMD 描述检修前后的数据差异性，根据此差异性提出迁移惩罚参数指标，将该指标引入至迁移算法的目标函数中，用于衡量源域知识对检修后知识的影响程度。然后通过将迁移模型转化为对偶问题，利用 KKT 条件对问题进行求解，将问题转化为对偶问题的优化问题，并针对 SVM 迁移模型的对偶优化问题，提出了基于 SMO 算法的快速求解算法。

（1）最大均值差异法 MMD。不同设备对电力系统安全性的影响程度是不同的，也就是说不同检修情况下电力系统的动态安全域变化是不同的，即检修前后的系统动态安全域超平面相近性不同。为此，需要引入一个指标来衡量检修前后电力系统的相关程度，然后在将原有标注数据学习到的知识引入时，赋予一定的权重即惩罚性参数进行迁移。当两个系统的数据相关性越强时，原有安全域越能代表变化后系统的安全域，对引入的知识惩罚程度越小；相关性越弱时，则惩罚参数越大。

有文献针对双样本检测提出了最大均值差异法（Maximum Mean Discrepancy，MMD）用以衡量数据的分布差异。最大均值差异法后被用于迁移学习中对源域和目标域数据集的相关性度量，以此评估是否适合进行迁移学习，是迁移学习中使用频率最高的度量方法。

MMD 是一种核学习方法，它通过 $\phi(x_i)$ 将原数据映射到再生希尔伯特空间中，度量两个分布的距离，两个分布的样式的 MMD 距离如式（6-28）所示

$$MMD^2(X,Y) = \left\| \sum_{i=1}^{n_1}\phi(x_i) - \sum_{j=1}^{n_2}\phi(y_j) \right\|_H^2 \tag{6-28}$$

再生希尔伯特空间对于函数内积完备，具有再生性$\langle \phi(x_i), \phi(x_j) =K(x_i, x_j) \rangle$。因此内积可以转化为核函数进行计算，式（6-29）可化简为式（6-29）

$$MMD^2(X,Y) = \left\| \frac{1}{n_1^2}\sum_{i=1}^{n_1}\sum_{i'=1}^{n_1}k(x_i,x_{i'}) - \frac{1}{n_1 n_2}\sum_{i=1}^{n_1}\sum_{j=1}^{n_2}k(x_i,y_j) + \frac{1}{n_2^2}\sum_{y=1}^{n_2}\sum_{y'=1}^{n_2}k(y_j,y_j') \right\| \tag{6-29}$$

进一步为简化表达，式（6-29）可表示为式（6-30）

$$MMD^2(X,Y) = tr\begin{bmatrix} K_{x,x} & K_{x,y} \\ K_{x,y} & K_{y,y} \end{bmatrix} \tag{6-30}$$

其中 $K_{x,x} = \begin{bmatrix} k(x_1,x_1) & \cdots & k(x_1,x_{n_1}) \\ \vdots & \ddots & \vdots \\ k(x_{n_1},x_1) & \cdots & k(x_{n_1},x_{n_1}) \end{bmatrix}$，$M_{ij} = \begin{cases} 1/n_1^2, x_i,x_j \in X \\ 1/n_2^2, x_i,x_j \in Y \\ 1/n_1 n_2, otherwise \end{cases}$

核函数通常取用高斯核函数 $k(x_i, y_j) = e^{-\|x-y\|^2/2\sigma^2}$。实际应用中高斯核的带宽参数 σ 通常会取多个值，分别求核函数然后取和，作为最后的核函数。

本书定义迁移项惩罚参数，如式（6-31）所示

$$C_m = \frac{1}{MMD_{X,Y}} \tag{6-31}$$

（2）目标函数构造及转化。考虑到 SVM 分类模型中对判别超平面起决定作用的主要是支持向量，将源域知识（支持向量）引入至检修后电力系统的动

态安全域分类模型中。由于支持向量仅是标注数据中的一小部分，因此将支持向量而非全部原域标注数据引入大大减小了模型的复杂度，同时最大限度的保留了原有系统的数据知识。

定义基于 SVM 的迁移算法目标函数如式（6-32）所示

$$\min \frac{1}{2}\|w_t\|^2 + C_m C \sum_{i=1}^{k_{sv}} \varepsilon_i + C \sum_{j=1}^{m} \varepsilon_j$$

$$\text{s.t.} \quad y_i^{sv}(w_t^T x_i^{sv} + b) \geq 1 - \varepsilon_i$$

$$y_j(w_t^T x_j + b) \geq 1 - \varepsilon_j \tag{6-32}$$

$$\varepsilon_i \geq 0, \varepsilon_j \geq 0$$

式中：w_t 为检修后的系统动态安全域超平面法向量；(x_i^{sv}, y_i^{sv}) (x_j, y_j) 分别为检修前系统中安全域 SVM 模型的支持向量数据和检修后系统的少量标注数据；ε_i、ε_j 分别为检修前后标注数据的误差；C_m、C 分别为对检修前后数据误差的惩罚参数。

基于 SVM 的迁移算法优化问题为凸优化问题。为求解该问题，先得到该问题的拉格朗日函数，如式（6-33）所示

$$L = \frac{1}{2}\|w_t\|^2 + CC_m \sum_{i=1}^{k_{sv}} \varepsilon_i + C \sum_{j=1}^{m} \varepsilon_j - \sum_{i=1}^{k_{sv}} \alpha_i [y_i^{sv}(w_t^T x_i^{sv} + b) - 1 + \varepsilon_i]$$

$$- \sum_{j=1}^{m} \alpha_i [y_j(w_t^T x_j + b) - 1 + \varepsilon_j] - \sum_{i=1}^{k_{sv}} \gamma_i \varepsilon_i - \sum_{j=1}^{m} \gamma_j \varepsilon_j \tag{6-33}$$

同类项合并，式（6-33）转化为式（6-34）

$$L = \frac{1}{2}\|w_t\|^2 + C \sum_{i=1}^{k_{sv}+m} \rho \varepsilon_i - \sum_{i=1}^{k_{sv}+m} \alpha_i [\tilde{y}_j(w_t^T \tilde{x}_j + b) - 1 + \varepsilon_i] - \sum_{i=1}^{k_{sv}+m} \gamma_i \varepsilon_i \tag{6-34}$$

其中

$$\rho = \begin{cases} 1 & i = 1, \cdots, k_{sv} \\ C_m & i = k_{sv}+1, \cdots, k_{sv}+m \end{cases}$$

$$(\tilde{x}_i, \tilde{y}_i) = \begin{cases} (x_i^{sv}, y_i^{sv}) & i = 1, \cdots, k_{sv} \\ (x_i, y_i) & i = k_{sv}+1, \cdots, k_{sv}+m \end{cases}$$

将该问题转化为对偶问题求解，如式（6-35）所示

$$\max_{\alpha_i \geq 0} \min_{w_t, b} L(w_t, b, \alpha) \tag{6-35}$$

由 KKT 条件可得式（6-36）～式（6-38）

$$\frac{\partial L}{\partial w_t} = 0 \Rightarrow w_t = \sum_{i=1}^{k_{sv}+m} \alpha_i \tilde{y}_i \tilde{x}_i \tag{6-36}$$

$$\frac{\partial L}{\partial b}=0 \Rightarrow \sum_{i=1}^{k_{sv}+m} \alpha_i y_i=0 \qquad (6-37)$$

$$\frac{\partial L}{\partial \varepsilon_i}=0 \Rightarrow C\rho-\alpha_i-\gamma_i=0 \qquad (6-38)$$

将式（6-36）～式（6-38）代入式（6-34）并化简可得式（6-39）

$$\max L(\alpha)=\sum_{i=1}^{k_{sv}+m} \alpha_i - \frac{1}{2}\sum_{i=1}^{k_{sv}+m}\sum_{j=1}^{k_{sv}+m} \alpha_i \alpha_j \tilde{y}_i \tilde{y}_j$$

$$\text{s.t.} \quad 0 \leqslant \alpha_i \leqslant C\rho(\tilde{x}_i,\tilde{y}_i) \qquad (6-39)$$

$$\sum_{i=1}^{k_{sv}+m} \alpha_i y_i=0$$

求解式（6-39）的优化问题，得到一组拉格朗日乘子的最优解，进而依据式（6-36）求解出超平面的法向量 w_t，然后根据线性判别函数式即可得出超平面的位移项 b_t，从而求解出检修情况下的分类函数。

（3）SMO 算法快速求解。对求解式（6-39）的优化问题，可以采用序列最小优化算法（SMO）快速求解提高效率。SMO 算法的思想是，选择两个拉格朗日乘子 α_i 进行优化，并固定其他的乘子，将一个大的优化问题转化为若干个小的优化问题从而加速问题求解的效率。

为快速求解出满足式（6-38）优化问题的一组拉格朗日乘子解，可将该优化问题分解为两个子优化问题。

子优化问题 1 如式（6-40）所示

$$\max L_1(\alpha)=\sum_{i=1}^{k_{sv}} \alpha_i - \frac{1}{2}\sum_{i=1}^{k_{sv}}\sum_{j=1}^{k_{sv}} \alpha_i \alpha_j y_i^{sv} y_j^{sv}$$

$$\text{s.t.} \quad 0 \leqslant \alpha_i \leqslant CC_m \qquad (6-40)$$

$$\sum_{i=1}^{k_{sv}} \alpha_i y_i^{sv}=0$$

子优化问题 2 如式（6-41）所示

$$\max L_2(\alpha)=\sum_{i=1}^{m} \alpha_i - \frac{1}{2}\sum_{i=1}^{m}\sum_{j=1}^{m} \alpha_i \alpha_j y_i y_j$$

$$\text{s.t.} \quad 0 \leqslant \alpha_i \leqslant C \qquad (6-41)$$

$$\sum_{i=1}^{m} \alpha_i y_i=0$$

子优化问题 1 与源域的优化目标相同，只是拉格朗日乘子的约束条件由 $0 \leqslant \alpha_i \leqslant C$ 变为 $0 \leqslant \alpha_i \leqslant CC_m$。为此，只需将源域的拉格朗日乘子同时除以 C_m，即可得到满足子优化问题 1 的一组拉格朗日乘子解。

（4）动态安全域迁移模型的算法流程。本节给出基于 MMD 和 SVM 的动态安全域迁移模型的算法流程。

1）输入：检修前系统数据集，检修后系统少量数据集。

2）输出：检修后系统分类器参数 w_t，b_t。

3）步骤：

步骤 1：利用检修前系统样本集训练 SVM 分类器，获取分类器支持向量。

步骤 2：利用检修前分类器的支持向量和对应的拉格朗日乘子及检修后系统少量数据集，通过 SMO 算法获取迁移模型的一组拉格朗日乘子 α_i 的解。

步骤 3：利用 α_i 的值，求出线性判别函数的法向量 w_t，结合目标域数据标签求出位移项 b_t。

（5）少量迁移样本选取方法。迁移学习中，检修前安全域支持向量与检修后的少量迁移样本共同作为迁移算法的训练集。少量检修样本的质量对于迁移算法的性能有着关键的影响。少量检修样本的选取，可以从以下几个方面进行考虑。

1）基于支持向量选取样本。考虑到 SVM 中支持向量对分类面起到主要作用，当检修前后安全域边界比较接近时，支持向量也是比较接近的，那么选取源域中支持向量附近的运行点作为迁移样本时或许会更加有效。但当安全域变化比较大时，支持向量附近的样本很可能会同时落入稳定或失稳类别中，此时的迁移样本缺乏足够的类别信息。

2）基于潮流相似性选取样本。线路开断时，系统潮流会发生变化。不同运行方式下，潮流变化程度是不同的。潮流变化程度较大时，系统的稳定性可能会发生较大变化，因此可以考虑选取潮流变化较大的运行方式作为少量迁移样本。

3）随机选取样本。随机改变运行方式，通过暂态仿真，生成少量数据集作为迁移样本。随机选取的样本质量无法保证，但很少会同时落入稳定或失稳样本中，这也是随机选取样本的优势所在。

6.2.3.3　算例分析

（1）系统及样本描述。经过实验，发现 CEPRI-36 节点系统对于线路 BUS25–BUS26、BUS30–BUS31 不满足 N–1 原则。因此为测试本章所提出的迁移算法，将 CEPRI-36 节点系统中线路 BUS25–BUS26、BUS30–BUS31 由单回线设置为双回线后作为测试系统。测试系统接线图如图 6–21 所示。

本章样本集中的特征在表 6–1 中的部分电气量特征之外考虑了节点度数特征，节点度数指与节点相连支路的个数。

考虑对该系统在不同运行方式下发生预设故障 10s 内的暂态过程进行仿真。以表 6–4 中的特征及节点度数为初始特征，暂稳结果为标签，生成样本集。考虑不同预设故障下检修不同线路时，改变运行方式，各生成 1000 个样本，样本信息如表 6–5 所示。

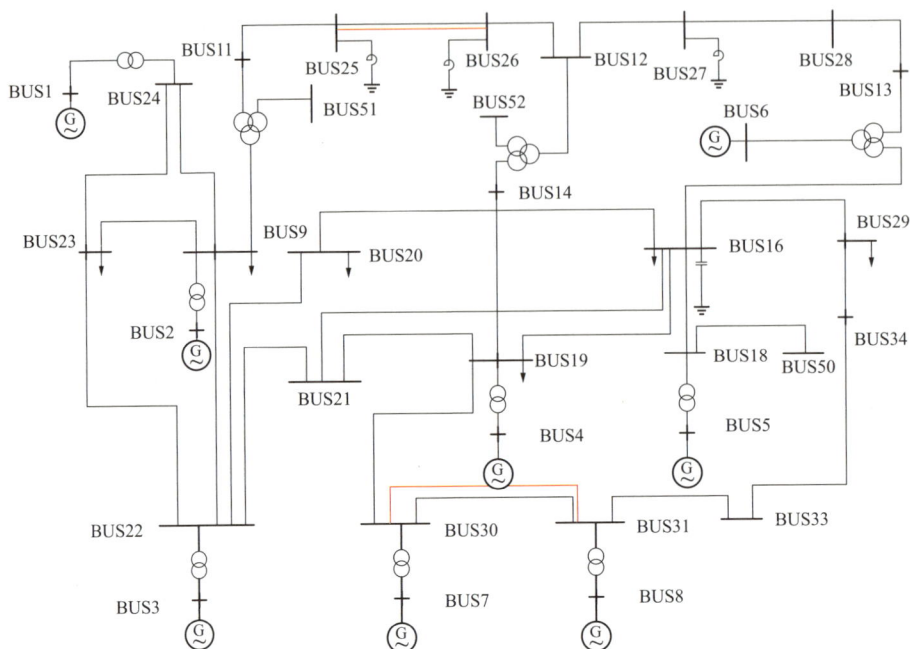

图 6-21 算例系统接线示意图

表 6-4   电气量特征集信息

符号	特征含义
V_i，θ_i	节点 i 的电压幅值和相角
PG^i，QG^i	发电机节点的有功、无功出力
PL^i，QL^i	负荷节点的有功、无功需求

表 6-5   样本集信息

预设故障	检修线路	样本构成
故障 1：线路 BUS19-BUS21 于 0s 时于线路首端发生三相短路，0.2s 后切除该线路	无	稳定：948 失稳：52
	BUS20-BUS22	稳定：892 失稳：108
	BUS14-BUS19	稳定：264 失稳：736
	BUS25-BUS26	稳定：862 失稳：138
	BUS33-BUS34	稳定：651 失稳：349

续表

预设故障	检修线路	样本构成
故障2：线路BUS30–BUS31单回线于0s时于线路首端发生三相短路，0.18s后切除该线路	无	稳定：585 失稳：415
	BUS25–BUS26	稳定：576 失稳：424
	BUS16–BUS20	稳定：608 失稳：392
	BUS19–BUS30	稳定：878 失稳：122
	BUS30–BUS31（第二回）	稳定：243 失稳：757
故障3：BUS14–BUS19于0s时于线路首端发生三相短路，0.2s后切除该线路	无	稳定：822 失稳：178
	BUS9–BUS24	稳定：859 失稳：141
	BUS19–BUS21	稳定：266 失稳：734
	BUS19–BUS30	稳定：887 失稳：113
	BUS23–BUS24	稳定：864 失稳：134

（2）性能测试。算法性能测试主要从不同故障、不同检修方式下，不同模型预测检修后系统样本的准确率来实现。模型主要采用以下三种模型：① SVM_S，该模型为预设故障下未检修线路时的动态安全域模型，即利用检修前系统的运行方式和标签数据集训练的模型；② SVM_T，该模型为利用预设故障下检修某条线路时的少量数据训练所得模型；③ SVM_MMD，该模型为前文所提出的迁移模型算法，通过预设故障下检修前的数据和检修后的少量迁移样本训练所得的模型。需要说明的是，本节中 SVM_T 和 SVM_MMD 模型中采用的检修后数据量均为整个检修样本集的1%。

高维数据在送入算法训练之前需要进行特征选择。本章节中针对同一故障，无论是否检修均采用相同的特征子集，即为未检修时利用5.2.3中的组合式特征选择算法筛选出的5个特征子集。

理论上来说，不同预设故障、不同检修方式下，电力系统的动态安全域是不同的。从动态安全域边界的超平面来说，不同表现在两个维度。一是特征子集内的元素可能发生了变化；二是超平面中各个特征的系数发生了变化。由于时间限制，本章实验本质上是对特征系数变化的研究，而没有考虑特征子集内元素的变化。这是不合理的。实际上应该对故障下不同检修方式下的动态安全域的特征子集是否发生变化进行试验探究。若特征子集发生变化，则应寻找算法来挖掘出特征子集变化的规律，或者挖掘出检修前后共同的特征空间来进行系数的迁移。

预设故障分别为故障 1、2、3 时，对不同检修线路情形下的算法性能进行测试，结果分别如表 6-6～表 6-8 所示。

表 6-6　　　　　故障 1 时不同模型对检修后系统样本预测准确率

检修线路	分类准确率（%）		
	SVM_S	SVM_T	SVM_MMD
BUS20-BUS22	96.5	89.2	96.4
BUS14-BUS19	32.2	96.7	96.7
BUS25-BUS26	89.6	91.7	93.8
BUS33-BUS34	71.3	88.5	97.3

表 6-7　　　　　故障 2 时不同模型对检修后系统样本预测准确率

检修线路	分类准确率（%）		
	SVM_S	SVM_T	SVM_MMD
BUS25-BUS26	72.3	97.2	97.2
BUS16-BUS20	96.2	96.9	97
BUS19-BUS30	54	87.8	96.8
BUS30-BUS31（第二回线）	64.9	95.1	96

表 6-8　　　　　故障 3 时不同模型对检修后系统样本预测准确率

检修线路	分类准确率（%）		
	SVM_S	SVM_T	SVM_MMD
BUS9-BUS24	92.5	89.9	96.8
BUS19-BUS21	56.4	91.9	95.9
BUS19-BUS30	89.8	88.7	94
BUS23-BUS24	90.7	94.4	96.6

可以看出除故障 1 下检修线路 BUS20-22 时，SVM_MMD 模型比 SVM_S 模型精度低 0.1% 外，其余情况下，SVM_MMD 模型分类准确率均明显高于

SVM_S 和 SVM_T 模型。这说明本书提出算法的有效性得到了验证，该算法仅利用少量迁移样本即可有效改善原有动态安全域模型在检修后系统样本中的分类效果。

预设故障 1 下检修不同线路时，分类迁移算法的性能指标如表 6-9 所示。

表 6-9 　　　　　　　　　　　**基于 SVM 的安全域迁移模型性能指标**

检修线路	性能指标（%）	分类模型		
		SVM_S	SVM_T	SVM_MMD
BUS33	分类准确率	71.3	88.5	97.3
—	误报警率	0	17.67	3.23
BUS34	漏报警率	82.23	0	1.72
BUS20	分类准确率	96.4	89.2	96.4
—	误报警率	0	0.67	1.12
BUS22	漏报警率	26.85	100	24.07

由表 6-9 中结果可以看出，直接用少量迁移样本训练出的分类模型（SVM_T）和检修前的分类模型（SVM_S）对检修后系统进行预测，容易出现误报警率与漏报警率差别较大，即某一类别的样本预测效果较好，另一类别的样本预测效果极差的情形；而迁移模型（SVM_MMD）能够解决此问题，使漏报警率与误报警率处于适中水平。

（3）迁移项惩罚参数及迁移样本影响。

1）迁移项惩罚参数影响分析。为考虑不同情形下，迁移项惩罚参数 C_m 对迁移模型的影响，选取两种情况进行参数影响分析，如图 6-22 所示。第一种情况是预设故障 3 时检修线路 BUS19–BUS21 的迁移模型；第二种情况是预设故障 3 时检修线路 BUS19–BUS30 的迁移模型。图中的红点与蓝点分别表示利用最大均值差异法计算得出的迁移项惩罚参数。

可以看出在两种情况下，惩罚参数 C_m 对分类准确率的影响是不同的，第一种情况下参数 C_m 的增大使分类准确率增大，第二种情况下参数 C_m 的增大反而使分类准确率减小。这可能与迁移样本的分布与数量、动态安全域变化情况等有关；在利用最大均值差异法得出的惩罚参数值下，迁移模型可以较好的对样本进行分类。这说明最大均值差异法在一定程度上可以衡量检修前后数据的差异性。

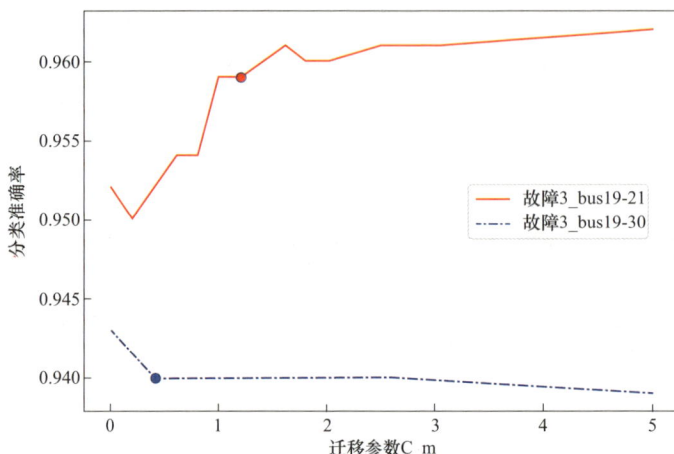

图 6-22　不同迁移参数情形下的分类准确率

2）迁移样本构成影响。为进一步分析迁移样本构成对迁移精度的影响，这里分别考虑两种因素：①不同迁移样本百分比对迁移模型的影响；②样本中稳定样本与失稳样本的分布对迁移模型的影响。

以故障 2 下检修 BUS19–BUS30 为例，考虑不同迁移样本百分比（1%，2%，3%，4%，5%，10%，15%，20%，30%，40%，50%）对迁移算法精度的影响，如图 6–23 所示。

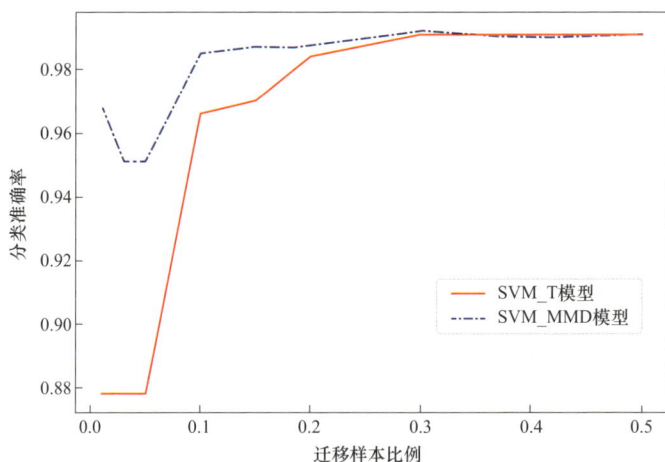

图 6-23　不同迁移样本比例下的分类准确率

由图 6–23 可以看出，随着迁移样本比例的增大，SVM_T 和 SVM_MMD模型的分类准确率都在逐步增大，当迁移样本比例达到 30% 时，两种模型的精度基本保持一致；迁移样本比例为 0 ～ 15% 时，SVM_MMD 迁移模型精度明显高于 SVM_T 模型。

前述测试中的迁移样本均为使用 train_test_split 函数（随机数种子取 0）随机从检修后系统中选取的样本。随机数种子相同时，产生的随机数是相同的；随机数种子不同时，产生的随机数不同，即产生不同的迁移样本。为防止迁移算法性能的偶然性，选取迁移样本时选取不同的随机数种子，重复进行试验。以故障 2 下检修线路 BUS25–BUS26 为例，选取不同随机数种子，对迁移算法模型进行测试，结果如表 6–10 所示。

由表 6–10 可以看出，在不同随机数种子设置下，迁移算法的精度整体较好，这再一次证明了迁移算法的有效性。

表 6–10　　　　　　　　　不同随机数种子对迁移算法的影响

随机数种子	迁移样本中稳定与失稳样本比例	目标域分类准确率	
		SVM_T	SVM_MMD
0	1.5	97.2	97.2
1	1	0.954	0.977
2	1	0.805	0.901
3	1	0.972	0.965
4	4	0.844	0.87

（4）少量迁移样本影响。前一节中，通过设置不同的随机数种子选取不同的随机迁移样本进行试验，从结果可以看出，迁移算法虽然在整体上性能较好，但精度变化较大。故少量迁移样本的质量对迁移算法的性能影响较大。

这里进一步探究少量迁移样本的选取方法对迁移算法性能的影响。

预设故障 3 下检修线路 BUS9–BUS24 时，源域分类器在目标域上分类效果较好，可以达到 90%，说明动态安全域变化较小。此时在源域支持向量附近选取少量迁移样本（3%），同时随机的选取等量样本，对迁移算法性能进行测试。基于支持向量选取迁移样本时，迁移算法分类精度为 98.4%；随机选取样本时，随机数种子分别设置为 0，1，2 时，相应的迁移算法精度为 91%，98.1%，95.6%。可以看出，当检修前后动态安全域变化比较小时，直接在源域支持向量附近选取运行方式点作为迁移样本时，动态安全域迁移算法的性能会更好。

预设故障 3 下检修线路 BUS19–BUS21 时，源域分类器在目标域上分类效果较差，说明动态安全域变化较大。此时基于源域支持向量进行选取迁移样本，发现迁移样本均为失稳样本，缺乏足够的类别信息。采用欧式距离判定相同运行方式下潮流相似性，选择出潮流变化较大的 3% 样本，发现也皆为失稳样本。选用随机选取迁移样本方法进行测试，随机数种子分别设置为 0，1，2 时，相应的迁移算法精度为 98.1%，95.7%，98.4%。可以看出随机选择样本虽无法保证样本质量，但样本几乎不会同时落入同一类别中。

为提高样本选取方法的通用性，本书将基于支持向量选取的样本和随机选取的样本共同作为迁移样本（简称为"支持向量＋随机"选取样本）。仍以故障 3 下线路 BUS9–BUS24 和 BUS19–BUS21 检修时为例进行分析，此时两种方法选取的迁移样本各占据 1.5%，改变随机样本分布，进行迁移算法训练。训练结果如表 6–11 所示。

表 6–11　　　　　　"支持向量＋随机"选取样本性能测试

"支持向量＋随机"选取样本	迁移算法分类精度（%）	
	BUS9 – BUS24	BUS19 – BUS21
随机 0	98.2	97.7
随机 1	97.9	96.2
随机 2	98.2	98.5

综上可以看出，基于"支持向量＋随机"选取样本时，样本质量虽仍受随机样本分布的影响，但迁移算法的整体精度比仅利用随机选取样本方法时更高。该方法在一定程度上提高了迁移样本的质量，即提高了迁移算法的性能。

6.3　小结

本章主要介绍安全域概念下的电网安全评估方法的相关理论和方法实现。

在 6.1 中充分介绍安全域概念及其分类、并定义了更便于实用的电网实用动态安全域的概念，在 6.2 中展开介绍基于人工智能和电力大数据技术的电网安全评估方法，即电网实用动态安全域的获取方法，包括实用动态安全域的拟合、更新和迁移。在 6.2.1 中，提出了一种利用 SVM 算法获取电网实用动态安全域的方法，并从理论和实例两方面分析验证了利用 SVM 算法挖掘电网安全域边界的可行性。在 6.2.2 中，基于一种经典的增量 SVM 算法对实用动态安全域进行在线更新，将一种增量学习的 SVM 算法引入到电网动态安全域研究中，实现动态安全域边界的滚动更新，弥补了离线训练难以覆盖全部未知情景的不足。在 6.2.3 中，提出考虑检修计划的 SVM 动态安全域迁移算法，进一步考虑检修情况，并提出了利用少量检修后数据对原有 SVM 安全域分类模型进行改进的安全域迁移算法，进一步改善了原有安全域在目标域上的分类精确率。对于上述方法都分别在系统上进行算例分析，验证各项性能的实用性。

总的来说，本章节内容从基本概念、方法描述等内容入手，循序渐进，帮助读者由浅及深了解基于人工智能和电力大数据技术的电网安全评估方法，并通过算例分析让读者对方法有进一步生动的认识和理解。

参考文献

［1］余贻鑫.电力系统安全域［M］.北京：中国电力出版社，2014.

［2］王浩.电力系统静态电压安全域的研究［D］.天津大学，2014.

［3］余贻鑫，冯飞.电力系统有功静态安全域［J］.中国科学：数学，1990，33（6）：664-672.

［4］余贻鑫，冯飞.电力系统有功响应静态安全域［J］.电力系统及其自动化学报，1989（1）：24-33.

［5］王菲，余贻鑫.基于广域测量系统的电力系统热稳定安全域［J］.中国电机工程学报，2011，31（10）：33-38.

［6］郭聪，余贻鑫.决策空间上的电力系统热稳定安全域边界［J］.电力系统自动化，2013，37（18）：42-47.

［7］孙强，余贻鑫，李鹏，等.与主导振荡模式有关的小扰动稳定域边界拓扑性质［J］.电力系统自动化，2007，31（15）：6-10.

［8］孙强，余贻鑫，贾宏杰，等.与退化 Hopf 分岔有关的小扰动稳定域拓扑性质［J］.电力系统自动化，2007，31（17）：6-10.

［9］孙强，余贻鑫.小扰动稳定域边界的超平面拟合及应用［J］.天津大学学报，2008，41（6）：647-652.

［10］Qin C, Yu Y. Small signal stability region of power systems with DFIG in injection space［J］. Journal of Modern Power Systems and Clean Energy，2013，1（2）：127-133.

［11］余贻鑫，栾文鹏.利用拟合技术决定实用电力系统动态安全域［J］.中国电机工程学报，1990（s1）：22-28.

［12］曾沅，樊纪超，余贻鑫，等.电力大系统实用动态安全域［J］.电力系统自动化，2001，25（16）：6-10.

［13］余贻鑫，林济铿.电力系统动态安全域边界的实用解析表示［J］.天津大学学报（自然科学与工程技术版），1997（1）：1-8.

［14］曾沅，余贻鑫.电力系统动态安全域的实用解法［J］.中国电机工程

学报，2003，23（5）：24-28.

[15] 余贻鑫，曾沅，冯飞. 电力系统注入空间动态安全域的微分拓扑特性 [J]. 中国科学：技术科学，2002，32（4）：503-509.

[16] 樊纪超，余贻鑫. 交直流并联输电系统实用动态安全域研究 [J]. 中国电机工程学报，2005，25（23）：19-24.

[17] 余贻鑫，董存，T LEE Stephen，等. 复功率注入空间中电力系统的实用动态安全域 [J]. 天津大学学报，2006，39（2）：129-134.

[18] 董存，余贻鑫. 相角-电压空间上的实用动态安全域 [J]. 电力系统及其自动化学报，2005，17（6）：1-4.

[19] 秦超，刘艳丽，余贻鑫，等. 含双馈风机电力系统的动态安全域 [J]. 电工技术学报，2015，30（18）：157-163.

[20] 闵亮，余贻鑫，Lee Stephen T.，等. 失稳模态识别方法及其在动态安全域中的运用 [J]. 电力系统自动化，2004，28（11）：28-32.

[21] 孙宏斌，谢开，蒋维勇，等. 智能机器调度员的原理和原型系统 [J]. 电力系统自动化，2007，31（16）：1-6.

[22] 赵峰，孙宏斌，张伯明. 基于电气分区的输电断面及其自动发现 [J]. 电力系统自动化，2011，35（5）：42-46.

[23] 蒋维勇，孙宏斌，张伯明，等. 电力系统精细规则的研究 [J]. 中国电机工程学报，2009，29（4）：1-7.

[24] 王康，孙宏斌，蒋维勇，等. 智能控制中心二级精细化规则生成方法 [J]. 电力系统自动化，2010，34（7）：45-49.

[25] 孙宏斌，赵峰，蒋维勇，等. 电网精细规则在线自动发现系统架构与功能设计 [J]. 电力系统自动化，2011，35（18）：81-86.

[26] 李鹏，苏寅生，李建设，等. 多维安全域下南方电网的方式计算探讨 [J]. 南方电网技术，2011，05（6）：112.

[27] Frieß T T, Cristianini N, Campbell C. The Kernel-Adatron Algorithm: A Fast and Simple Learning Procedure for Support Vector Machines: Fifteenth International Conference on Machine Learning, 1998 [C].

[28] Joachims T. Making large-scale support vector machine learning practical: Advances in kernel methods, 1999 [C].

[29] Platt J C. Fast training of support vector machines using sequential minimal optimization [M]. MIT Press, 1999.

[30] Ruping S. Incremental learning with support vector machines: IEEE International Conference on Data Mining, 2001 [C].

[31] Cauwenberghs G, Poggio T. Incremental and Decremental Support

Vector Machine Learning: Advances in Neural Information Processing Systems 13, 2001 [C].

[32] Smola, Gretton A, Song L, et al. A hilbert space embedding for distributions [C] //International Conference on Algorithmic Learning Theory.2007, doi: 10.1007/978-3-540-75225-7_5.

[33] Gretton A, Borgwardt K, Rasch M, et al. A kernel two-sample test [J]. The journal of Machine Learning Research, 2012, 13: 723-773.

[34] Jia X, Zhao M, Di Y, et al. Assessment of data suitability for machine prognosis using maximum mean discrepancy [J]. IEEE Transactions on Industrial Electronics, 2018, 65 (7): 5872-5881.

[35] Borgwardt K M, Gretton A, Rasch M J, et al. Integrating structured biological data by Kernel Maximum Mean Discrepancy [J]. Bioinformatics, 2006: 49-57.

7

稳定域下基于深度学习的电力系统暂态稳定评估

7.1　简介

电力系统发生暂态稳定故障之后，对故障稳定性判别的速度和精度直接影响调度运行人员的后续操作，准确、快速的暂态稳定评估可协助调度运行人员采取适当措施，减小故障影响的范围，降低故障对系统的伤害。目前，常用的仿真法和直接法难以同时满足准确性和快速性的要求，不适合用于故障后暂态稳定快速评估。本章以暂态稳定数据为研究对象，深度学习技术为研究工具，结合电力系统领域知识和深度学习技术特点，从评估框架、评估方法两个层面，深入研究了故障后暂态稳定快速评估方法。

在评估框架层面，结合电力系统领域知识，从稳定域的角度解释了机器学习方法学习到稳定规则的电力系统含义，提出了稳定域概念下的暂态稳定评估。分析了深度学习技术相对于传统机器学习方法的优势在于更强的抽象特征提取能力和更好的模型泛化能力，更适合进行暂态稳定评估研究。基于此，提出了基于深度学习的电力系统暂态稳定评估框架，给出了稳定评估方法和流程。

在评估方法层面，首先研究了基于深度置信网络的暂态稳定评估方法，并考虑电力系统网络空间分布特性对深度置信网络的约束。其次，根据误差产生的原因，提出了一种基于深度循环网络和深度置信网络的稳定评估算法，该方法利用基于循环门单元的循环神经网络自动学习时序响应中隐含的特征，从而兼顾暂态数据空间和时间的相关性，修正由于故障后运行点的变化对稳定评估结果的影响。

7.2　基于深度学习的暂态稳定评估框架

故障后暂态稳定评估对评估精度和计算速度的要求极高，无论是时域仿真法，还是直接法或基于故障后系统响应的方法都无法同时满足精确性和快速性。基于机器学习方法的暂态稳定评估在计算速度上可以与直接法相媲美，评估准确率也在不断提高，缺点在于机器学习方法是纯粹基于数据和统计的方法，忽略了电力系统的理论和特点，导致了机器学习结果的可信度不高。同时，由于传统机器学习方法没有考虑电力系统的特点，无法利用电力系统理论去指导机器学习的过程，也无法改造机器学习算法，使学习的过程更贴近真实电力系统。本节将从暂态稳定评估规则的理论基础出发，赋予机器学习学习到的稳定规则明确的物理意义，搭建机器学习与电力系统稳定分析之间的桥梁。

7.2.1 暂态稳定评估规则与稳定域边界

根据稳定域的定义，若故障后系统有稳定平衡点，且故障切除时刻系统处于故障后稳定平衡点的稳定域内，则系统最终会被吸引至该稳定平衡点，系统保持稳定。因此，评估暂态稳定的本质是寻找故障后系统稳定平衡点的稳定域及其边界，从而判断故障后初始时刻系统的状态与稳定域边界的相对位置。无论是基于能量函数的直接法还是基于拓扑理论的直接法，求解不稳定平衡点和确定其稳定流形的过程在数学上是一个非常困难的问题，求解起来非常复杂，并且有一定的保守性。

稳定域边界是状态空间中的一个非线性曲面，从函数映射的角度来看，稳定域边界可以看成系统状态变量的非线性函数。由于该非线性函数过于复杂，所以很难找到解析解，即很难找到稳定域边界与系统状态变量之间的显性关系。另一方面，机器学习方法是天然的数据分析工具，可以用于寻找系统状态变量与稳定域边界之间的非线性联系。因此，从稳定域和稳定域边界的角度来分析基于机器学习的暂态稳定评估方法，可以知道如果能够利用机器学习方法隐式地拟合出稳定域，学习到的暂态稳定评估规则就等价于稳定域边界。理论上，由于故障后稳定平衡点的稳定域边界真实存在，如果机器学习方法在进行非线性关系拟合时达到百分之百的正确率，那么基于机器学习方法的暂态稳定评估可达到百分之百的准确率，即基于机器学习方法的暂态稳定评估在理论上是完备的。

7.2.1.1 稳定域概念下的暂态稳定评估

稳定域及稳定域边界与稳定平衡点一一对应，但是在实际运行中难以保证所有情况的故障后系统稳定平衡点保持一致，这主要由两点原因造成：

（1）对于某一初始运行方式，若系统中发生如三相短路接地等严重故障，一方面稳控措施通常会在第一时间切除故障线路或者机组，使系统的结构发生变化从而使故障后稳定平衡点与故障前发生偏移；另一方面，即使故障后线路或机组恢复正常，扰动严重的暂态事故也可能使系统的故障后运行点发生变化。对于这种情况，当电力系统规模较大时，系统结构的微小变化对系统运行方式的改变有限，研究者假设故障后运行方式与故障前一致，则故障前、后平衡点的稳定域和稳定域边界近似一致。

（2）系统初始运行方式的变化导致故障后稳定平衡点的变动。对于这种情况，虽然电力系统的运行方式千差万别，但是典型方式的个数是有限的，针对每一种典型的运行方式都可以离线训练对应的暂态稳定规则，以实现在线快速评估故障后系统的稳定性。

值得注意的是，大量的现有研究在形成样本集的过程中考察了系统初始运行点的变化，将所有的样本放在一起形成稳定规则。这样做将稳定域（Stability Region）和安全域（Security Region）的概念相混淆。稳定性是状态空间的概念，指的是系统遭受任何扰动之后恢复至稳定运行状态的能力；安全性是参数空间的概念，指的是系统任意可行的运行状态能否承受某种扰动的能力。因此，从特定的初始运行点出发，采用不同的故障形成仿真样本，训练可（近似）得到该初始运行点的稳定域；事先确定某种故障，采用不同的初始运行状态形成仿真样本，训练可得到系统在该故障下的安全域。然而，部分现有研究将这两种概念杂糅在一起，所生成的稳定评估规则物理意义不明，不利于对其结果进行理解和解释。有文献的题目涉及电力系统的暂态稳定（Transient Stability）分析，但文中却是针对特定的故障（Preassigned Contingency）判断若干运行状态（Operating State）的稳定性，属于安全域的范畴。因此，只有从电力系统理论的角度去理解机器学习在暂态稳定中的应用，才能对该方法有更深入的理解，使得机器学习方法学习到的稳定评估规则有理论支撑，促进其在电力系统中更广泛的应用。

7.2.1.2　深度学习模型结构的特点与优势

如上节所述，从稳定域的角度来理解暂态稳定评估问题，可以将电力系统暂态稳定评估看成对稳定域边界的拟合问题。有文献指出，只具有一个隐含层的神经网络就可以模拟任何函数，最糟的情况需要 k^n 个隐含节点，其中 k 表示独立因素的变体个数，n 表示独立因素的个数，这也叫 Universal Approximation Theorem。经典的机器学习算法，如聚类、最近邻域法、支持向量机和随机森林等均是采用浅层结构（Shallow Architecture）的算法。其中，2006 年 Caruana 比较了多种传统机器学习算法的性能，发现支持向量机模型和随机森林模型的综合性能最突出，现有的基于机器学习的暂态稳定评估研究中也大量采用了这两种模型。那么，既然包含单隐含层的神经网络这种浅层结构模型就能模拟任何函数，为什么要加深网络的层数呢？

传统机器学习算法在处理高维数据时泛化能力较差，随着维度的增加，机器学习算法的性能逐步上升，达到某点之后，性能便逐渐下降，成为维数灾（Curse of Dimensionality），如图 7-1 所示。当持续增加输入空间维度时，样本会变得越来越稀疏，机器学习算法训练准确性会不断提高，但是对新数据缺乏泛化能力，测试准确性会急剧降低，即发生过拟合现象。为了避免过拟合的出现，必须持续增加样本数量。

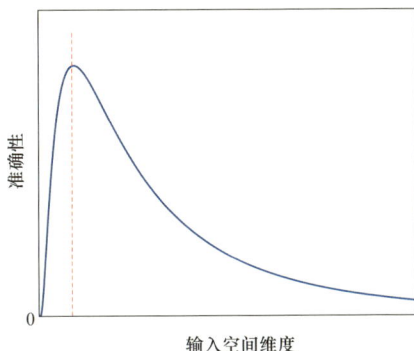

图 7-1　机器学习算法维数灾示意图

相反地，对于一个深层结构（Deep Architecture），每增加一层，整个网络所能表达的输入中差别（Variance）的数量将呈指数式增长。而浅层结构只能学习集中表达（One-Hot Representation），虽然可以模拟任何函数，但是数据量的代价太大，多层神经网络可以用更少的数据量来学习得到更合适的表达方式——分布式表达（Distributed Representation）。有文献指出，为了达到相同的泛化精度，浅层结构所需样本的个数为深层结构的 10^{100} 倍，如此大的样本量对模型和计算都带来了极大的考验。

除了分布式表达的学习能力之外，深度学习另一个特点是其深层结构天然具有处理组合（Compositionality）的能力。

因此，相比于传统算法，深度学习拥有更深的层次结构，拥有更好的泛化能力，并且可以学习更有利于分类评估的表达，在样本空间有限的情况下处理复杂函数的能力更强。电力系统稳定域边界是高维非线性的超平面，在样本空间一定的情况下，深度学习可以使用更少的模型参数学习到泛化能力更强的分布式表达，更利于进行稳定性评估。同时，稳定域边界可以看成是由输入特征各种非线性组合而成，与深度学习逐层递进地学习抽象的表达组合的思想一致，因此深度学习相比传统机器学习方法，更适合进行暂态稳定评估研究。这样，通过深度学习方法学习到的暂态稳定规则就是故障前稳定平衡点的稳定域边界，称为稳定域概念下的暂态稳定评估规则。

7.2.2 深度学习原理及模型

在对 AI 的研究过程中，仿生学家和神经科学家为了模拟人大脑皮层处理数据和信息的方式，研发了神经网络模型及相关算法，大大增强了非线性数据处理的能力。此时神经网络发展的瓶颈主要有两点：一是用于训练的数据不足，导致神经网络容易出现过拟合的现象；二是多层神经网络在训练过程中会出现梯度弥散的现象，训练速度极慢且容易陷入局部极值。2006 年之后，随着数据的大量累积、神经网络全新训练方法的提出和计算机计算速度的大幅提高，训练大型多层神经网络成为了可能，从而促进了深度学习的发展和繁荣。因此，深度学习是机器学习的一个分支，而机器学习则是人工智能的一个研究领域，三者的关系如图 7-2 所示。

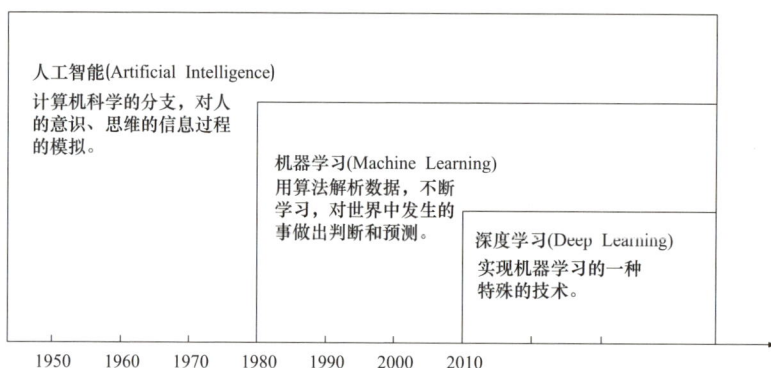

人工智能(Artificial Intelligence)
计算机科学的分支，对人的意识、思维的信息过程的模拟。

机器学习(Machine Learning)
用算法解析数据，不断学习，对世界中发生的事做出判断和预测。

深度学习(Deep Learning)
实现机器学习的一种特殊的技术。

1950　1960　1970　1980　1990　2000　2010

图 7-2　人工智能、机器学习与深度学习

2006 年，G. Hinton 等人揭开深度学习大规模应用的序幕之后，Y. LeCun、Y. Bengio、A. Ng 等大量研究人员从模型结构、训练方法、优化算法等方向对深度学习进行了广泛的研究，取得了大量的研究成果。如前所述，包括深度学习在内的任何机器学习模型本质上都是一个优化问题，可分为三个部分，即探寻适合任务的模型、定义合适的损失评估函数和选择合适的优化算法求解，如式（7-1）所示

$$\min L = g\left(f\left(X,\ W\right),\ Y\right) \tag{7-1}$$

式中：每个样本由输入 – 输出对 (X, Y) 组成，f 表示适合任务的模型结构，W 为该模型的参数，$f(X, W)$ 即为模型的预测输出；g 表示模型预测输出与目标 Y 之间的损失评估函数，优化算法的目的是通过优化模型的参数 W 使得损失评估函数 L 最小。损失评估函数需要根据具体任务和数据的特点决定，并没有统一的形式，因此下面简要介绍深度学习中常用的模型和优化算法。

7.2.2.1 深度学习中常用的神经网络模型

深度学习（Deep Learning），或者说深度机器学习（Deep Machine Learning），

使用多层结构来同时进行表达学习和分类识别。由于使用了特殊的多层结构，使得深度学习的泛化能力和函数拟合能力得到了巨大的提升。其中，深层神经网络（Deep Neural Network）相较于其他深度学习模型，其结构与人脑处理信息的方法类似，训练方法更为成熟，因此获得了更多的关注。

（1）神经元的激活规则。神经元的激活规则指神经元输入到输出之间的映射关系，一般为非线性函数，如图 7-3 所示。

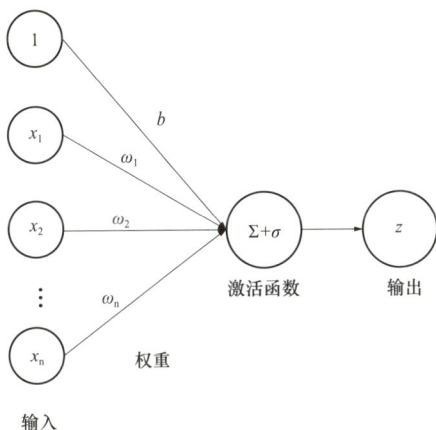

图 7-3 神经元结构及激活函数

神经元的输入用 $X=(x_1, x_2, \cdots, x_n)^{\mathrm{T}}$ 表示，非线性激活函数由 σ 表示，则输入与输出之间的关系如式（7-2）所示

$$z = \sigma(\sum_{i=1}^{n} \omega_i x_i + b) = \sigma(W^{\mathrm{T}} X + b) \tag{7-2}$$

式中：$W=(\omega_1, \omega_2, \cdots, \omega_n)^{\mathrm{T}}$ 表示 n 维的权重向量；b 是偏置量（bias）；W_X^{T} 是对原空间的线性变换，b 是对原空间的平移。

激活函数使用连续的非线性函数，是为了使神经元可以处理非线性数据，增强网络的表达能力。另外，还要求激活函数除有限的点之外可导，以保证能够使用 Backpropagation 的方式对网络权重进行更新。深度学习中常用的激活函数及其导数的表达式如表 7-1 所示。

表 7-1 常见激活函数

激活函数名称	激活函数	激活函数导数
Logistic 函数	$\sigma(x) = \dfrac{1}{1+e^{-x}}$	$\sigma^{'}(x) = \sigma(x)(1-\sigma(x))$

续表

激活函数名称	激活函数	激活函数导数
硬 Logistics 函数	$\sigma(x) = \begin{cases} 1 & x \geq 2 \\ 0.25x + 0.5 & -2 < x < 2 \\ 0 & x \leq -2 \end{cases}$	$\sigma'(x) = \begin{cases} 0 & x \geq 2 \\ 0.25 & -2 < x < 2 \\ 0 & x \leq -2 \end{cases}$
Tanh 函数	$\sigma(x) = \dfrac{e^x - e^{-x}}{e^x + e^{-x}}$	$\sigma'(x) = 1 - \sigma(x)^2$
硬 Tanh 函数	$\sigma(x) = \begin{cases} 1 & x \geq 1 \\ x & -1 < x < 1 \\ -1 & x \leq -1 \end{cases}$	$\sigma'(x) = \begin{cases} 0 & x \geq 1 \\ 1 & -1 < x < 1 \\ 0 & x \leq -1 \end{cases}$
SoftPlus 函数	$\sigma(x) = \log(1 + e^x)$	$\sigma'(x) = \dfrac{1}{1 + e^{-x}}$
ReLU 函数	$\sigma(x) = \begin{cases} x & x \geq 0 \\ 0 & x < 0 \end{cases}$	$\sigma'(x) = \begin{cases} 1 & x \geq 0 \\ 0 & x < 0 \end{cases}$

其中，Logistic 函数、Tanh 函数和 SoftPlus 函数在两端都具有饱和性，计算开销较大，因此可以在 $x=0$ 附近线性化，分别得到硬 Logistic 函数、硬 Tanh 函数和 ReLU（Rectified Linear Unit）函数。采用分段函数的形式来近似，可以节约计算成本，加快网络权重更新速度。

（2）网络连接的拓扑结构。根据任务不同，深度学习模型可以分为深度生成模型（Deep Generative Model）和深度判别模型（Deep Discriminative Model）。利用深度学习算法快速判断电力系统的故障后暂态稳定性，是个典型的分类问题，因此这里只介绍前馈神经网络、卷积神经网络和循环神经网络这三种最基本的深度判别模型。

1）前馈神经网络。前馈神经网络，又可称为多层感知器（Multilayer Perceptrons，MLPs），是最典型的一种神经网络结构，如图 7-4 所示。之所以被称为前馈神经网络，是因为该神经网络的信息只能从上一层向下逐层传递，每一层的神经元之间也没有信息的传递。

2）卷积神经网络。卷积神经网络是一类特殊的前馈神经网络，为处理网格状（grid data）数据（如图像等）而专门设计的。Y. LeCun 在 1989 年将反向传播算法引入卷积神经网络，其后在手写体数字识别上取得了巨大成功。卷积神经网络一般交替采用卷积层和最大池化层，然后在顶端使用多层全连接的前馈神经网络。卷积层是通过稀疏连接来实现的，其与全连接层的比较如图 7-5 所示。图 7-5 左边是全连接层，所有隐含层的神经元都会受到 x_3 的影响；右边是卷积层，如果采用宽度为 3 的卷积核进行卷积，那么只有 h_2、h_3 和 h_4 三个神经元受到 x_3 的影响。

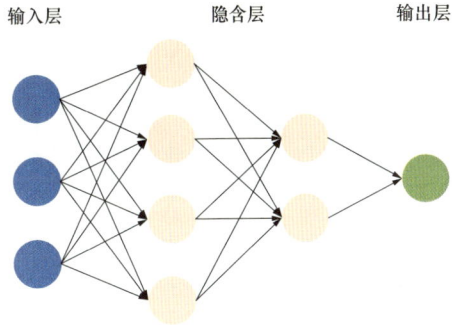

图 7-4　前馈神经网络

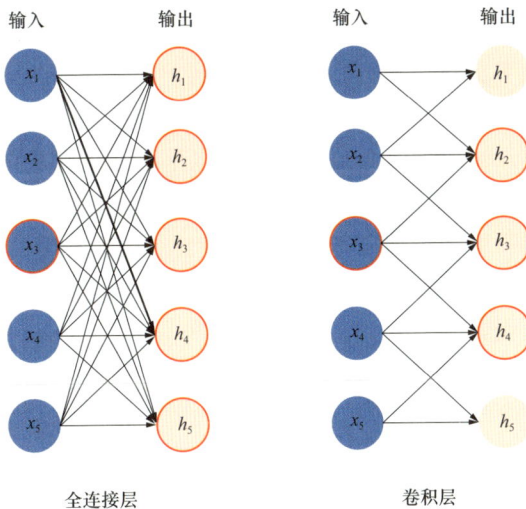

图 7-5　卷积层与全连接层的比较

3）循环神经网络。如前所述，卷积神经网络是为处理图像数据而设计的一种神经网络结构，那么循环神经网络就是为处理序列数据设计的，如语音、文本数据。与前馈神经网络不同的是，循环神经网络隐含层的神经元带有自反馈机制，从而可以考虑序列中任意位置数据间的相关关系。从动态系统的角度来理解，可以将序列数据看成对动态系统的连续时间量测，反映了动态系统在不同时刻的状态，理论上循环神经网络可以近似任意的动态系统。循环神经网络的结构如图 7-6 所示。

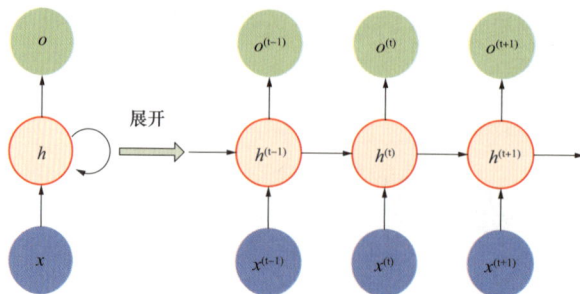

图 7-6 循环神经网络结构

7.2.2.2 深度学习中常用的优化算法

神经网络一般使用梯度下降法（Gradient Descent，GD）进行训练，这是因为神经网络模型具有高度非线性，导致其损失评估函数非凸（non-convex）。对于非凸函数的优化问题，通常使用基于梯度的迭代方法不断地更新网络的权重。更新权重的时候，需要计算损失评估函数对每一层参数的导数，一般使用反向传播算法来计算梯度。需要说明的是，基于梯度的方法可能会陷入局部最优解而无法收敛到全局最优解。在深度学习的认知里，只要收敛到的解对应的损失评估函数足够小，即使只是局部最优解也是可以接受的。另外，对于不同的神经网络结构和损失评估函数设计，往往还存在着不同的小技巧，将在后续章节中结合具体的网络结构和损失函数详细阐述。

（1）链式法则与反向传播算法（Back-Propagation）。反向传播算法（Back-Propagation，BP）发展于 20 世纪 70 年代，研究界公认 BP 算法由 Werbos 和 Rumelhart 分别独立提出，用于计算神经网络的损失评估函数与各参数之间的梯度。

1）链式法则。

如图 7-7 所示，一个神经网络的损失评估函数为 L，h_1 至 h_n 为第 $l+1$ 个隐含层，z 为第 l 个隐含层中的一个神经元。要计算 L 相对于 z 层参数的偏导数，根据链式法则可知

$$\frac{\partial L}{\partial z} = \sum_{j=1}^{n} \frac{\partial L}{\partial h_j} \cdot \frac{\partial h_j}{\partial z} \tag{7-3}$$

式中：$\partial h_j / \partial z$ 为局部偏导，利用式（7-2）可以很方便地计算。计算 $\partial L / \partial h_j$ 则需要考察第 l 个隐含层与第 $l+1$ 个隐含层之间的关系，向上迭代计算，直到最后一个隐含层。若将该神经网络中所有神经元的个数记为 N，连接线（edge）的个数记为 E，则通过链式法则计算梯度方法的计算时间复杂度为 $O(N \times E)$。对于一个多层神经网络，参数的个数可能有数万甚至数百万，用本方法计算梯度更新参数的速度非常慢，难以实用。

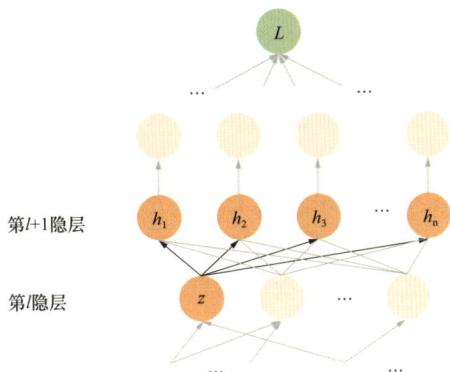

图 7-7　链式法则

2）反向传播算法。反向传播算法的思想与链式法则类似，其算法可分为三步进行：①前馈计算每层神经网络神经元的输入值和输出值，直到最后；②反向传播计算每一层的误差项；③结合每一层的误差项和上一层的神经元输出，计算参数的梯度。

反向传播算法的时间复杂度为 $O(N+E)$，时间复杂度远远低于链式法则，更适合在大型神经网络中应用。另外，目前几乎所有的主流深度学习框架（如 Theano、TensorFlow 和 MXNet）都包含自动梯度计算的功能，十分方便进行神经网络相关的研究和开发工作。

（2）梯度下降和随机梯度下降（Stochastic Gradient Descent，SGD）。对一个有 N 个样本的训练集，根据每个样本（x_i，y_i）均可计算得到神经网络参数的导数，一般取平均之后再来更新网络参数，如式（7-4）和式（7-5）所示

$$W^{(l)} = W^{(l)} - \varepsilon \cdot \frac{1}{N} \sum_{i=1}^{N} \frac{\partial L(x_i, y_i)}{\partial W^{(l)}} \qquad (7-4)$$

$$b^{(l)} = b^{(l)} - \varepsilon \cdot \frac{1}{N} \sum_{i=1}^{N} \frac{\partial L(x_i, y_i)}{\partial b^{(l)}} \qquad (7-5)$$

式中：ε 表示学习速率。

当训练集非常大时，由于梯度下降法每次更新参数的时候会遍历训练集中所有的样本，此时计算量非常大，于是就有了梯度下降算法的拓展版本——随机梯度下降。如前所述，每次更新参数用到的梯度是所有样本梯度的期望。为了避免大计算量，随机梯度算法在第 t 次迭代时随机抽取 n（$n \ll N$）个样本组成小的样本集 B_t（mini-batch），只计算这 n 个样本的梯度，用这 n 个样本梯度的均值作为真实梯度的估算来更新参数，如式（7-6）和式（7-7）所示

$$W_{t+1}^{(l)} = W_t^{(l)} - \varepsilon \cdot \frac{1}{n} \sum_{i \in B_t}^{n} \frac{\partial L(x_i, y_i)}{\partial W^{(l)}} \qquad (7-6)$$

$$b_{t+1}^{(l)} = b_t^{(l)} - \varepsilon \cdot \frac{1}{n} \sum_{i \in B_t}^{n} \frac{\partial L(x_i, y_i)}{\partial b^{(l)}} \qquad (7\text{--}7)$$

学习速率 ε 对梯度下降相关算法的训练效果有较大的影响，随机梯度算法由于在随机选择小样本集的过程会不可避免地引入噪声，所以一般会采用变学习速率的方法来改进其收敛效果。后来，研究者们又提出了不同自动调整学习速率（Adaptive Leraning Rate）策略的随机梯度下降算法，如 Adagrad 算法、RMSprop 算法、Adam 算法、Adadelta 算法等，具体使用哪种优化方法需要根据数据分别的特点来选择。另外，为了使收敛的速度更快，可以对梯度增加动量因子项（momentum），由于篇幅的原因这里不详述。

7.2.3 基于深度学习的暂态稳定评估方法

与其他基于机器学习的暂态评估方法类似，本章所述方法也包含离线学习和在线评估两个部分。离线学习阶段在日前完成，每种典型的运行方式下，历经"数据获取"→"表达学习"→"任务实施"→"评价解释"等步骤，学习每一种典型运行方式对应的暂态稳定评估规则。在线评估阶段是事件驱动的，与中断机制类似，系统中一旦出现故障就开始运行，接收 PMU 系统的量测数据进行稳定评估与控制。基于深度学习的暂态稳定评估方法具体流程如图 7-8 所示。

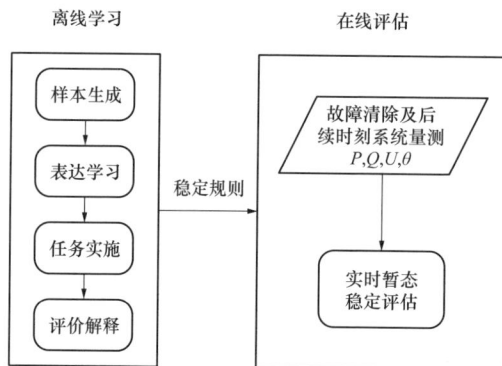

图 7-8 暂态稳定评估流程图

7.2.3.1 离线学习

离线学习阶段是从积累的大量离线仿真数据中学习稳定规则的过程，由数据获取层、表达学习层、任务实施层、评价解释层四个部分构成，如图 7-9 所示。

（1）数据获取层。离线学习阶段使用到的数据可以从两个部分获取，一是来自于数值仿真，通过预设故障进行暂态稳定仿真，可以得到大量用于仿真的样本；二是来自于历史数据，历史数据相比数值仿真得到的数据更贴近现实系统，但是由于数据量有限，并且所包含系统不稳定部分的信息有限，所以只能作为补充。

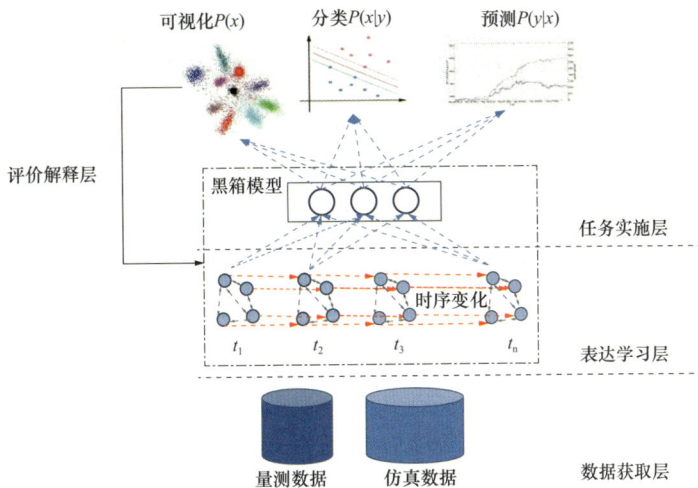

图 7-9　离线学习流程

（2）表达学习层。如前文描述，在具体任务实施之前需要进行特征分析，以减少冗余，并使具体任务达到更好效果。表达学习是特征分析的常用模式之一，通过表达学习，深度学习模型将暂态稳定数据由原始的输入空间映射到一个二元线性可分的表达空间。

（3）任务实施层。学习到表达之后，则可以根据具体的任务来选择深度学习的模型结构和损失评估函数。本章关注的暂态稳定评估是个二元分类问题，神经网络模型的输出层可以只用一个神经元，其激活函数为 logistic 函数，则网络的输出可以直接看作是两个类别的后验概率，如式（7-8）所示

$$P(Y=1\,|\,X)=f(X;W,b)=\hat{Y} \tag{7-8}$$

若采用分类问题中最常见的交叉熵损失函数，则损失函数可写成

$$L(Y,f(X;W,b))=-Y\log\hat{Y} \tag{7-9}$$

除了损失评估函数之外，通常还需要使用准确率和混淆矩阵（Confusion Matrix）来作为展示评估结果的工具，如表 7-2 所示。

表 7-2　　　　　　　　　　　　　　稳定评估结果

仿真结果	预测结果		漏报率	误报率	错误率
	稳定	不稳定			
稳定	TP	FN	FPR	FNR	PER
不稳定	FP	TN			

表 7-2 中，TP（True Positive）表示被准确地预测为稳定的稳定样本个数；FN（False Negative）表示被错误地预测为不稳定的稳定样本个数，也称误报警；TN（True Negative）表示被正确地预测为不稳定的不稳定样本个数；TP（False Positive）表示被错误地预测为稳定的不稳定样本个数，也称漏报警；FNR（False Negative Rate）表示误报警率，FPR（False Positive Rate）表示漏报警率，PER（PredictIve Error Rate）表示错误率。

对于电力系统暂态稳定评估而言，除了关心错误率 PER 之外，更应该关心漏报警率，因为将不稳定样本错判为稳定样本对电力系统的危害要大得多。

（4）评价解释层。由于深度学习非常复杂，是一个典型的黑箱模型，所以为了使调度运行人员能够理解和利用评估结果，需要对模型加以解释。从机器学习的角度来看，最简单的易于解释的模型是线性模型。从物理意义上理解，类似于快速求解原始输入特征相对于稳定评估结果的灵敏度，从而指导调度运行人员对故障后系统进行快速调整，使系统尽快稳定。具体内容将在第 8 章中详细介绍。

7.2.3.2　在线评估

在线评估阶段是利用离线学习阶段学习到的稳定评估规则进行实时稳定评估的过程。与离线学习阶段相同，稳定评估规则的输入为系统中线路的有功 P、无功 Q 和母线电压幅值 U 和相角 θ 向量。另外，由于输入为故障清除时刻及后续时刻的系统量测，稳定评估模型对故障清除时刻判别准确性的要求较高。因此，本书除了训练故障稳定性评估模型，还训练了故障清除时刻判别模型，如图 7-10 所示。一旦某一时刻系统发生故障，故障清除时刻判别模型开始工作，不断判断故障是否清除。一旦故障清除时刻判别模型判断某时刻为故障清除时刻，故障稳定性判别模型开始工作，通过 PMU 单元获取故障清除时刻及后续时刻系统量测，进行实时暂态稳定评估，得到评估结果。

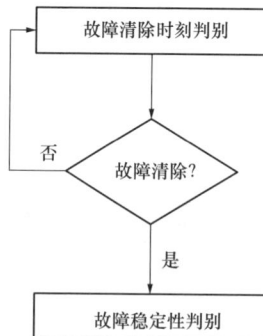

图 7-10　在线评估流程

7.3 基于深度置信网络的暂态稳定评估方法研究

选择合适的特征是利用包括深度学习在内的所有机器学习算法研究电力系统暂态稳定评估时都要考虑的问题，直接关系到稳定评估的效果。最初，研究者们凭借电力专家的经验选择一定数量的特征作为机器学习算法的输入，这种方法可能会带人为认知的偏差，并且在处理海量数据时无能为力。随后，开始借助计算机辅助特征分析，主要有特征筛选和表达学习两种方式。

特征筛选是通过一定的标准从原始的特征空间中筛选出最优子集的过程，"好"的评价标准是在该最优子集中稳定评估的准确性最高。有文献证明最优特征子集选择问题是 NP 难题，对于一个动辄存在上万个原始特征的实际电力系统，筛选出最优子集几乎是不可能完成的任务。即使能够筛选出一个较优的子集，依然存在局限性、多源数据融合问题、模型泛化能力差的问题。

因此，本节使用表达学习的思想分析原始输入特征，从中学习暂态稳定数据的表达方法。

7.3.1 基于深度置信网络的暂态数据表达方法

从原始数据中学习一种好的表达是机器学习算法能否成功的关键，从概率评估的角度来看机器学习，好的表达可以学习到输入变量的后验概率 $P(x|y)$，从而更准确高效地完成后续任务，如分类、预测等。传统机器学习算法中，常用的表达学习有核函数法（Kernal Machine）、主成分分析法（Principal Component Analysis，PCA）和独立成分分析法（Independent Component Analysis，ICA）。

对于以支持向量机为代表的核函数方法，可以看成是基于核函数的表达学习层和二元线性分类器组成的两层结构，如式（7-10）所示

$$f(x) = b + \sum_i \beta_i K(x, x_i) \tag{7-10}$$

式中：b 和 β_i 是第二层线性分类器学习到的分类参数，第一层里核函数 $K(x, x_i)$ 连接输入 x 和训练样本 x_i；$f(x)$ 为核函数分类器对输入 x 的输出。对于任一正数 $\rho > 0$，若只在 x_i 某些邻域内满足 $K(x, x_i) > \rho$，则该核函数是局部的。局部核函数学习到的表达也是局部的（Local Representation）。局部邻域的大小通常有核函数的参数控制，称为核函数的宽度。以最常见的高斯核函数为例

$$Gaussian\ Kernel\ K[x, x^{(i)}] = e^{\frac{-\|x - x_i\|^2}{\sigma^2}} \tag{7-11}$$

式中：σ 控制着 x_i 邻域的范围，即为高斯核函数的宽度。将式（7-11）的向量展开写成低维的形式

$$K(\mathrm{x},\mathrm{x}_i) = e^{\frac{-\|x-x_i\|^2}{\sigma^2}}$$

$$= e^{\frac{\sum_j -(x_j-x_j^{(i)})^2}{\sigma^2}}$$

$$= \prod_j e^{-\left(\frac{x_j-x_j^{(i)}}{\sigma}\right)^2} \tag{7-12}$$

式中：$\mathrm{x}=(x_1,\cdots,x_j,\cdots)$。当输入与训练集任一维度偏差较大即 $|x_j-x_j^{(i)}|/\sigma$ 时，核函数 $K(\mathrm{x},\mathrm{x}_i)\to 0$，进而 $f(\mathrm{x})\to b$，此时无法得到正确的评估。也就是说，核函数类表达学习方法只能学习到训练集邻域内的表达，无法泛化到训练集邻域以外的区域，泛化能力有限。这种性质与核函数法对待拟合的目标函数的光滑性假设（Smoothness Prior）相关，即 $\mathrm{x}\approx\mathrm{x}_i\to f(\mathrm{x})\approx f(\mathrm{x}_i)$。从分类评估任务的角度来看，这种光滑性假设与真实情况是相悖的。如图 7-11 所示，点 A 和 B 是稳定边界两边的两个点，在状态空间的局部表达里距离很近，但是二者的稳定状态完全相反。这也是学习局部表达所局限的地方。

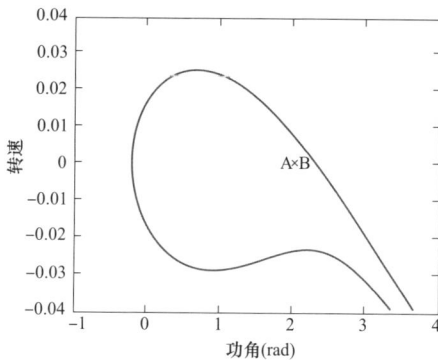

图 7-11　局部表达与光滑性假设

与核函数方法不同，主成分分析法学习到的表达是分布式的，其局限性在于它是一种线性变换，无法通过增加层数的方法学习到更为抽象的表达，因为线性变换的组合依然是线性变化。相应的，如果对输入的假设不仅局限于高斯分布（若假定输入为高斯分布，则独立成分分析等价于主成分分析），那么独立成分分析能够学习到非线性的分布式表达，已经有研究者将若干个独立成分分析模块"堆在"一起形成深层结构，用于进行模式识别。独立成分分析的局限性在于需要对数据源的分布进行假设，真实世界中高维数据的表达很难精确地用线性变换来获取。

因此，具有非线性表达学习能力的深层结构更适合进行暂态稳定数据的表达学习，本节将结合深度置信网络来加以说明。深度置信网络与核函数法、主成分分析和独立成分分析的比较如表 7–3 所示。

表 7–3　　　　　　　　　　　常见表达学习方法比较

激活函数	线性 / 非线性	数据分布	结构层次	学习方法
核函数法	非线性	预先假设	浅层	监督学习
主成分分析	线性	高斯分布	浅层	非监督学习
独立成分分析	线性	预先假设	浅层	非监督学习
深度置信网络	非线性	非监督预学习	深层	非监督 + 监督

7.3.1.1　限制玻尔兹曼机与非监督预训练

深度置信网络（Deep Belief Network，DBN）是以限制玻尔兹曼机为基本单元的深度表达学习模型，常用于复杂函数的表达学习。限制玻尔兹曼机是最受欢迎的无向图模型（Undirected Graphical Models）之一，是一种用于学习输入变量概率分布函数的概率生成模型。限制玻尔兹曼机是一个两层结构，由输入层和隐含层构成，如图 7–12 所示。之所以称为"限制"玻尔兹曼机，是因为只考虑输入层与隐含层之间的连接关系，而不考虑输入层内部或隐含层内部的连接，则输入层与隐含层神经元之间是相互独立的。

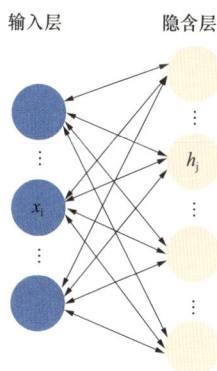

图 7–12　限制玻尔兹曼机结构

（1）标准限制玻尔兹曼机（Restricted Boltzmann Machine，RBM）。标准 RBM 的输入神经元和隐含神经元均为二值变量，即 $\forall i \in (1, 2, \cdots n)$，$j \in (1, 2, \cdots m)$，满足 $x_j \in \{0, 1\}$ 和 $h_i \in \{0, 1\}$，其中 n 和 m 分别是输入层和隐含层神经元的个数。隐含层的每一个神经元都可以看成是一个二元的特征提取器，合在一起形成了输入层的分布式表达。这种分布式表达是十分紧凑的（compact），一共可以表达 $2^m - 1$ 种非零的输入模式。

RBM 是典型的概率生成模型，与判别模型相比，生成模型的作用在于建立观察数据和标签之间的联合分布。输入层到隐含层的连接代表了判别模式（recognition relationship），即 P（标签 | 观察）；隐含层到输入层的连接代表了生成模式（generative pattern），即 P（观察 | 标签）。RBM 输入层和隐含层之间的联系可定义该系统的能量如式（7–13）定义

$$E(x,h\,|\,\theta) = -\sum_{i=1}^{n} a_i x_i - \sum_{j=1}^{m} b_j h_j - \sum_{i=1}^{n}\sum_{j=1}^{m} h_j W_{ij} x_i$$
$$= -a^{\mathrm{T}} x - b^{\mathrm{T}} h - h^{\mathrm{T}} W x \tag{7–13}$$

式中：$\theta = \{a_i,\ b_j,\ W_{ij}\}$ 是 RBM 的参数；a_i 和 b_j 分别代表输入层神经元和隐含层神经元的偏置（offset）；W_{ij} 为输入层神经元 i 与隐含层神经元 j 之间的连接。RBM 任一组状态（$x,\ h$）的联合概率分布为

$$P(x,h\,|\,\theta) = \frac{1}{Z(\theta)} e^{-E(x,h|\theta)} \tag{7–14}$$

其中，$Z(\theta)$ 为归一化因子

$$Z(\theta) = \sum_x \sum_h e^{-E(x,h|\theta)} \tag{7–15}$$

计算输入层变量概率分布函数等价于计算 RBM 联合概率分布的边际分布 $P(x|\theta)$，如式（7–16）所示

$$P(x\,|\,h,\theta) = \frac{1}{Z(\theta)} \sum_h e^{-E(x,h|\theta)} \tag{7–16}$$

RBM 输入层和隐含层内部没有连接关系，因此在给定输入层状态时，隐含层各神经元之间是相互独立的，则

$$P(h\,|\,x,\theta) = \prod_j P(h_j\,|\,x,\theta) \tag{7–17}$$

同样的，给定隐含层状态时，输入层各神经元之间也是相互独立的，则

$$P(x\,|\,h,\theta) = \prod_i P(x_i\,|\,h,\theta) \tag{7–18}$$

用 logistics 函数表示激活状态时，可知输入层和隐含层各节点的激活概率为

$$P(h_j = 1\,|\,x,\theta) = \mathrm{logistic}(\sum_i W_{ij} x_i + b_j) \tag{7–19}$$

$$P(x_i = 1\,|\,h,\theta) = \mathrm{logistic}(\sum_j W_{ij} h_j + a_i) \tag{7–20}$$

给定学习样本集 D，学习 RBM 的任务是求出参数 θ，使得符合样本 D 的概率似然函数 $P(x)$ 最大。习惯上，写成求最小值的形式，即损失评估函数 $L(\theta, D)$ 等于负的概率似然函数，如式（7–21）所示

$$\min_{\theta} \quad L(\theta,D) = -\sum_{x \in D} \log P(x,\theta)$$

$$= -\sum_{x \in D} \log \sum_{h} P(x,h)$$

$$= -\sum_{x \in D} \log \sum_{h} \frac{e^{-E(x,h)}}{Z(\theta)} \qquad (7-21)$$

将式（7-15）代入式（7-21），可得

$$L(\theta,D) = -\sum_{x \in D} \log \frac{\sum_{h} e^{-E(x^{(D)},h|\theta)}}{\sum_{x}\sum_{h} e^{-E(x,h|\theta)}}$$

$$= -\sum_{x \in D} (\log \sum_{h} e^{-E(x^{(D)},h)} - \log \sum_{x}\sum_{h} e^{-E(x,h|\theta)}) \qquad (7-22)$$

为了采用梯度下降计算最优参数，需要计算损失评估函数相对于参数 W、a、b 的梯度，经过推导，可得

$$\frac{\partial L(\theta)}{\partial W} = E_{P}[x \cdot h] - E_{\hat{P}}[x \cdot h]$$

$$\frac{\partial L(\theta)}{\partial a} = E_{P}[x] - E_{\hat{P}}[x] \qquad (7-23)$$

$$\frac{\partial L(\theta)}{\partial b} = E_{P}[h] - E_{\hat{P}}[h]$$

或者写成元素的形式

$$\frac{\partial L(\theta)}{\partial W_{ij}} = <x_i h_j>_{\text{model}} - <x_i h_j>_{\text{data}}$$

$$\frac{\partial L(\theta)}{\partial a_i} = <x_i>_{\text{model}} - <x_i>_{\text{data}} \qquad (7-24)$$

$$\frac{\partial L(\theta)}{\partial b_j} = <h_j>_{\text{model}} - <h_j>_{\text{data}}$$

式中：$E_{\hat{P}}$ 和 $<\cdot>_{\text{data}}$ 表示满足输入数据分布的期望；E_{P} 和 $<\cdot>_{\text{model}}$ 表示满足 RBM 分布的期望。从式（7-24）中可以看出，当输入变量的分布与 RBM 学习到的分布相同时梯度为零，此时符合样本的概率似然函数最大。

（2）高斯限制波尔兹曼机。如前所述，标准 RBM 输入层为二值变量，无法用于模拟实值（real-valued）输入变量。为了能够处理实值的输入变量，Welling 等人将输入变量建模成一个均值由隐含层决定的高斯过程，每层神经元的激活概率为

$$P(h_j = 1 | x, \theta) = \text{logistic}(\sum_i W_{ij} \frac{x_i}{\sigma_i} + b_j) \qquad (7-25)$$

$$P(x_i = x \mid h, \theta) = \frac{1}{\sqrt{2\pi}\sigma_i} \exp[-\frac{(x - a_i - \sigma_i \sum_j W_{ij} h_j)^2}{2\sigma_i^2}] \qquad (7\text{-}26)$$

此时，高斯限制波尔兹曼机（Gaussian Restricted Boltzmann Machine，GRBM）的能量为

$$E(x, h \mid \theta) = \sum_{i=1}^{n} \frac{(x_i - a_i)^2}{2\sigma_i^2} - \sum_{j=1}^{m} b_j h_j - \sum_{i=1}^{n} \sum_{j=1}^{m} h_j W_{ij} \frac{x_i}{\sigma_i} \qquad (7\text{-}27)$$

损失评估函数相对参数的梯度为

$$\frac{\partial L(\theta)}{\partial W_{ij}} = <\frac{x_i}{\sigma_i} h_j>_{\text{model}} - <\frac{x_i}{\sigma_i} h_j>_{\text{data}}$$

$$\frac{\partial L(\theta)}{\partial a_i} = <\frac{x_i}{\sigma_i}>_{\text{model}} - <\frac{x_i}{\sigma_i}>_{\text{data}} \qquad (7\text{-}28)$$

$$\frac{\partial L(\theta)}{\partial b_j} = <h_j>_{\text{model}} - <h_j>_{\text{data}}$$

若事先将输入变量归一化，即令 $\sigma_i^2 \equiv 1$，则式（7-28）与式（7-24）一致。

（3）限制玻尔兹曼机训练方法。式（7-24）和式（7-28）中满足输入分布的期望 $<\cdot>_{\text{data}}$ 可以根据输入层的数据直接计算得到，模型的期望则需要根据联合分布函数和 Gibbs 采样迭代计算。Gibbs 采样是一个非常耗时的迭代过程，Hinton 在文献中提供了一种称为对比散度（Contrastive Divergence，CD）的学习方法，可以大大缩减 Gibbs 采样的时间。CD 法随机选取样本集中的样本作为输入层的初值，记为 x_0。然后在其基础上进行 k 步 Gibbs 采样，记为 CD-k 方法。有文献指出，只需进行 1 步 Gibbs 采样就可达到可接受的近似精度，因此 CD-1 方法大大减少了 Gibbs 采样迭代的次数，提高了训练效率。CD-1 方法下的参数更新如式（7-29）所示

$$\Delta W = \varepsilon\left([x]_0 \cdot [h]_0 - [x]_1 \cdot [h]_1\right)$$

$$\Delta a = \varepsilon\left([x]_0 - [x]_1\right) \qquad (7\text{-}29)$$

$$\Delta b = \varepsilon\left([h]_0 - [h]_1\right)$$

式中：ε 表示学习速率。

7.3.1.2 深度置信网络与监督参数精调

（1）深度置信网络结构。深度置信网络 DBN 是由多个 RBM 堆叠而成的深层神经网络结构，最初由 Hinton 提出。由于深度置信网络的深层结构不容易训练，Hinton 提出了一种 RBM 预训练结合 DBN 反向精调的训练方法，由底层（输入层）向上层逐层训练。首先，利用 CD-1 算法训练 RBM-1，然后将

RBM–1 的隐含层神经元的激活概率作为 RBM–2 的输入，再次利用 CD–1 算法训练 RBM–2，然后将 RBM–2 的隐含层神经元的激活概率作为 RBM–3 的输入，以此类推直到 RBM–k，将每个 RBM 都预训练一遍，可以得到每个 RBM 的连接关系矩阵 $W^{(1)}$、$W^{(2)}$、…、$W^{(k)}$。预训练的过程是无监督的，不需要标签信息，因此称为无监督预训练（Unsupervised Pre–Training），如图 7–13 所示。

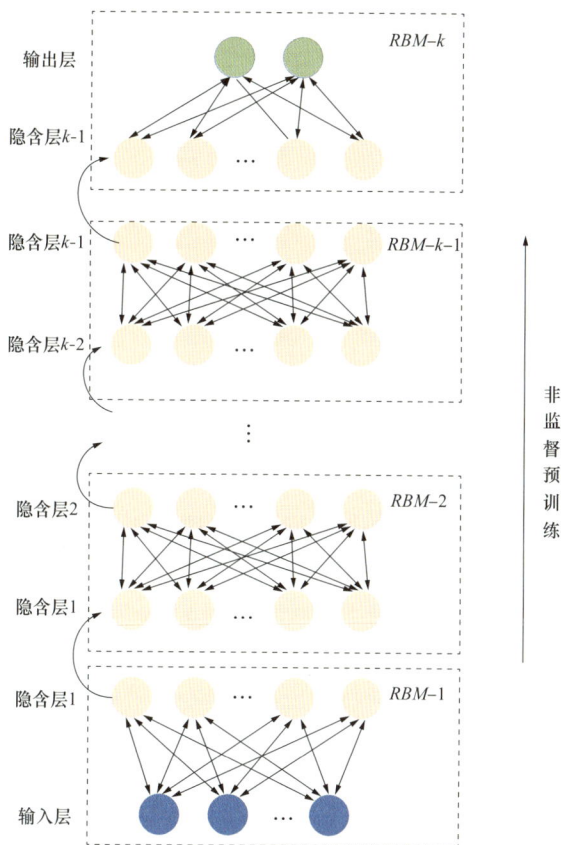

图 7–13 深度置信网络非监督预训练

接下来，将所有的 RBM 展开（Unfolding），顺序连接合成一个完整的 DBN，并根据具体的任务来设计损失评估函数，利用反向传播算法来精确调整网路的参数，最终得到 DBN 的参数矩阵 $\tilde{W}^{(1)}=W^{(1)}+\Delta^{(1)}$、…、$\tilde{W}^{(k)}=W^{(k)}+\Delta^{(k)}$，$\Delta^{(i)}$ 表示根据标签信息学习到的微调量。精调的过程是监督的，需要标签信息来指导调整的过程，因此又称为监督参数精调（Supervised Fine–Tuning），如图 7–14 所示。

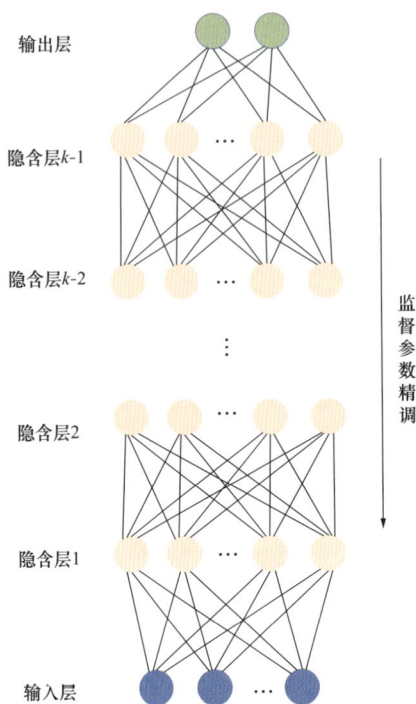

图7-14　深度置信网络监督参数精调

值得注意的是，这种预训练加反向精调的训练模式是一种训练深度神经网络通用的模式，其他类型的网络也可以用这种模式来生成深层结构以及对网络进行训练，如堆叠自动编码器（Stacked Auto-Encoder），Bengio 总结这种模式为 Greedy Layer-Wise Training。从概率的角度来理解，预训练可以用于学习输入数据的先验概率分布 $P(x)$，然后根据具体任务的标签信息来进行微调，学习基于标签信息的后验概率分布 $P(x|y)$。Erhan 在文献中通过试验的方法总结出采用预训练的模式可以将深层结构的参数调整至最优值附近，从而使得反向精调时参数能够更快地收敛至最优解。

（2）基于邻域分析的损失评估函数。记 DBN 的参数为 $\tilde{W} = [\tilde{W}^{(1)} \cdots \tilde{W}^{(k)}]$，DBN 的映射关系为 $f: R^{d_o} \to R^{d_r}$，则对于样本集 (x_i, y_i)，$i=1, 2, \cdots, N$ 中的任一输入 x_i，经过 DBN 映射到表达空间（Representation Space）的向量为 $f(x_i|W)$。在表达空间中，为了便于对稳定性进行评估，稳定性相同的样本应该尽可能地聚集在一起，稳定性不同的样本应该尽可能地分开。为此，本小节在表达空间中对样本点进行邻域分析（Neiborhood Component Analysis，NCA），以设计满足要求的损失评估函数。

为了满足稳定性相同的样本尽可能聚集、稳定性不同的样本尽可能分开的要求，从 K 临近算法（K Nearest Neighbor，KNN）的角度来看，要求每个样本点与其最临近的 K 个样本点的稳定性相同。KNN 算法中 K 值的选择通常使用弃一交叉验证（Leave-Out-One Cross Validation，LOO）的方法来选择，但是这种方法的损失函数是不连续的，无法利用梯度下降法进行优化，应用范围有限。换一种思路，在表达空间，对于样本点 i，随机选择另一样本点 j（$j \neq i$），则样本 j 属于样本 i 邻域的概率 p_{ij} 可用距离 d_{ij} 的 softmax 来表示

$$p_{ij} = \frac{e^{-d_{ij}^2}}{\sum_{z \neq i} e^{-d_{iz}^2}}, p_{ii} = 0 \tag{7-30}$$

式（7-30）的含义是两个样本点距离越近，则属于各自邻域的概率越大，分母是为了保证 $\sum_i p_{ij} = 1$。与 KNN 算法类似，一个样本点的类别同样由其邻域内其他样本点"投票"决定，则某样本点稳定的概率为

$$p(y_j = 1) = \sum_{j:y_j=1} p_{ij} \tag{7-31}$$

遍历样本集中所有的样本点，稳定性评估准确样本点的期望（Expected Classification Accuracy，ECA）为

$$O_{ECE} = \sum_{i=1}^{N} \sum_{j:y_j=y_i} p_{ij}$$

$$= \sum_{i=1}^{N} \sum_{j:y_j=y_i} \frac{e^{-d_{ij}^2}}{\sum_{z \neq i} e^{-d_{iz}^2}} \tag{7-32}$$

最简单的，采用表达空间中的向量差来定义距离，如式（7-33）所示

$$d_{ij} = d_i - d_j = f(x_i \mid W) - f(x_j \mid W) \tag{7-33}$$

则目标函数为

$$O_{ECA} = \sum_{i=1}^{N} \sum_{j:y_j=y_i} \frac{\exp\{-[f(x_i \mid W) - f(x_j \mid W)]^2\}}{\sum_{z \neq i} \exp\{-[f(x_i \mid W) - f(x_z \mid W)]^2\}} \tag{7-34}$$

根据链式法则，目标函数 O_{ECA} 相对于深度置信网络参数 W 的梯度可拆分成两部分，如式（7-35）所示

$$\frac{\partial O_{ECA}}{\partial W} = \frac{\partial O_{ECA}}{\partial f(x_i \mid W)} \cdot \frac{\partial f(x_i \mid W)}{\partial W} \tag{7-35}$$

式（7-35）的第二项可以根据标准的反向传播算法计算得到。O_{ECA} 可以看成第 i 个样本评估正确期望加上其他所有样本分类正确期望的和，于是第一项可以拆分成式（7-36）

$$\frac{\partial O_{\text{ECA}}}{\partial f(x_i \mid W)} = \frac{\partial \left(\sum\limits_{l \neq i} \sum\limits_{j:y_j = y_i} p_{lj} \right)}{\partial f(x_i \mid W)} + \frac{\partial \left(\sum\limits_{j:y_j = y_i} p_{ij} \right)}{\partial f(x_i \mid W)} \tag{7-36}$$

式（7-36）的第一项推导如式（7-37）所示

$$
\begin{aligned}
\frac{\partial \left(\sum\limits_{l \neq i} \sum\limits_{j:y_j = y_i} p_{lj} \right)}{\partial f[x^{(i)} \mid W]} &= \sum_{l \neq i} \frac{\partial \left(\sum\limits_{j:y_j = y_i} p_{lj} \right)}{\partial f[x^{(i)} \mid W]} = \sum_{l \neq i} \frac{\partial}{\partial d_i} \cdot \sum_{j:y_j = y_l} \frac{\exp(-d_{lj}^2)}{\sum_{z \neq l} \exp(-d_{lz}^2)} \\
&= \sum_{l \neq i} \sum_{j:y_j = y_l} \frac{\sum_{z \neq i} \exp(-d_{lz}^2)}{\left[\sum_{z \neq l} \exp(-d_{lz}^2) \right]^2} \cdot \frac{\partial \left[\exp(-d_{lj}^2) \right]}{\partial d_i} \\
&\quad - \sum_{l \neq i} \sum_{j:y_j = y_l} \frac{\exp(-d_{lj}^2)}{\left[\sum_{z \neq l} \exp(-d_{lz}^2) \right]^2} \cdot \frac{\partial \left[\sum_{z \neq i} \exp(-d_{lz}^2) \right]}{\partial d_i}
\end{aligned}
\tag{7-37}
$$

式（7-37）中，第一项当且仅当 $j=i$ 时偏导数不为零，第二项当且仅当 $z=i$ 时偏导数不为零，因此式（7-37）可写成

$$
\begin{aligned}
\frac{\partial \left(\sum\limits_{l \neq i} \sum\limits_{j:y_j = y_l} p_{lj} \right)}{\partial f(x_i \mid W)} &= \sum_{l:y_l = y_i} \frac{1}{\sum_{z \neq i} \exp(-d_{lz}^2)} \cdot \frac{\partial \left[\exp(-d_{li}^2) \right]}{\partial d_i} \\
&\quad - \sum_{l \neq i} \sum_{j:y_j = y_l} \frac{\exp(-d_{lj}^2)}{\left[\sum_{z \neq l} \exp(-d_{lz}^2) \right]^2} \cdot \frac{\partial \left[\exp(-d_{li}^2) \right]}{\partial d_i} \\
&= \sum_{l:y_l = y_i} 2 d_{li} \cdot \frac{\exp(-d_{li}^2)}{\sum_{z \neq i} \exp(-d_{lz}^2)} \\
&\quad - \sum_{l \neq i} \left[\sum_{j:y_j = y_l} \frac{\exp(-d_{lj}^2)}{\sum_{z \neq l} \exp(-d_{lz}^2)} \cdot 2 d_{li} \cdot \frac{\exp(-d_{li}^2)}{\sum_{z \neq l} \exp(-d_{lz}^2)} \right] \\
&= \sum_{l:y_l = y_i} 2 d_{li} \cdot p_{li} - \sum_{l \neq i} \left\{ \left[\sum_{j:y_j = y_l} \frac{\exp(-d_{lj}^2)}{\sum_{z \neq l} \exp(-d_{lz}^2)} \right] \cdot 2 d_{li} p_{li} \right\} \\
&= 2 \left[\sum_{l:y_l = y_i} p_{li} \cdot d_{li} - \sum_{l \neq i} \left(\sum_{r:y_r = y_l} p_{lr} \right) p_{li} \cdot d_{li} \right]
\end{aligned}
\tag{7-38}
$$

式（7-36）的第二项推导如式（7-39）所示

$$
\begin{aligned}
\frac{\partial\left(\sum_{j:y_j=y_i} p_{ij}\right)}{\partial f(x_i \mid W)} &= \sum_{j:y_j=y_i} \frac{\partial p_{ij}}{\partial f(x_i \mid W)} = \sum_{j:y_j=y_i} \frac{\partial}{\partial d_i} \cdot \frac{\exp(-d_{ij}^2)}{\sum_{z\neq i}\exp(-d_{iz}^2)} \\
&= \sum_{j:y_j=y_i} \frac{\sum_{z\neq i}\exp(-d_{iz}^2)}{\left[\sum_{z\neq i}\exp(-d_{iz}^2)\right]^2} \cdot \frac{\partial\left[\exp(-d_{ij}^2)\right]}{\partial d_i} \\
&\quad - \sum_{j:y_j=y_i} \frac{\exp(-d_{ij}^2)}{\left[\sum_{z\neq i}\exp(-d_{iz}^2)\right]^2} \cdot \frac{\partial\left[\sum_{z\neq i}\exp(-d_{iz}^2)\right]}{\partial d_i} \\
&= \sum_{j:y_j=y_i} -2d_{ij} \cdot \frac{\exp(-d_{ij}^2)}{\sum_{z\neq i}\exp(-d_{iz}^2)} \\
&\quad - \sum_{j:y_j=y_i} \frac{\exp(-d_{ij}^2)}{\sum_{z\neq i}\exp(-d_{iz}^2)} \cdot \sum_{z\neq i} \frac{\partial\left[\exp(-d_{iz}^2)\right]}{\partial d_i} \cdot \frac{1}{\sum_{z\neq i}\exp(-d_{iz}^2)} \\
&= \sum_{j:y_j=y_i} -2d_{ij} \cdot p_{ij} - \sum_{j:y_j=y_i}\left[p_{ij} \cdot \sum_{z\neq i} -2d_{iz} \cdot \frac{\exp(-d_{iz}^2)}{\sum_{z\neq i}\exp(-d_{iz}^2)}\right] \\
&= -2\left[\sum_{j:y_j=y_i} p_{ij} \cdot d_{ij} - \sum_{j:y_j=y_i} p_{ij} \cdot \sum_{z\neq i} p_{iz} d_{iz}\right]
\end{aligned}
\tag{7-39}
$$

联合式（7-38）和式（7-39）可得，目标函数相对于第 i 个样本在特征空间中映射向量的梯度为

$$
\begin{aligned}
\frac{\partial O_{\mathrm{ECA}}}{\partial f(x_i \mid W)} &= 2\left[\sum_{l:y_l=y_i} p_{li} \cdot d_{li} - \sum_{l\neq i}\left(\sum_{r:y_r=y_l} p_{lr}\right) p_{li} \cdot d_{li}\right] \\
&\quad - 2\left[\sum_{j:y_j=y_i} p_{ij} \cdot d_{ij} - \sum_{j:y_j=y_i} p_{ij} \cdot \sum_{z\neq i} p_{iz} d_{iz}\right]
\end{aligned}
\tag{7-40}
$$

目标函数相对于 DBN 参数的梯度可以结合式（7-35）和式（7-40）计算得到。

7.3.2　考虑电力网络特性的限制玻尔兹曼机模型

观察图 7-12 中限制玻尔兹曼机（Restricted Boltzmann Machine，RBM）的结构，隐含层与输入层之间的连接是密集的。这样的结构可以保证隐含层学习到的表达都是全局性的特征，有利于 RBM 更好地适应自然语言处理、语音识别等应用场景。但是，针对电力系统暂态稳定评估具体的应用场景，RBM 的结构无法结合电力网络结构的特点：一是网络中受暂态故障影响的范围通常有限；二是电力网络中相邻节点受到的影响相似。因此，本小节介绍对 RBM 结

构引入约束，使其能学习一些局部结构和特征，适应电力网络特性。

与机器学习中正则化（Regularization）的思想类似，对连接矩阵的约束体现为在 RBM 损失评估函数式（7-22）中添加罚函数，通过罚函数的形式隐式地增加对连接矩阵的约束，称为结构保留限制玻尔兹曼机（Structure Reserved RBM，SRRBM），首层使用 SRRBM 的 DBN 称为结构保留深度置信网络（SRDBN）。

7.3.2.1　网络稀疏约束

网络稀疏约束指的是通过对连接矩阵权重的幅值，约束部分连接的权重值接近 0，从而突出部分重要的连接，以帮助 RBM 抓住局部特征。网络稀疏化约束罚函数如式（7-41）所示

$$\Omega_1(\theta) = \sum_{i,j} |W_{ij}| = \|W\|_1 \qquad (7-41)$$

对罚函数 $\Omega_{1(\theta)}$ 关于 W 求偏导数，如式（7-42）所示

$$\frac{\partial \Omega_1(\theta)}{\partial W} = \mathrm{sgn}(W) \qquad (7-42)$$

式中：sgn（·）表示符号函数，若 W_{ij} 为正，结果为 1；若 W_{ij} 为负，结果为 −1；W_{ij}=0 时绝对值函数 |·| 不可导，故事先约定 sgn（0）=0。

7.3.2.2　网络平滑约束

网络平滑约束指的是通过增加连接矩阵间的约束，约束相邻节点输入矩阵权重值的差距接近 0，从而使相邻节点学习到的特征相似。网络平滑约束罚函数如式（7-43）所示

$$\Omega_2(\theta) = \sum_{ij} \rho_{ij} \sum_k (W_{ik} - W_{jk})^2 \qquad (7-43)$$

式中：$\rho_{ij} \in (0, 1)$ 代表输入特征 i 和 j 的相关性，值越大表示相关性越强。对于电压幅值和相角，ρ_{ab} 代表了电力网络节点 a 和 b 之间的电气距离，选择节点间的导纳的绝对值作为电气距离的衡量标准，即 $\rho_{ab}=|Y_{ab}|$。将式（7-43）写成矩阵的表达形式，如式（7-44）所示

$$\Omega_2(\theta) = \sum_k W_{\cdot k}^{\mathrm{T}} \Theta W_{\cdot k} \qquad (7-44)$$

式中，$\Theta_{ii} = \sum_{i \neq j} \rho_{ij}$，$\Theta_{ij} = -\rho_{ij}$，$\Theta$ 为对阵矩阵，即 $\Theta = \Theta^{\mathrm{T}}$。

对罚函数 $\Omega_2(\theta)$ 关于 W 求偏导数，如式（7-45）所示

$$\frac{\partial \Omega_2(\theta)}{\partial W} = (\Theta + \Theta^{\mathrm{T}}) \cdot W = 2\Theta \cdot W \qquad (7-45)$$

考虑了相关约束之后，结合式（7-22）、式（7-41）和式（7-44），可得 RBM 的损失评估函数 $\tilde{L}(\theta, D)$ 为

$$\min_{\theta} \quad \tilde{L}(\theta, D) = L(\theta) + \alpha_1 \Omega_1(\theta) + \frac{1}{2}\alpha_2 \Omega_2(\theta) \qquad (7\text{-}46)$$

$\tilde{L}(\theta, D)$ 相对于 W 的梯度为

$$\frac{\partial \tilde{L}(\theta)}{\partial W_{ij}} = \left(<\frac{x_i}{\sigma_i} h_j >_{\text{model}} - <\frac{x_i}{\sigma_i} h_j >_{\text{data}} \right) \qquad (7\text{-}47)$$
$$+ \alpha_1 \, \text{sgn}(W_{ij}) + \alpha_1 \Theta_{i.} W_{.j}$$

此时依然可以使用 CD-1 算法来训练 RBM，只需要将梯度做出相对应的改变。将图 7-13 中 RBM-1 替换成 SRRBM，其他层和训练算法不变。

在神经网络模型中，人们普遍认为模型非零参数的个数越小，模型的复杂度越低，模型泛化能力越好；网络权重较小时，数据随机变化或噪声造成的影响越低，模型泛化能力越好。考虑电力网络特性的 SRRBM 模型可有效降低过拟合的风险，使模型拥有更强的泛化能力。

7.3.3 IEEE 标准系统模型算例分析

7.3.3.1 系统模型

本小节使用 IEEE 10 机 39 节点模型来生成暂态稳定数据样本集，验证本节提出的表达学习方法的合理性。IEEE 10 机 39 节点模型单线图如图 7-15 所示，系统中有 20 台发电机，19 个负荷和 46 条线路。

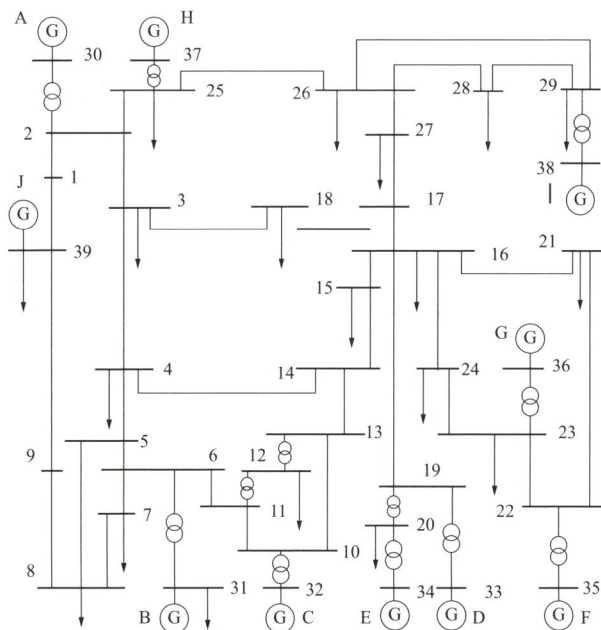

图 7-15　IEEE　10 机 39 节点模型单线图

7.3.3.2 样本生成

根据 7.2 中的讨论，固定故障前系统运行方式，利用 MATLAB 平台中的 PSAT 工具箱对 IEEE10 机 39 节点模型进行数值仿真。故障设置为线路三相短路接地，故障经过一段时间后切除故障及相应故障线路。为了避免切除故障线路时系统中出现孤岛，46 条线路中的 35 条被选择参与暂态故障扫描。故障发生地点设置在线路的任意一端，故障清除时间随机取自 0.2～0.5s，记录故障清除时刻时线路的有功、无功和母线的电压幅值、相角数据，其中包含 46 条线路的有功和无功、39 个母线电压负荷和 38 个母线电压相角（发电机 30 的功角作为参考点），故原始输入特征一共包含 169 维。总共生成 3500 个样本，所有样本中稳定样本的个数与不稳定样本的个数相等。

7.3.3.3 表达学习能力

本节将生成的样本按照 4∶1∶2 的比例随机分成三份，其中 2000 个样本用于学习非线性表达，记为样本集 A；500 个样本用于学习分类器，记为样本集 B；1000 个样本用于测试，记为样本集 C。本书利用生成的暂态稳定样本，一共训练并测试了三种算法，分别介绍如下：

（1）算法一：多项式核函数支持向量机（Polynomial Kernel SVM）。由于机器学习算法在电力系统的应用中没有一个统一的测试样本集进行测试，不利于在不同算法间进行效果比较。由于支持向量机模型在多篇文献中得到了目前为止评估效果最好的模型，因此，首先使用样本集 A 和样本集 B 中所有样本训练得到一个多项式核函数支持向量机模型作为基准，然后在样本集 C 上进行测试。

（2）算法二：深度置信网络+线性分类器（DBN+Linear Classier）。首先，使用样本集 A 优化 DBN 的网络参数，将暂态数据从原始输入空间映射到表示空间；然后在表示空间中使用样本集 B 学习线性分类器参数；最后在样本集 C 上进行测试。DBN 隐含层节点个数为 1000–2000–500–30，即 DBN 将暂态数据从 169 维的原始输入空间映射到了 30 维的表达空间。

（3）算法三：结构保留深度置信网络+线性分类器（SRDBN+Linear Classier）。类似的，首先，使用样本集 A 优化 SRDBN 的网络参数，将暂态数据从原始输入空间映射到表示空间；然后在表示空间中使用样本集 B 学习线性分类器参数；最后在样本集 C 上进行测试。SRDBN 隐含层节点个数与算法二中 DBN 一致，为 1000–2000–500–30，暂态数据从 169 维的原始输入空间映射到了 30 维的表达空间。

测试结果如表 7–4 所示。

表 7-4 表达学习能力测试结果

算法			预测结果		漏报率	误报率	错误率
			稳定	不稳定			
仿真结果	算法一	稳定	476	22	4.38%	4.42%	4.40%
		不稳定	22	480			
	算法二	稳定	489	9	2.19%	1.81%	2.00%
		不稳定	11	491			
	算法三	稳定	490	8	1.79%	1.61%	1.70%
		不稳定	9	493			

根据表 7-4 所示，可以分析相同设置下三种算法的稳定评估效果，显而易见，算法二和算法三的效果要优于算法一，说明 DBN 学习到的表达要优于支持向量机。同时，注意到算法三的表现只是略好于算法二，这是因为测试集中的数据和失稳模式在训练集中已经出现了，并不能体现算法三泛化能力强的特点。

7.3.3.4 数据泛化能力

接下来测试模型的泛化能力。将生成的样本按照 4∶1∶2 的比例分成三份，其中 2000 个样本用于学习非线性表达，记为样本集 A；500 个样本用于学习分类器，记为样本集 B；1000 个样本用于测试，记为样本集 C。不一样的是样本集 C 中样本的故障类型在样本集 A 和 B 中没有出现过。算法设定与上小节完全一致，三种算法的测试结果如表 7-5 所示。

表 7-5 数据泛化能力测试结果

算法			预测结果		漏报率	误报率	错误率
			稳定	不稳定			
仿真结果	算法一	稳定	473	25	5.97%	5.02%	5.50%
		不稳定	30	472			
	算法二	稳定	484	14	3.78%	2.81%	3.30%
		不稳定	19	483			
	算法三	稳定	491	7	2.19%	1.40%	1.80%
		不稳定	11	491			

对比表 7–5 的结果，同样可以得出算法二和算法三的效果优于算法一的结论。特别的，对比表 7–4 和表 7–5，可以看出当测试集中的数据在训练集中没有出现时，算法一和算法二的效果都变差了，这说明算法一和算法二在训练的过程中有一定的过拟合，导致出现新的测试数据时评估结果变差，模型的泛化能力不强。而算法三的效果几乎不变，要明显好于算法二。这说明算法三中引入的网络结构约束对学习电力网络的局部特征、平滑网络参数有一定帮助，算法三的泛化能力更强，在面对未知数据时效果更好。这一点也决定了 SRDBN 的实用性更强。

7.3.3.5　可视化结果分析

接下来利用可视化工具 t–SNE 将 169 维的原始输入空间和 30 维的表达空间都映射到 2 维平面上，便于可视化展示。t–SNE 是一种不改变样本点相对位置的非线性降维方法，是目前为止效果最好的一种降维方法。这里展示了原始输入、深度置信网络的隐含层一、隐含层二、隐含层三和表达空间的二元可视化结果，如图 7–16 ～图 7–21 所示。从图中可以看出，原始输入空间中稳定样本点和不稳定样本点相互聚集在一起，并没有自然分开，因此在原始输入空间中进行稳定性评估的效果很差。随着隐含层数量的增多，深度置信网络从原始输入中学习到的特征不断抽象，更有利于区分稳定样本和不稳定样本，最终，在新的表达空间中稳定样本点和不稳定样本点几乎自然分开，因此在新的表达空间中只需要用一个简单的线性分类器就能取得很好的稳定评估效果。

另外，在原始的输入空间中简单地求解样本点的欧拉距离并没有实际的物理意义，样本点欧拉距离的远近无法反映不同样本间的相似程度。而在表达空间中，由于 DBN 能够学习暂态数据全局和局部的特征，因此在表达空间中样本点的距离可以反映不稳定样本失稳模式的差别，如图 7–21 所示。图中标

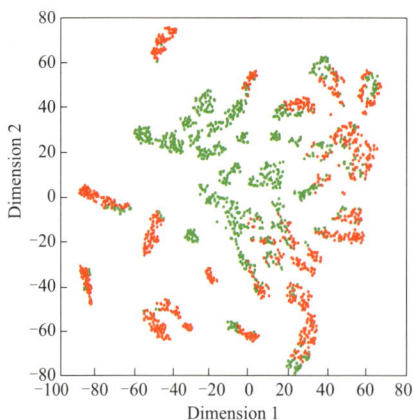

图 7–16　原始特征空间可视化结果　　图 7–17　隐含层一输出可视化结果

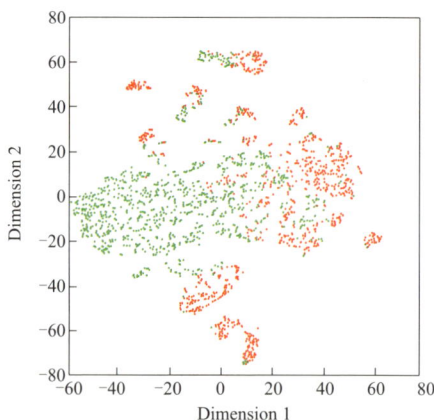

记出了三种失稳模式，分别是发电机 G5 相对系统其他机组摆开，发电机 G2、G3、G5 相对系统其他机组摆开，以及发电机 G5、G9 相对系统其他机组摆开。失稳模式相同的样本点自然地聚集在一起，说明表达空间中的相对距离反映了样本的暂态特征的相似程度。

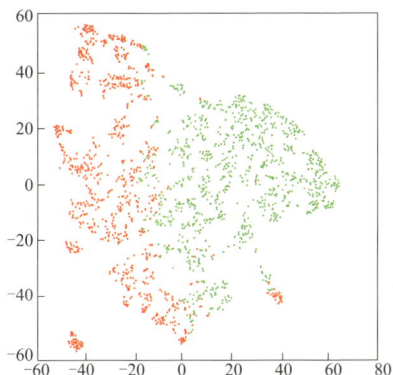

图 7-18　隐含层二输出可视化结果

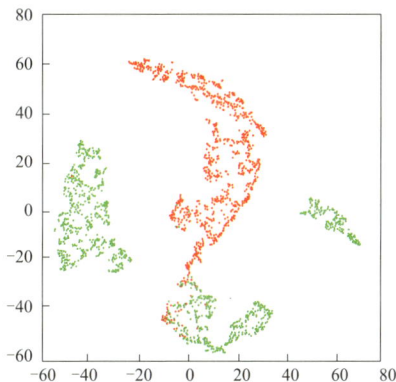

图 7-19　隐含层二输出可视化结果

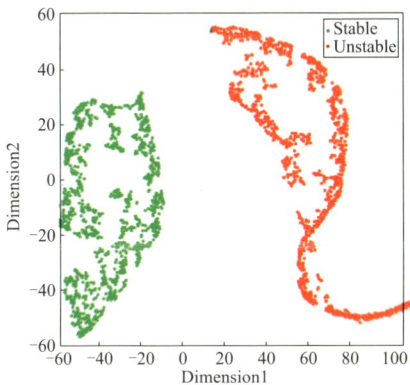

图 7-20　表达空间可视化结果

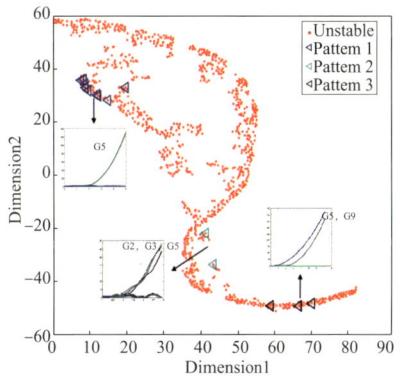

图 7-21　表达空间可视化结果

7.4　基于深度循环网络—深度置信网络的暂态稳定评估

根据 7.2 对稳定规则的解释，暂态稳定评估规则等价于故障后稳定平衡点的稳定域边界，理论上可以获得完全准确的分类效果。但是，从 7.3 中算例分析的结果来看，依然存在 3% 左右的错误率，增加了电力系统暂态不稳定的风险。为了进一步提升评估准确率，本节提出了考虑故障后时序响应的深度循环网络—深度置信网络表达学习模型，利用循环神经网络自动学习时序响应中隐含的特征，用以修正由于运行点发生变化对稳定评估结果带来的影响。

7.3 所述方法误差主要来自于对运行点不变的假设与实际情况略有差异，为了尽量减小这种差异带来的影响，提高稳定评估的准确性，本节将原始输入特征由故障切除时刻的系统量测扩展到故障后若干时间点的系统量测，引入关于系统的更多信息来辅助修正由于运行点发生改变而带来的稳定评估误差。与现有文献中根据电力系统理论和人工经验构造特征和稳定判据不同，本节利用深度循环网络优秀的时间序列处理能力来自动学习故障后系统响应包含的信息，以补充深度置信网络无法挖掘时间序列数据的不足。另外，现有的利用故障后系统响应进行稳定性评估方法需要较长时间的系统量测以判断系统的稳定状态（通常为数百毫秒），本章中已经通过深度置信网络获取了故障前稳定平衡点稳定域边界的相关信息，可以大大减少采集输入数据的时间，从而更加快速地做出稳定性的判断。

7.4.1 循环神经网络简介

7.4.1.1 循环神经网络（Recurrent Neural Network，RNN）

如第 7.2.2 节中的介绍，与前馈神经网络不同，循环神经网络隐含层的神经元带有自反馈机制，从而可以考虑序列中任意位置数据间的相关关系。循环神经网络已经被广泛应用到语音识别、自然语言处理等需要处理时序数据的任务上。

简单循环神经网络结构如图 7-22 所示，记输入层与隐含层间的权重矩阵为 W，隐含层之间的权值矩阵为 U，激活函数用 σ 来表示，常见的激活函数是 Tanh 函数，则循环神经网络的信息传递关系可以用式（7-48）表示

$$h^{(t)} = \sigma[Uh^{(t-1)} + Wx^{(t)} + b] \tag{7-48}$$

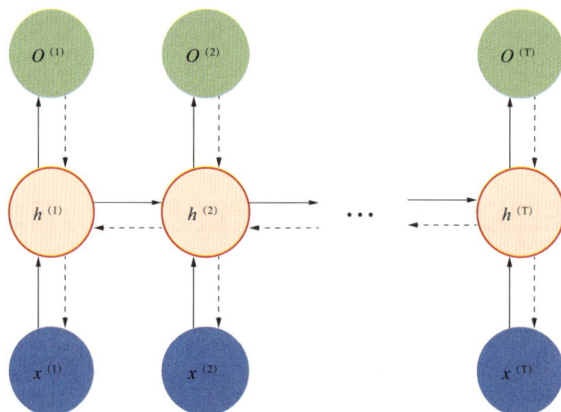

图 7-22 循环神经网络结构与 BPTT

　　循环神经网络的参数训练可以通过时序反向传播（Backpropagation Through Time，BPTT）来计算，如图 7-22 所示，实线代表前馈与循环的连接，虚线代表随时间反向的传播。最简单的，假设循环神经网络每时刻的输入均有对应的监督量 $o^{(T)}$（实际上循环神经网络不需要每个时刻的输入有一一对应的输出，结构可以多变也是循环神经网络的优点之一，输入与输出的对应关系可以有多对多、一对多、多对一等）。

　　记时刻 t 的损失函数为 $L^{(t)}$，则总损失函数为 $L=\sum_{t=1}^{\tau} L^{(t)}$，其关于 U 的梯度为

$$
\begin{aligned}
\frac{\partial L}{\partial U} &= \sum_{t=1}^{\tau} \frac{\partial L^{(t)}}{\partial U} \\
&= \sum_{t=1}^{\tau} \frac{\partial L^{(t)}}{\partial o^{(t)}} \cdot \frac{\partial o^{(t)}}{\partial h^{(t)}} \cdot \frac{\partial h^{(t)}}{\partial U}
\end{aligned}
\tag{7-49}
$$

　　从式（7-49）可以看出，$h^{(t)}$ 是关于 U 和 $h^{(t-1)}$ 的函数，而 $h^{(t-1)}$ 又是关于 U 和 $h^{(t-2)}$ 的函数，一直到 $h^{(1)}$。因此，根据链式法则式（7-49）可以写成

$$
\begin{aligned}
\frac{\partial L}{\partial U} &= \sum_{t=1}^{\tau} \frac{\partial L^{(t)}}{\partial U} \\
&= \sum_{t=1}^{\tau} \sum_{k=1}^{t} \frac{\partial L^{(t)}}{\partial o^{(t)}} \cdot \frac{\partial o^{(t)}}{\partial h^{(t)}} \cdot \frac{\partial h^{(t)}}{\partial h^{(k)}} \cdot \frac{\partial h^{(k)}}{U}
\end{aligned}
\tag{7-50}
$$

　　其中

$$
\begin{aligned}
\frac{\partial h^{(t)}}{\partial h^{(k)}} &= \prod_{i=k+1}^{t} \frac{\partial h^{(i)}}{\partial h^{(i-1)}} \\
&= \prod_{i=k+1}^{t} U^{\mathrm{T}} \mathrm{diag}[\sigma'(Uh^{(i-1)}+Wx^{(i)}+b)]
\end{aligned}
\tag{7-51}
$$

　　记 $z^{(i)}=Uh^{(i-1)}+Wx^{(i)}+b$，则式（7-50）可以写成

$$
\frac{\partial L}{\partial U} = \sum_{t=1}^{\tau} \sum_{k=1}^{t} \frac{\partial L^{(t)}}{\partial o^{(t)}} \cdot \frac{\partial o^{(t)}}{\partial h^{(t)}} \cdot \left(\prod_{i=k+1}^{t} U^{\mathrm{T}} \mathrm{diag}[\sigma'(z^{(i)})] \right) \cdot \frac{\partial h_t^{(k)}}{U}
\tag{7-52}
$$

　　记 $\gamma_1=\|U^{\mathrm{T}}\|$ 和 $\gamma_2=\|\mathrm{diag}[\sigma'(z^{(i)})]\|$，则式（7-52）括号里的部分为 $\gamma_1^{t-k}\gamma_2^{t-k}$。$\gamma_2$ 是非线性激活函数的导数，若用 Logistic 函数或者 Tanh 函数，则 $\gamma_2<1$。γ_1 是权重矩阵的模，一般也不会太大，则 $\gamma_1<1$。于是，当输入序列较长时，即 $t-k$ 较大，误差经过 $t-k$ 次传播时梯度会趋向于零，则最原始输入序列附近权重的更新速度会非常慢，称谓梯度消失。循环神经网络虽然理论上可以处理任意长度的时间序列，但是由于梯度消失的缘故，只能学习较短时间周期内的序列联系，深度学习领域的术语成为常规的循环神经网络只有短期依赖关系（Short-

Term Dependencies)。为了缓解这种现象，可以用 ReLU 函数来作为激活函数，这样可以保证 $\gamma_2=1$，但是依然会较大地受到 γ_1 的影响。

7.4.1.2　长短记忆单元（Long Short-Term Memory）

为了使循环神经网络能够学习长时间序列，具有长期记忆，1997 年 Hochreiter 和 Schmidhuber 提出一种拥有两个状态、利用门结构来控制信息累积过程的新循环神经网络单元，称为长短记忆单元（Long Short-Term Memory，LSTM）。门结构的使用是 LSTM 最大的创新，通过"关闭"某些门过滤掉无用的短期记忆，缩短误差反向传播的层数，从而避免了梯度过快地消失。LSTM 与普通循环神经网络隐含层的比较如图 7-23 所示。其中，tanh 表示 Tanh 激活函数，logi 表示 Logistic 激活函数，$\oplus$ 表示向量加法，$\odot$ 表示向量按位乘法。图中实线表示当前时间的连接，虚线表示滞后时间的连接。

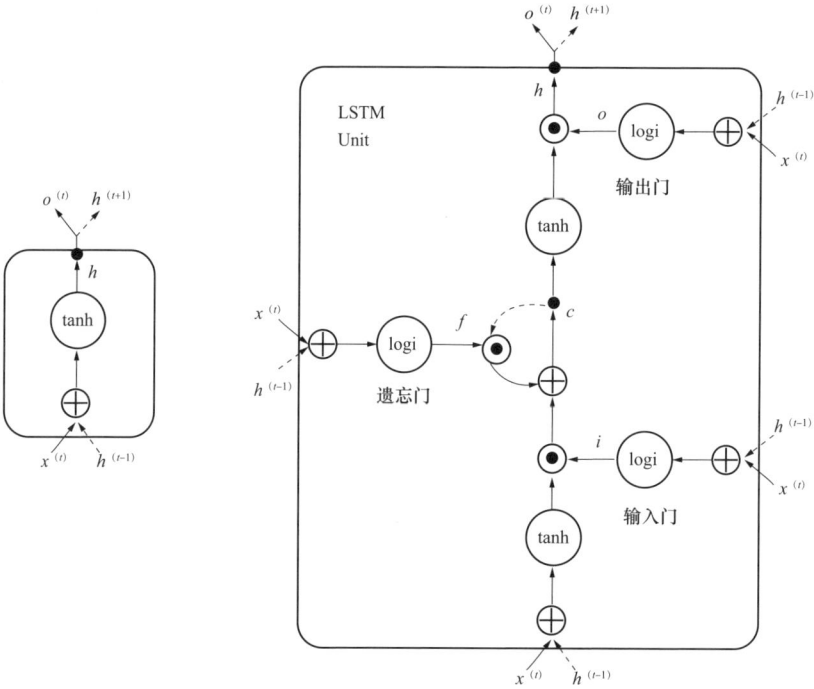

图 7-23　长短记忆单元与循环神经网络隐含层结构

从图 7-23 中可以看出，普通循环神经网络隐含层只有一个状态 h，该状态只对短期的输入较为敏感；而 LSTM 则拥有两个状态 h 和 c，c 被用于处理长期依赖关系（Long-Term Denpencies），称为记忆单元（Memory Cell）。LSTM 同时能够处理长期和短期依赖关系，所以被称为 Long Short-Term Memory。LSTM 利用所谓的门机制（Gate Mechanism）来控制状态 c，分别是

输入门 i、遗忘门 f、输出门 o。输入门 i 负责把即时状态输入到状态 c，遗忘门 f 负责控制是否将前一时刻的长期状态继续累积，输出门 o 负责是否把状态 c 作为当前时刻的输出，如图 7-24 所示，这些门的输入由此时刻的输入及上时刻的隐含层共同决定。之所以称之为"门"，是因为这些单元的激活函数都是 Logistic 函数，值域在（0，1）之间。当门的值接近 0 时，前一时刻的信息无法向后一时刻传递，相当于"关门"；当门的值接近 1 时，前一时刻的信息完全传递到后一时刻，相当于"开门"。

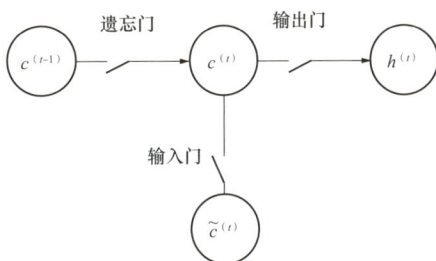

图 7-24　长短记忆单元门与记忆单元

LSTM 状态与各个门之间的关系可用式（7-53）～式（7-58）表示

$$i_{(t)} = \sigma\left(W_{xi}x^{(t)} + W_{hi}h^{(t-1)} + b_i\right) \quad (7\text{-}53)$$

$$f^{(t)} = \sigma\left(W_{xf}x^{(t)} + W_{hf}h^{(t-1)} + b_f\right) \quad (7\text{-}54)$$

$$\tilde{c}^{(t)} = \tanh\left(W_{xc}x^{(t)} + W_{hc}h^{(t-1)} + b_c\right) \quad (7\text{-}55)$$

$$c^{(t)} = f^{(t)} \odot \tilde{c}^{(t-1)} + i^{(t)} \odot c^{(t)} \quad (7\text{-}56)$$

$$o^{(t)} = \sigma\left(W_{xo}x^{(t)} + W_{ho}h^{(t-1)} + b_o\right) \quad (7\text{-}57)$$

$$h^{(t)} = o^{(t)} \odot \tanh\left(c^{(t)}\right) \quad (7\text{-}58)$$

与普通循环神经网络类似，LSTM 的训练方法仍然使用的是时序反向传播算法，一是沿时间向前的反向传播，一是沿层数向上的反向传播。

另外，LSTM 有两个较为重要的变种，一个是循环门单元，将在下一节重点介绍；另一个是考虑了窥孔（peephole）的 LSTM，如图 7-25 所示。窥孔结构指的是添加了从记忆单元 c 到三个门输入间的联系，让门的状态也可以观察到长期记忆，可以提升 LSTM 的精度。带窥孔的 LSTM 前馈传播的方法如式（7-59）～式（7-64）所示

$$i^{(t)} = \sigma\left(W_{xi}x^{(t)} + W_{hi}h^{(t-1)} + W_{ci}c^{(t-1)} + b_i\right) \quad (7\text{-}59)$$

$$f^{(t)} = \sigma\left(W_{xf}x^{(t)} + W_{hf}h^{(t-1)} + W_{cf}c^{(t-1)} + b_f\right) \quad (7\text{-}60)$$

$$\tilde{c}^{(t)} = \tanh\left(W_{xc}x^{(t)} + W_{hc}h^{(t-1)} + b_c\right) \quad (7\text{-}61)$$

$$c^{(t)} = f^{(t)} \odot c^{(t-1)} + i^{(t)} \odot \tilde{c}^{(t)} \quad (7\text{-}62)$$

$$o^{(t)} = \sigma\left(W_{xo}x^{(t)} + W_{ho}h^{(t-1)} + W_{co}c^{(t)} + b_o\right) \quad (7\text{-}63)$$

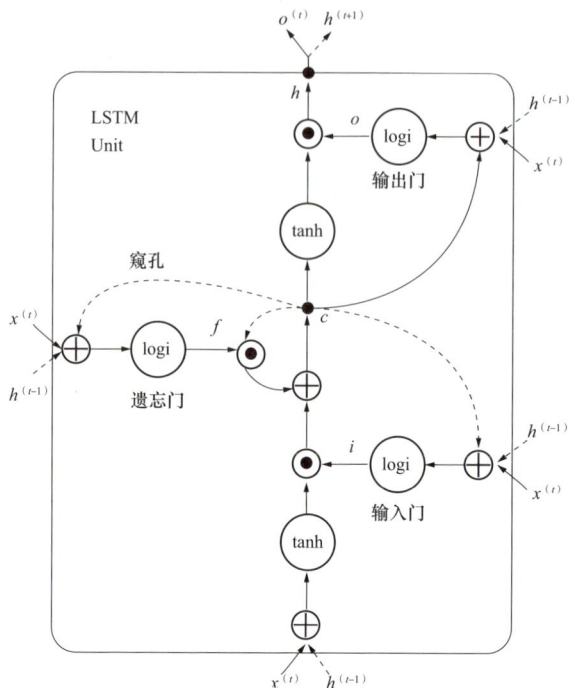

图 7-25   带窥孔的长短记忆单元结构

$$h^{(t)} = o^{(t)} \odot \tanh\left(c^{(t)}\right) \tag{7-64}$$

7.4.1.3   循环门单元（Gated Recurrent Unit，GRU）

LSTM 虽然使得循环神经网络在处理序列数据上取得了突破性进展，但是由于其过于复杂，需要学习的参数过多，因此当数据量不够的时候容易出现过拟合的现象。LSTM 复杂的原因在于记忆单元和隐层状态以及遗忘门和输入门的功能有些重叠，自由度太高。因此，Cho 在 2014 年提出了 LSTM 的另外一种变体，称为循环门单元 GRU。GRU 将遗忘门和输入门定义为功能互斥的门，因而将它们合并成了一个"更新门"。同时，将记忆单元和隐层状态也进行了合并，结构如图 7-26 所示。

GRU 只有两个门结构，分别是更新门（Update Gate）和重置门（Reset Gate）。更新门 z 用于控制当前时刻状态中历史信息和新信息的比重，重置门 r 用于控制历史信息输入候选状态的容量，门的激活函数同样使用的是 Logistic 函数。GRU 前馈传播的方法如式（7-65）～式（7-68）所示

$$r^{(t)} = \sigma\left(W_{xr}x^{(t)} + W_{hr}h^{(t-1)} + b_r\right) \tag{7-65}$$

$$z^{(t)} = \sigma\left(W_{xz}x^{(t)} + W_{hz}h^{(t-1)} + b_z\right) \tag{7-66}$$

$$\tilde{h}^{(t)} = \tanh\left(W_{xh}x^{(t)} + W_{hh}\left(r_t \odot h^{(t-1)}\right)\right) \tag{7-67}$$

$$h^{(t)} = z^{(t)} \odot h^{(t-1)} + \left(1 - z^{(t)}\right) \odot \tilde{h}^{(t)} \tag{7-68}$$

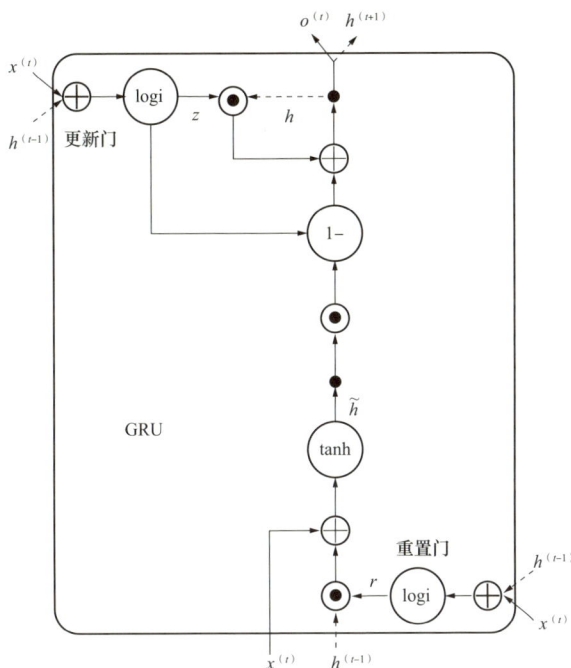

图 7-26 循环门单元结构

LSTM 和 GRU 都是通过各种门结构将时序数据中的重要特征保留，保证梯度在长时间传播过程中不会消失。GRU 的优势在于结构简单，需要训练的参数更少。基于 GRU 的循环神经网络性能与基于 LSTM 的循环神经网络类似，但在收敛时间和需要的迭代次数则更少。

7.4.2 基于 GRU 的暂态稳定评估方法

7.3 节中介绍了考虑网络约束的深度置信网络 DBN 模型，用于学习暂态数据中的特征表达。但是，由于实际操作中不同故障和后续稳控措施会使系统的故障后稳定平衡点偏离故障前稳定平衡点，将会造成一定的评估误差。为了进一步减小误差，本节使用故障后时序响应数据来对原始方法进行修正，即需要表达学习模型具有序列处理的能力，而将深度置信网络与循环神经网络结合起来组成新的表达学习模型是一种最直接的思路。

7.4.2.1 基于 GRU-SRDBN 的故障稳定性评估模型

GRU-SRDBN 表达学习模型的时序展开图如图 7-27 所示，其中，在 GRU 中学习到的时序依赖关系通过影响 RBM 中隐含层的偏置来传递信息，在图 7-27 中用 GRU 与 SRDBN 隐含层间的连线表示，如式（7-69）所示。GRU 输入 $x^{(t)}$ 与输出 $u^{(t)}$ 之间的关系详细参见式（7-65）～式（7-68）。

$$b^{(t)}{}_{h_k} = b_{h_k} + W_{uh_k} u^{(t-1)} \qquad (7\text{-}69)$$

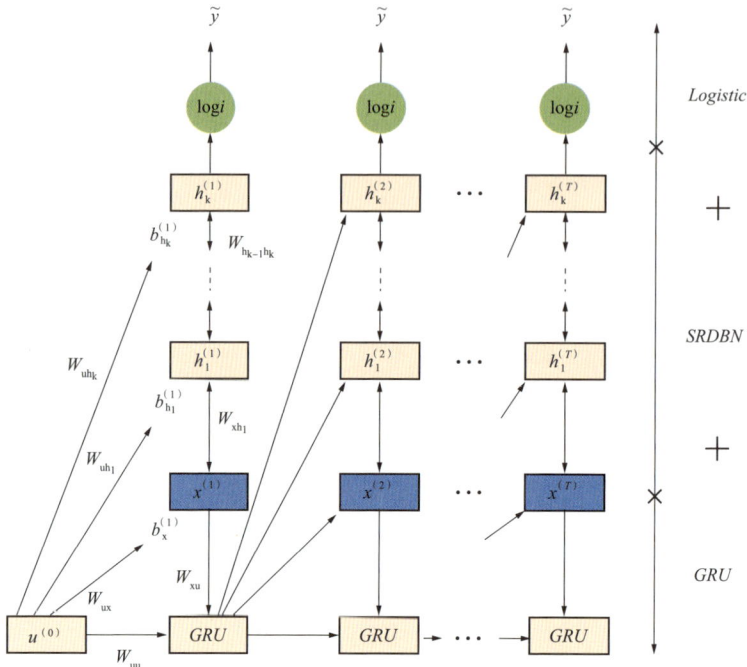

图 7-27　GRU-SRDBN 网络时序展开图

跟 7.3 节一样，将 GRU-SRDBN 模型学习到的表达直接连接一个线性分类器获得评估结果，如图 7-27 中所示的 Logistic 分类器，损失评估函数为交叉熵损失评估函数。与 7.3 节不同的是，电力系统稳定评估问题中更不希望看到漏报警的产生，以保证电力系统的保守性，因此，在交叉熵损失评估函数中赋予漏报警误差更大的权重，如式（7-70）所示

$$L = -\frac{1}{N} \sum_{i=1}^{N} \sum_{j=1}^{\tau} \left[y \cdot \log(\tilde{y}) + \beta \cdot (1-y) \cdot \log(1-\tilde{y}) \right] \qquad (7\text{-}70)$$

式中：$\beta > 1$ 为漏报警的权重。按照本书的规定，$y=0$ 为不稳定的样本，因此当出现 $y=0$ 且 $\tilde{y} \to 1$ 时，$-\beta \cdot (1-y) \cdot \log(1-\tilde{y})$ 会使损失评估函数 L 增大。GRU-SRDBN 训练的过程会尽量使 L 减小，因此会尽量减少 $y=0$ 且 $\tilde{y} \to 1$ 情况的出现，即减少漏报警情况的出现。

GRU-SRDBN 模型的前馈过程遵循先 GRU 后 RBM 后 DBN 的顺序，其中 RBM 确定隐含层分布时同样使用对比散度 CD 法来操作，权重更新则通过时序反向传播算法来实现。GRU-SRDBN 模型前馈过程和误差反向传播方向如图 7-28 所示。其中，虚线表示 GRU 网络内部的前馈过程，为 GRU-SRDBN 模型前馈阶段的第 1 步；点画线表示 GRU 网络对 SRDBN 网络的干预作用，将 GRU 中学习到的时序信息传递给 SRDBN 网络，为 GRU–SRDBN 模型前馈阶段的第 2 步；点线表示 SRDBN 网络内部的前馈过程，与 7.3 中介绍的 SRDBN 前馈过程类似，也包括非监督预训练与展开两个步骤，为 GRU–SRDBN 模型前馈阶段的第 3 步；实线表示时序反向传播算法中误差梯度的传播方向，一是沿着 SRDBN 网络从上往下反向传播，一是沿着时序从左到右反向传播。

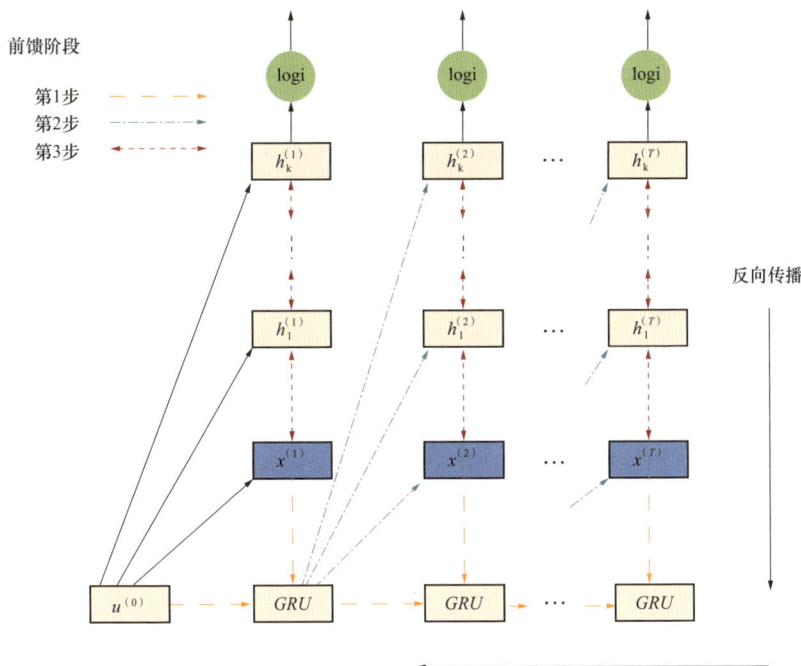

图 7-28　GRU–SRDBN 模型前馈过程误差反向传播方向

7.4.2.2　基于 GRU 的故障清除点判别模型

训练 GRU–SRDBN 进行暂态稳定表达学习和稳定性评估的同时，还对另一个以 GRU 为隐层单元的循环神经网络进行了训练，以用于判断故障清除时刻。基于 GRU 的故障清除点判别模型一直处于工作状态，输入是包含连续多时间采样的系统量测数据，一旦检测到故障清除点，则 GRU–SRDBN 模型开始收集数据并进行判断，类似于中断机制。GRU 模型和 GRU–SRDBN 模型的关系如图 7-29 所示。

7.4.3　IEEE 标准系统模型算例分析

与 7.3 算例分析类似，本节采用 IEEE 10 机 39 节点模型来生成暂态稳定数据样本集。与 7.3 样本生成过程不同的是，由于 GRU 的引入使得模型的规模

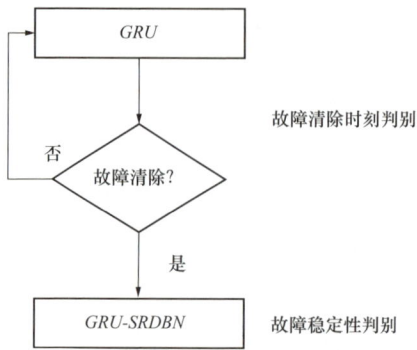

图 7-29　GRU 模型和 GRU-SRDBN 模型执行次序示意图

扩大，参数变多，为了产生更多的样本以避免过拟合，故障发生地点不再局限于线路两端，也可发生在线路中的任意位置，总共生成 10000 个样本。对于用于暂态稳定评估的样本，从故障清除时刻开始，每隔 10ms 记录一次数据，到 60ms 为止，一共记录 7 个连续时间，样本集的维度为 $10000 \times 169 \times 7$。对于用于故障清除点判别的样本，同样记录 7 个连续时间的量测，不同的是这 7 个量测中要包含故障清除点。10000 个样本被随机划分到三个样本集，分别记为样本集 A 包含 5000 个样本、样本集 B 包含 2500 个样本和样本集 C 包含 2500 个样本。样本集 A 用于训练本节提出的 GRU-SRDBN 模型，样本集 B 用于调整模型的超参数，样本集 C 用于在独立的数据集上测试模型。

7.4.3.1　故障清除点判别

基于 GRU 的故障清除点判别模型的输入是包含故障清除点在内的连续时间点系统量测，示意如图 7-30 所示。为简单起见，示意图中每个输入样本只包含了 5 个时间点量测，t_0 表示故障清除点。该模型的监督标签为多元输出，表示故障清除点在输入序列中的位置，如图 7-30 中实线框表示的输入样本对应的监督标签为 4，虚线框表示的输入样本对应的监督标签为 2。GRU 隐含层

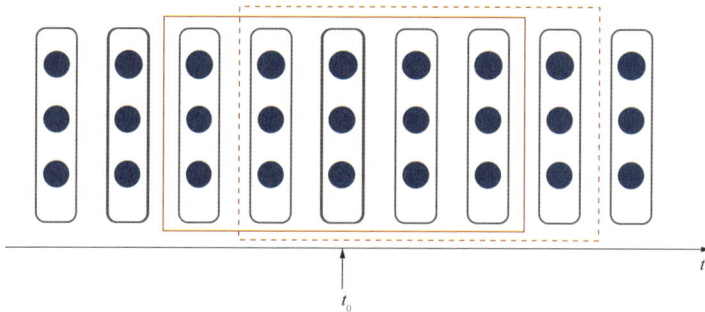

图 7-30　故障清除点判别模型输入示意

神经元的个数为256。经过测试，基于 GRU 的故障清除点判别模型可以达到100% 的准确率。

7.4.3.2 故障稳定性判别

基于 GRU–SRDBN 的故障稳定性评估模型的输入是从故障清除点开始的连续时间点系统量测，示意如图 7–31 所示，t_0 表示故障清除点。该模型的监督标签为二元输出，表示系统的暂态稳定性。同时，为了对比加权交叉熵损失函数在减少漏报警上起到的作用，设计了算法一和算法二来比较两种交叉熵损失函数的作用。

1）算法一：采用常规交叉熵损失函数进行训练。

2）算法二：采用加权交叉熵损失函数进行训练，加权系数设为 $\beta=5$。

GRU 隐含层神经元的个数为256，SRDBN 各层神经元的个数与 7.3 相同。

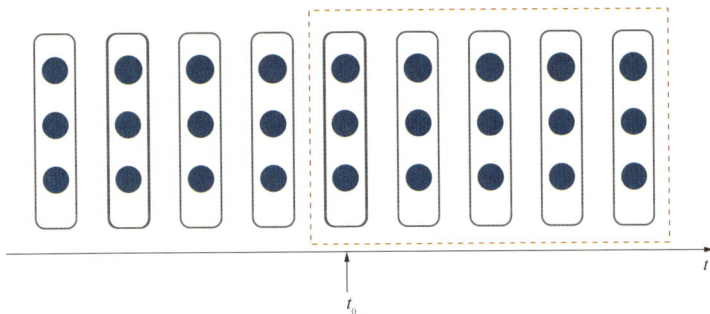

图 7-31　故障稳定性评估模型输入示意

基于 GRU–SRDBN 的故障稳定性评估模型的混淆矩阵如表 7–6 所示。与7.3 结果对比可以发现，基于 GRU–SRDBN 的故障稳定性评估模型可以进一步减小评估误差，使评估准确率达到99% 以上。同时，对比表 7–5 中的漏报警样本个数，可以看出采用加权交叉熵损失函数的模型可以进一步降低漏报警发生的概率，但是代价是误报警样本的个数增多。从电力系统保守性的角度来看，电力系统稳定评估对漏报警的容忍度更低，因此实际中采用加权交叉熵损失函数是更好选择。

表 7-6　　　　　　　　　　IEEE 测试系统稳定评估结果

不同算法结果比较			预测结果		漏报率	误报率	错误率
			稳定	不稳定			
仿真结果	算法一	稳定	1256	4	0.64%	0.32%	0.48%
		不稳定	8	1232			

不同算法结果比较			预测结果		漏报率	误报率	错误率
			稳定	不稳定			
仿真结果	算法二	稳定	1252	8	0.16%	0.63%	0.40%
		不稳定	2	1238			

7.5 小结

与传统方法相比，机器学习方法具有计算速度快、模型复杂度低的优点，在暂态稳定评估中已经有了广泛的研究。但是，由于难以建立机器学习方法与电力系统理论之间的联系，使得机器学习方法在电力系统的应用中受到了制约。本章围绕电力系统故障后快速暂态稳定评估问题，分析建立了机器学习方法与电力系统暂态稳定评估的联系，并根据常见机器学习方法的局限性，提出了基于深度学习的暂态稳定评估方法，探索了深度学习应用于暂态稳定评估的适用性和实用性。

本章主要内容如下：

（1）从稳定域边界拟合的角度解释了机器学习算法得到稳定规则，明确了稳定规则的物理意义，为基于深度学习的暂态稳定评估提供了理论基础。并基于这种解释，将深度学习技术应用到电力系统暂态稳定评估，建立了基于深度学习的暂态稳定评估框架。

（2）提出了考虑电力网络空间相关性的暂态稳定评估方法。基于深度置信网络学习暂态数据的抽象特征，并对深度置信网络增加反映电力系统网络特性的约束，使得深度置信网络可根据电力系统网络空间分布特性自动调整权值分布，增强了稳定评估的准确性和鲁棒性。

（3）研究了稳定评估误差产生的原因，提出了兼顾暂态数据空间和时间相关性的暂态稳定评估方法。对原有网络添加了循环单元，构建了循环门单元—深度置信网络的深度学习模型，可利用多时间点量测信息修正由于故障后稳定平衡点偏移产生的评估误差，进一步提升稳定性评估的准确性。

参考文献

［1］P. Kundur et al., Definition and classification of power system stability IEEE/CIGRE joint task force on stability terms and definitions[J], in IEEE

Transactions on Power Systems, vol. 19, no. 3, pp. 1387–1401, Aug. 2004.

［2］L. Wehenkel，M. Pavella，E. Euxibie，B. Heilbronn. Decision tree based transient stability method a case study［J］. IEEE Transactions on Power Systems，1994，9（1）：459–469.

［3］K. Hornik. Approximation capabilities of multilayer feedforward networks ［M］. Neural Networks，1991，4（2）：251–257.

［4］Y. Bengio，A. Courville，P. Vincent. Representation learning：a review and new perspectives［J］. IEEE Transactions on Pattern Analysis and Machine Intelligence，2013，35（8）：1798–1828.

［5］G. Piatetsky. KDnuggets exclusive：interview with Yann LeCun，deep learning expert，director of Facebook AI lab［R］.［DB/OL］. http：//www. kdnuggets.com/2014/02/exclusive–yann– lecun–deep–learning–facebook–ai–lab. html.

［6］Y. Bengio. Learning deep architectures for AI［M］. Foundations and Trends in Machine Learning，2009，2（1）：1–127.

［7］R. Caruana，A. Niculescu–Mizil. An empirical comparison of supervised learning algorithms［C］. Proceedings of the 23rd International Conference on Machine Learning，ACM，2006：161–168.

［8］T. Poggio，H. Mhaskar，L. Rosasco，et al. Why and when can deep-but not shallow-networks avoid the curse of dimensionality：a review［R］.［DB/OL］. https：//arxiv.org/pdf/1611.00 74.pdf.

［9］Y. Bengio. Foundations and challenges of deep learning［M］. Presentations at Bay Area Deep Learning School，2016.

［10］I. Goodfellow，Y. Bengio，A. Courville. Deep learning. Cambridge：The MIT Press，2016.

［11］孙志远，鲁成祥，史忠植，等.深度学习研究与进展［J］. 计算机科学，2016，43（2）：1–8.

［12］刘建伟，刘媛，罗雄麟.深度学习研究进展［J］. 计算机应用研究，2014，31（7）：1921–1931.

［13］Nvidia.What's the difference between artificial intelligence，machine learning，and deep learning?［R］.［DB/OL］. https：//blogs.nvidia.com/ blog/2016/07/29/whats–difference–artificial–inte lligence–machine–learning–deep–learning–ai/.

［14］Y. LeCun，B. Boser，J. Denker，et al. Backpropagation applied to handwritten zip code recognition［J］. Neural Computation，1989，1（4）：541–

551.

[15] Y. LeCun, L. Bottou, Y. Bengio, et al. Gradient-Based Learning Applied to Document Recognition [J]. Proceedings of the IEEE, 1998, 86 (1): 2278-2324.

[16] 邱锡鹏. 神经网络与深度学习 [R]. [DB/OL]. https: //nndl.github.io/.

[17] P. J. Werbos. Beyond regression: new tools for prediction and analysis in the behavioral sciences [D]. Cambridge: Havard University, 1974.

[18] D. Rumelhart, G. Hinton, R. Williams. Learning representations by back-propagating errors [J]. Nature, 1986, 323: 533-536.

[19] S. Arora, T. Ma. Back-propagation- an introduction [R]. [DB/OL]. 2016-12-20. http: //www.offconvex.org/2016/12/20/backprop/.

[20] J. Duchi, E. Hazan, Y. Singer. Adaptive subgradient methods for online learning and stochastic optimization [J]. Journal of Machine Learning Research, 2011, 12 (7): 2121-2159.

[21] G. Hinton. Neural networks for machine learning [R]. [DB/OL]. https: //www. coursera.org/learn/ neural-networks.

[22] D. Kingma, J. Ba. Adam: a method for stochastic optimization [C]. Proceedings of International Conference on Learning Representations, ICLR, San Diego, 2015.

[23] M. Zeiler. Adadelta: an adaptive learning rate method [R]. [DB/OL]. https: //arxiv.org/pdf/1212.5701.pdf.

[24] N. Qian. On the momentum term in gradient descent learning algorithms [J]. Neural Networks, 1999, 12 (1): 145-151.

[25] YJango. 深度学习为何要 "Deep" [R]. [DB/OL]. https: //yjango. gitbooks.io/superorganism/content/shen_ceng_wang_luo.html.

[26] 陈彬, 洪家荣, 王亚东. 最优特征子集选择问题 [J]. 计算机学报, 1997, 20 (2): 133-138.

[27] B. Scholkopf, C. Burges, A. Smola. Advances in kernel methods-support vector learning [J]. Cambridge: the MIT Press, 1999.

[28] S. Roweis. EM algorithms for PCA and sensible PCA [R]. CNS Technical Report CNS-TR-97-02, Caltech, 1997.

[29] A. Bell, T. Sejnowski. The independent components of natural scenes are edge filters [M]. Vision Research, 1997, 37: 3327-3338.

[30] Q. Le, W. Zou, S. Yeung, et al. Learning hierarchical spatio-temporal features for action recognition with independent subspace analysis [C].

Proceedings of 2012 IEEE Conference on Computer Vision and Pattern Recognition（CVPR），2012.

［31］P. Smolensky. Information processing in dynamical systems：foundations of harmony theory［J］. Paralle Distributed Processing，1986，1（6）：194–281.

［32］G. E. Hinton，R. R. Salakhutdinov. Reducing the dimensionality of data with neural networks［J］. Science，2006，313：505–507.

［33］R. Salakhutdinov，G. Hinton. Learning a nonlinear embedding by preserving class neighbourhood structure［C］. Proceedings of International Conference on Artificial Intelligence and Statistics，2007：412–419.

［34］M. Welling，M. Rosen–Zvi，G. Hinton. Exponential family harmoniums with an application to information retrieval［C］. Advances in Neural Information Processing Systems NIPS，2005：1481–1488.

［35］G. Hinton. Training products of experts by minimizing contrastive divergence［J］. Neural Computation，2002，14（8）：1771–1800.

［36］R. Salakhutdinov，I. Murray. On the quantitative analysis of deep belief networks［C］. Proceedings of the International Conference on Machine Learning（ICML），2008：872–879.

［37］Y. Bengio，P. Lamblin，D. Popovici，et al. Greedy layer–wise training of deep networks［M］. Advances in Neural Information Processing Systems. Cambridge：The MIT Press，2007：153–160.

［38］D. Erhan，Y. Bengio，A. Courville，et al. Why does unsupervised pre-training help deep learning?［J］. Journal of Machine Learning Research，2010，11（2）：625–660.

［39］D. Erhan. Understanding deep architectures and the effect of unsupervised pre-training［D］. Montreal：University of Montreal，2010.

［40］R. Salakhutdinov，G. Hinton. Learning a nonlinear embedding by preserving class neighbourhood structure［C］. Proceedings of International Conference on Artificial Intelligence and Statistics，2007：412–419.

［41］J. Goldberger，S. Roweis，G. Hinton，et al. Neighbourhood components analysis［C］. Advances in Neural Information Processing Systems NIPS，2005.

［42］S. Roweis. Neighbourhood components analysis［C］. Machine Learning Summer School，Taiwan，2006.

［43］L. Zheng，W. Hu，Y. Zhou，et al. Deep belief network based nonlinear representation learning for transient stability assessment［C］. Proceedings of IEEE

PES General Meeting，2017.

［44］Y. Liao，Y. Weng，R. Rajagopal. Urban distribution grid topology reconstruction via Lasso［C］. Proceedings of IEEE PES General Meeting，2016.

［45］F. Milano. An open source power system analysis toolbox［J］. IEEE Transactions on Power Systems，2005，20（3）：1199–1206.

［46］戴远航，陈磊，张玮灵，等. 基于多支持向量机综合的电力系统暂态稳定评估［J］. 中国电机工程学报，2016，36（5）：1173–1180.

［47］F. R. Gomez，A. D. Rajapakse，U. D. Annakkage，I. T. Fernando. Support vector machine-based algorithm for post-fault transient stability status prediction using synchronized measurements［J］. IEEE Transactions on Power Systems，2011，26（3）：1474–1483.

［48］L. van der Maaten，G. Hinton. Visualizing data using t–SNE［J］. The Journal of Machine Learning Research，2008，9：2579–2605.

［49］吴为. 基于响应的电力系统暂态稳定性实时判别与控制技术的研究［D］. 北京：中国电力科学研究院，2014.

［50］P. Werbos. Backpropagation throuth time：what it does and how to do it［J］. Proceedings of the IEEE，1990，78（10）：1550–1560.

［51］A. Graves. Supervised sequence labelling with recurrent neural networks［D］. München：Technische Universität München，2008.

［52］A. Graves. Generating sequences with Recurrent Neural Networks［R］.［DB/OL］. https：//arx iv.org/pdf/1308.0850v5.pdf.

［53］S. Hochreiter，Y. Bengio，P. Frasconi，et al. Gradient flow in recurrent nets：the difficulty of learning long–term dependencies［M］，2001.

［54］S. Hochreiter，J. Schmidhuber. Long short–term memory［J］. Neural Computation，1997，9（8）：1735–1780.

［55］hanbingtao. 零基础入门深度学习（6）– 长短时记忆网络［R］.［DB/OL］. https：//zybuluo.com /hanbingtao/note/581764.

［56］F. Gers，J. Schmidhuber. Recurrent nets that time and count［J］. IEEE–INNS–ENNS International Joint Conference on Neural Networks，2000.

［57］K. Cho，B. van Merrienboer，C. Gulcehre，et al. Learning phrase representations using RNN encoder-decoder for statistical machine translation［C］. In Conference on Empirical Methods in Natural Language Processing. 2014.

8

基于稳定评估规则的电力系统实时紧急控制方法

8.1 简介

随着我国经济水平发展，用电水平日益提高，系统规模日益增大，网络结构更加复杂，系统运行点越来越靠近稳定极限，暂态稳定问题愈发突出。并且实际电网中，一旦判断系统是暂态不稳定的，需要及时做出有效的控制使系统恢复稳定。暂态失稳往往是造成电力系统大规模事故的主要原因，由于电力系统事故发展速度快、时间短、涉及范围广，依靠人为的判断和操作不能达到准确可靠安全控制决策，对在线安全稳定分析与控制决策的可靠性和精确性提出了新的要求。

目前基于数据挖掘的暂态稳定评估方法存在评估结果难以保证保守性的问题，若暂态稳定评估规则完全等同于系统稳定域的稳定边界，则稳定评估结果能够确保完全正确。然而，由于模型误差、稳定域近似以及输入空间维数限制等因素的影响，输入空间中的稳定和不稳定区域无法完全分开，存在"灰色地带"。在这种情况下，利用数据挖掘方法得到的稳定评估规则准确率无法达到100%。即使准确率达到了极高的水平，任何一次评估也存在错判的可能性。两种错判类型中，漏报警会引起系统失稳，影响大范围电网，是电力系统暂态稳定评估不允许的。因此，进一步研究如何提高分类准确率实用化意义较小。本章的研究从另一个角度入手：不再寻找两个区域的分界面，而是通过界定灰色地带，确保灰色地带以外区域的评估结果准确可信，落入灰色地带的情况通过其他方法进一步评估。减小灰色地带能够扩大稳定规则的识别范围，对于少数最终也无法确定稳定性的情况，可以判定其为不稳定从而避免漏报警，确保稳定评估的保守性。

前述章节分别对安全域概念下的暂态稳定评估方法以及稳定域概念下的暂态稳定评估方法进行了梳理总结，上述两种暂态稳定评估方法分别对应电力系统安全防御的预防控制和紧急控制。安全域概念下的暂态稳定评估方法主要利用稳态特征量对系统在预想故障下的暂态稳定进行评估，由于采用预想故障进行稳定评估，实际故障未发生，若预判结果为失稳，则可以采取预防控制将系统调整至安全状态。稳定域概念下的暂态稳定评估方法主要是以系统受扰后的动态响应作为输入特征，通过构建特征与故障后系统稳定状态间的映射关系，实现暂态稳定评估，该方式下系统一旦失稳，必须采取紧急控制措施进行调整。相比之下，稳定域概念下的暂态稳定评估及紧急控制决策对分析的速度要求更高，需要完成超实时的暂态稳定评估计算及控制决策。因此，本章围绕基于稳定评估规则的电力系统实时紧急控制方法展开介绍。

8.2 考虑电力系统保守性的暂态稳定评估方法

本章首先阐述灰色地带及稳定评估新思路；然后通过改造传统支持向量机，界定灰色地带范围，确保灰色地带以外区域的稳定评估准确性；接着提供两种衡量灰色地带大小的评价指标，用于指导定量缩小灰色地带以及协助电网运行人员掌握稳定评估保守程度；最后提出灰色地带的进一步处理方法：评估系统不稳定概率或对灰色地带进一步识别。

8.2.1 灰色地带及其稳定评估新思路

若暂态稳定评估规则完全等同于系统稳定域的稳定边界，则在规则的输入空间中稳定区域和不稳定区域可以完全分开。然而由于模型误差、稳定域近似以及输入空间维数限制等因素的影响，暂态稳定评估规则不可能完全等同于系统稳定域的稳定边界，因此在规则的输入空间中稳定区域和不稳定区域无法完全分开，存在中间的"灰色地带"。实际上，灰色地带就是稳定评估规则的输入空间中输出状态不唯一的区域。例如，输入空间中的一点 X，有两个不同的故障后系统在输入空间中都能用 X 表示，但这两个故障后系统的稳定性不同，则 X 就在灰色地带中。利用数据挖掘方法寻找稳定分界面有赖于已知的训练样本。稳定和不稳定区域交织的灰色地带从样本的角度看就是稳定样本和不稳定样本混杂的地带，如图 8-1 所示。

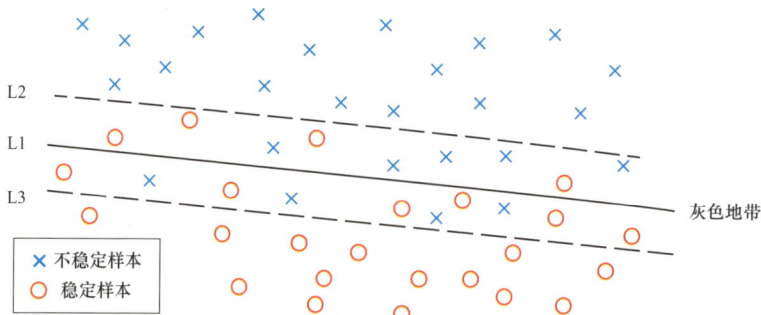

图 8-1 稳定性分类示意图

SVM 等传统数据挖掘分类方法的思路是在输入空间中寻找一个稳定性分类的边界，使得该边界两边的错分样本最少，如图 8-1 中的 L1 所示，落在 L1 上方的系统都将被评估为不稳定，下方的都评估为稳定。由于灰色地带的存在，一定存在被错分的情况。位于 L1 上方的灰色地带中的样本有可能是稳定样本，属于潜在的误报警；位于 L1 下方的灰色地带中的样本有可能是不稳定样本，属于潜在的漏报警，对系统的安全运行造成威胁。

本章为了应对灰色地带带来的上述问题，提出一种新的评估思路：不再追求更高的评估准确率，而是转而界定灰色地带的范围，找到灰色地带的边界，如图 8-1 中的 L2 和 L3 所示。L2 上方的区域确定为不稳定区域，L3 下方的区域确定为稳定区域，落入这两个区域的情况稳定性评估确保正确。而对于落在灰色地带中的情况采用其他的方法进一步评估。

上述新思路与传统的分类思路的区别主要有以下三点：

（1）传统的分类思路追求的是更高的分类准确率，而新思路追求的是减少灰色地带，扩大稳定规则的识别范围。

（2）传统的分类思路由于灰色地带的存在准确率不可能达到 100%，带来的影响就是任何一次评估结果都非 100% 可信；而新思路使得大部分评估结果完全可信，而少部分落入灰色地带的评估结果通过其他方法进一步评估。

（3）传统的分类思路无法避免漏报警和误报警，漏报警对系统的安全运行造成威胁，是稳定评估中不被允许的；而新思路下少数最终也无法确定稳定性的情况，可以判定其为不稳定从而避免漏报警，确保稳定评估的保守性。

因此，针对灰色地带而提出的稳定评估新思路相比于传统数据挖掘分类方法更加适应电力系统的特殊要求。下面通过改造传统的 SVM，得到两种新型支持向量机，用于界定灰色地带范围，进而提出基于新型支持向量机的稳定评估规则。

8.2.2 新型支持向量机

传统的支持向量机在训练分界面时对两种样本平等对待，而新型支持向量机对不同类型的样本有不同的要求——保守支持向量机不允许不稳定样本被错分，因此界定的是灰色地带靠近稳定区域的边界，如图 8-1 中的 L3 所示；激进支持向量机不允许稳定样本被错分，因此界定的是灰色地带靠近不稳定区域的边界，如图 8-1 中的 L2 所示。下面详细介绍两种新型支持向量机。

8.2.2.1 保守支持向量机

传统的 SVM 模型中约束条件引入松弛变量使得一部分样本允许被错分。调整约束条件中的松弛变量可限制错分样本的类型。去掉不稳定样本对应的约束条件中的松弛变量可以得到保守支持向量机（Conservative SVM，CSVM），

如式（8-1）所示

$$\min_{w,b,\zeta} \frac{1}{2}\boldsymbol{w}^{\mathrm{T}}\boldsymbol{w} + C\sum_{i=1}^{m}\zeta_i$$
$$s.t.\ \ y_i^{\mathrm{st}}[\boldsymbol{w}^{\mathrm{T}}\boldsymbol{\varphi}(\boldsymbol{X}_i^{\mathrm{st}})+b] \geq 1-\zeta_i,\ \zeta_i \geq 0,\ i=1,\cdots,m \quad\quad (8\text{-}1)$$
$$y_i^{\mathrm{un}}[\boldsymbol{w}^{\mathrm{T}}\boldsymbol{\varphi}(\boldsymbol{X}_i^{\mathrm{un}})+b] \geq 1,\quad\quad\quad\quad i=1,\cdots,k$$

式中：上标 st 表示稳定样本；上标 un 表示不稳定样本；m 是稳定样本数；k 是不稳定样本数。CSVM 训练得到的超平面对应图 8-1 中的 L3，不稳定样本被严格地限制在边界的一边，可以确保另外一边的样本都是稳定样本。

式（8-1）难以直接求解，因此仿照 SVM 的求解过程将其转化为对偶问题。首先得到式（8-1）的拉格朗日函数，如式（8-2）所示

$$\begin{aligned}L(\boldsymbol{w},b,\boldsymbol{\zeta},\boldsymbol{\lambda},\boldsymbol{\beta},\boldsymbol{\alpha}) = &\frac{1}{2}\boldsymbol{w}^{\mathrm{T}}\boldsymbol{w} + C\sum_{i=1}^{m}\zeta_i - \sum_{i=1}^{m}\alpha_i\zeta_i \\ &- \sum_{i=1}^{k}\lambda_i\{y^{\mathrm{un}}_i[\boldsymbol{w}^{\mathrm{T}}\boldsymbol{\varphi}(\boldsymbol{X}^{\mathrm{un}}_i)+b]-1\} \\ &- \sum_{i=1}^{m}\beta_i\{y^{\mathrm{st}}_i[\boldsymbol{w}^{T}\boldsymbol{\varphi}(\boldsymbol{X}^{\mathrm{st}}_i)+b]-1+\zeta_i\}\end{aligned} \quad (8\text{-}2)$$

式中：λ、β 和 α 都是拉格朗日乘子组成的向量，拉格朗日乘子非负，$\zeta-[\zeta_1, \zeta_2, \cdots, \zeta_m]^{\mathrm{T}}$，$\lambda=[\lambda_1, \lambda_2, \cdots, \lambda_k]^{\mathrm{T}}$，$\beta=[\beta_1, \beta_2, \cdots, \beta_m]^{\mathrm{T}}$，$\alpha=[\alpha_1, \alpha_2, \cdots, \alpha_m]^{\mathrm{T}}$。由最优性条件可以得到式（8-3）的三个关系式

$$\begin{cases}\dfrac{\partial L}{\partial \boldsymbol{w}} = 0 \Rightarrow \boldsymbol{w} = \sum_{i=1}^{k}\lambda_i y^{\mathrm{un}}_i\boldsymbol{\varphi}(\boldsymbol{X}^{\mathrm{un}}_i) + \sum_{i=1}^{m}\beta_i y^{\mathrm{st}}_i\boldsymbol{\varphi}(\boldsymbol{X}^{\mathrm{st}}_i) \\[3mm] \dfrac{\partial L}{\partial b} = 0 \Rightarrow \sum_{i=1}^{k}\lambda_i y^{\mathrm{un}}_i + \sum_{i=1}^{m}\beta_i y^{\mathrm{st}}_i = 0 \\[3mm] \dfrac{\partial L}{\partial \zeta_i} = 0 \quad i=1,\cdots,m \Rightarrow C-\beta_i-\alpha_i=0 \quad i=1,\cdots,m\end{cases} \quad (8\text{-}3)$$

由于 $\alpha_i \geq 0$，$C-\beta_i \geq 0$，于是有 $0 \leq \beta_i \leq C$，$i=1,2,\cdots,m$。

把式（8-3）的第一个关系代入式（8-2），将拉格朗日函数简化为式（8-4）

$$\begin{aligned}L(\boldsymbol{\lambda},\boldsymbol{\beta}) = &\sum_{i=1}^{k}\lambda_i + \sum_{i=1}^{m}\beta_i \\ &- \frac{1}{2}[\sum_{i=1}^{k}\sum_{j=1}^{k}\lambda_i\lambda_j y^{\mathrm{un}}_i y^{\mathrm{un}}_j K(\boldsymbol{X}^{\mathrm{un}}_i, \boldsymbol{X}^{\mathrm{un}}_j)] \\ &- \frac{1}{2}[\sum_{i=1}^{m}\sum_{j=1}^{k}\beta_i\lambda_j y^{\mathrm{st}}_i y^{\mathrm{un}}_j K(\boldsymbol{X}^{\mathrm{st}}_i, \boldsymbol{X}^{\mathrm{un}}_j)]\end{aligned}$$

$$-\frac{1}{2}[\sum_{i=1}^{k}\sum_{j=1}^{m}\lambda_i\beta_j y^{un}{}_i y^{st}{}_j K(\boldsymbol{X}^{un}{}_i,\boldsymbol{X}^{st}{}_j)]$$

$$-\frac{1}{2}[\sum_{i=1}^{m}\sum_{j=1}^{m}\beta_i\beta_j y^{st}{}_i y^{st}{}_j K(\boldsymbol{X}^{st}{}_i,\boldsymbol{X}^{st}{}_j)]$$

（8-4）

式（8-4）即为式（8-1）的对偶问题的优化目标。式（8-1）的对偶问题如式（8-5）所示

$$\max\quad L(\boldsymbol{\lambda},\boldsymbol{\beta})$$
$$s.t.\quad \sum_{i=1}^{k}\lambda_i y^{un}{}_i+\sum_{i=1}^{m}\beta_i y^{st}{}_i=0$$
$$0\leqslant\beta_i\leqslant C,\quad i=1,\cdots,m$$
$$0\leqslant\lambda_i,\quad i=1,\cdots,k$$

（8-5）

转为最小化问题，如式（8-6）所示

$$\min\quad \theta(\boldsymbol{\lambda},\boldsymbol{\beta})$$
$$s.t.\quad \sum_{i=1}^{k}\lambda_i y^{un}{}_i+\sum_{i=1}^{m}\beta_i y^{st}{}_i=0$$
$$0\leqslant\beta_i\leqslant C,\quad i=1,\cdots,m$$
$$0\leqslant\lambda_i,\quad i=1,\cdots,k$$

（8-6）

式中：$\theta(\boldsymbol{\lambda},\boldsymbol{\beta})=-L(\boldsymbol{\lambda},\boldsymbol{\beta})$。

CSVM 求解得到的分类规则表达式如式（8-7）所示

$$f^{CSVM}(\boldsymbol{X})=\sum_{i=1}^{k}\lambda_i y^{un}{}_i K(\boldsymbol{X}^{un}{}_i,\boldsymbol{X})+\sum_{i=1}^{m}\beta_i y^{st}{}_i K(\boldsymbol{X}^{st}{}_i,\boldsymbol{X})+b$$

（8-7）

CSVM 的分类规则表达式与传统 SVM 的分类规则表达式类似，都是由拉格朗日乘子作为加权系数，将输入样本 X 与训练样本的相似度加权求和得到。拉格朗日乘子的取值决定训练样本在分类规则表达式中的影响力。同样，可以将非零的拉格朗日乘子对应的训练样本称为支持向量。

从对偶问题的形式分析，CSVM 与传统的 SVM 类似，对偶问题都是典型的二次规划问题。不同之处在于 CSVM 的对偶问题中不稳定样本对应的拉格朗日乘子取值没有上限，而稳定样本的拉格朗日乘子的取值上限为惩罚因子 C。从物理意义上理解，保守的支持向量机更倾向于将样本归类为不稳定，因此不稳定的训练样本在分类规则表达式中的影响更大。其拉格朗日乘子的上限无约束就能达到此效果。

8.2.2.2 激进支持向量机

与 CSVM 相对，在传统的 SVM 模型中去掉稳定样本对应的约束条件中的松弛变量就可以得到激进支持向量机（Aggressive SVM，ASVM），如式

（8-8）所示

$$\min_{w,b,\zeta} \frac{1}{2} \boldsymbol{w}^{\mathrm{T}} \boldsymbol{w} + C \sum_{i=1}^{k} \zeta_i$$
$$s.t. \quad y_i^{\mathrm{st}} (\boldsymbol{w}^{\mathrm{T}} \boldsymbol{\varphi}(\boldsymbol{X}_i^{\mathrm{st}}) + b) \geq 1, \qquad i = 1, \cdots, m \qquad (8-8)$$
$$y_i^{\mathrm{un}} (\boldsymbol{w}^{\mathrm{T}} \boldsymbol{\varphi}(\boldsymbol{X}_i^{\mathrm{un}}) + b) \geq 1 - \zeta_i, \ \zeta_i \geq 0, \ i = 1, \cdots, k$$

ASVM 得到的超平面对应图 8-1 中的 L2，稳定样本被严格地限制在边界的一边，确保另外一边的样本是不稳定样本。

类似于 CSVM，ASVM 的对偶问题如式（8-9）所示

$$\min \quad \theta(\boldsymbol{\lambda}, \boldsymbol{\beta})$$
$$s.t. \quad \sum_{i=1}^{k} \lambda_i y_i^{\mathrm{un}} + \sum_{i=1}^{m} \beta_i y_i^{\mathrm{st}} = 0$$
$$0 \leq \beta_i \qquad i = 1, \cdots, m \qquad (8-9)$$
$$0 \leq \lambda_i \leq C \qquad i \quad 1, \cdots, k$$

ASVM 的对偶问题和 CSVM 的对偶问题形式相同，区别在于拉格朗日乘子的取值范围约束不同。ASVM 更倾向于将样本归类为稳定，稳定的训练样本在分类规则表达式中的影响更大。稳定样本的拉格朗日乘子的上限无约束能达到此效果。

另外，ASVM 的分类规则表达形式如式（8-10）所示

$$f^{\mathrm{ASVM}}(\boldsymbol{X}) = \sum_{i=1}^{k} \lambda_i y_i^{\mathrm{un}} K(\boldsymbol{X}_i^{\mathrm{un}}, \boldsymbol{X}) + \sum_{i=1}^{m} \beta_i y_i^{\mathrm{st}} K(\boldsymbol{X}_i^{\mathrm{st}}, \boldsymbol{X}) + b \qquad （8-10）$$

该表达式与 CSVM 的分类规则表达式完全相同，但 λ 和 β 的相对大小不同：对于 ASVM 稳定样本对应的拉格朗日乘子更大，CSVM 则相反。

8.2.3 基于新型支持向量机的稳定评估规则

利用 CSVM 和 ASVM 训练得到的两个边界构造稳定评估规则。CSVM 边界的一边全为稳定样本，ASVM 边界的一边全为不稳定样本，因此由 CSVM 和 ASVM 的两个边界构造的稳定评估规则自然地将输入空间分为三个不重叠的区域：稳定区域、不稳定区域和灰色地带。对于一个待判定的故障后系统，若 CSVM 和 ASVM 都判定其稳定，则稳定评估规则判定其稳定，输出的 $y^{\mathrm{pg}}=1$；若 CSVM 和 ASVM 都判定其不稳定，则稳定评估规则判定其不稳定，输出的 $y^{\mathrm{pg}}=-1$；其他情况为不可判定，即该系统落入灰色地带，输出的 $y^{\mathrm{pg}}=0$。以上规则总结在表 8-1 中。

表 8-1 　　　　　　　　　　　　稳定评估规则

样本类型	CSVM 结果	ASVM 结果	稳定评估结果	稳定评估规则输出 y^{pg}
1	稳定	稳定	稳定	1
2	不稳定	稳定	不可判定	0
3	稳定	不稳定	不可判定	0
4	不稳定	不稳定	不稳定	−1

　　可以结合式（8-7）和式（8-10）的 $f^{CSVM}(X)$ 和 $f^{ASVM}(X)$ 表达式写出稳定评估规则的数学描述：对于待判定的故障后系统，根据其在规则输入空间中的取值 X^{pg}，判定系统故障后稳定性。有以下三种情况：

　　（1）当 $f^{CSVM}(X^{pg})>0$ 且 $f^{ASVM}(X^{pg})>0$，则判定该故障后系统稳定。

　　（2）当 $f^{CSVM}(X^{pg})<0$ 且 $f^{ASVM}(X^{pg})<0$，则判定该故障后系统不稳定。

　　（3）对于其他情况，该故障后系统落入灰色地带，需通过其他方法进一步判定。

　　考察 CSVM 和 ASVM 及以上稳定评估规则的物理意义。考虑第一种近似（不同故障后稳定域近似为一个稳定域）导致的误差：由于不同故障后系统稳定域不完全重合，交错的区域即为灰色地带，如图 8-2 所示。稳定评估规则界定的稳定区域实际上是同一运行方式导致的所有故障后稳定平衡点对应的稳定域的交集，稳定评估规则界定的不稳定区域是所有故障后稳定平衡点对应的稳定域并集的补集。CSVM 对应的边界是稳定域的交集的边界，如图 8-2 的蓝色虚线所示。CSVM 对应的边界是稳定域的并集的边界，如图 8-2 的黄色虚线所示。灰色地带是所有稳定域并集与所有稳定域交集的差。

　　综上，在实时应用阶段落入稳定区域和不稳定区域的故障后系统其稳定性能够被准确判别，而落入灰色地带的故障后系统需要进一步处理。为了保证评估的保守性，落入灰色地带的系统可直接被当作不稳定处理。在这种情况下，稳定评估规则的灰色地带越大，评估的保守性越大。

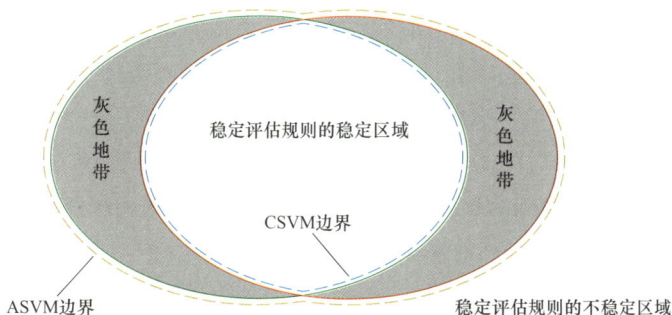

图 8-2　CSVM、ASVM 及稳定评估规则物理意义示意图

8.2.4 评价指标

与传统 SVM 训练结果构造的分类规则相比，基于 CSVM 和 ASVM 的稳定评估规则不再以分类准确率为评价指标，而关注漏报警率、误报警率和灰色地带大小。

8.2.4.1 漏报警率与误报警率

在稳定评估规则训练阶段，由于模型的约束，不会出现漏报警和误报警，因此漏报警率和误报警率只需在测试阶段考察。漏报警率 *PFD*（Percentage of False Dismissals）和误报警率 *PFA*（Percentage of False Alarms）的计算方法如式（8-11）和式（8-12）所示

$$PFD = \frac{N_{\text{fd}}}{N_{\text{testing}}} \times 100\% \tag{8-11}$$

$$PFA = \frac{N_{\text{fa}}}{N_{\text{testing}}} \times 100\% \tag{8-12}$$

8.2.4.2 灰色地带大小

灰色地带是稳定评估规则无法提供评估结果的区域，在应用中为了保证保守性一般将其视为不稳定区域，因此该区域的大小决定了稳定评估保守性的大小。缩小灰色地带能够扩大稳定评估规则的识别范围，并在防止漏报警的前提下减小评估的保守程度。定量描述灰色地带大小，不仅有助于指导离线训练缩小灰色地带提升稳定评估规则性能，而且能够帮助电网运行人员掌握暂态稳定评估的保守程度。

灰色地带大小的评价有两种方法，一种是落入灰色地带的样本比例，另一种是灰色地带中样本的故障清除时间范围。

（1）第一种评价指标为 *PG*（Percentage of Grey）指标，该指标表示落入灰色地带的样本占所有样本的比例，如式（8-13）所示

$$PG = \frac{N_{\text{grey}}}{N} \times 100\% \tag{8-13}$$

式中：N 为训练样本或测试样本的总数；N_{grey} 为落入灰色地带的样本数。

（2）样本的故障清除时间 CT 在极限清除时间 CCT 附近，则样本位于稳定边界附近，这些样本稳定性判断的难度较大，往往落入灰色地带。换言之，灰色地带中的样本点对应的 CT 一般在 CCT 附近。第二种评价方法利用 CCT 附近的时间范围（Time Ranges Around CCT，*TRAC*）来描述灰色地带大小。本研究称同地点、同类型、不同故障清除时间的故障属于同一"故障号"，*TRAC* 指标与故障号对应。*TRAC* 指标的计算方法如下：在离线阶段稳定评估规则生成后，对所有的训练样本和测试样本进行稳定性评估，得到 y^{pg}。一个故障号对

应一个 *TRAC*，在固定的故障号下根据 $y^{pg}=0$ 的样本对应的故障清除时间计算 *TRAC*。图 8-3 是求取 *TRAC* 的示例。样本的故障号以及 CT 值在样本生成阶段记录。对于固定的故障号，通过样本的 CT 和稳定性 y 易求出该故障号的 CCT 值。从图中的 y 值可以看出该故障号下的故障的极限清除时间在 0.21s 到 0.22s 之间。从 y^{pg} 值可以看出，切除时间在 0.2s 以下 0.23s 以上的样本稳定性是确定的，中间的部分为灰色地带。对于该故障号，*TRAC* 值为 0.23s−0.20s=0.03s。*TRAC* 的数量为样本集包含的故障号数，可以将这些 *TRAC* 值全部提供给运行人员，亦可提供所有 *TRAC* 值的统计量（如平均值、最大值、最小值等）。

同一故障下的样本编号	1	2	3	4	5	6	7	8
故障切除时间(s)	0.18	0.19	0.20	0.21	0.22	0.23	0.24	0.25
稳定性真实值y	1	1	1	1	−1	−1	−1	−1
稳定性评估结果y^{pg}	1	1	1	0	0	−1	−1	−1

灰色地带　　　　该故障号对应的TRAC值为
0.23s−0.2s=0.03s

图 8-3　TRAC 值计算方法示例

比较 *PG* 和 *TRAC* 两种指标：*TRAC* 受样本影响小，只要故障前运行方式和输入特征选定，稳定和不稳定区域的重叠部分就是确定的，灰色地带边界上样本对应的 CT 值也随之确定，不论样本的分布情况如何，计算得到的 *TRAC* 指标基本为定值。而 *PG* 指标在数值上会随训练和测试样本的选取而变化，例如当训练和测试样本更密集地分布在稳定边界周围时，计算出的 *PG* 指标会更大。另外，相比于 *PG* 指标，*TRAC* 将灰色地带与故障清除时间相联系，包含更多的物理意义。因此对于电网运行人员，*TRAC* 指标更有助于理解当前的暂态评估保守程度。但 *PG* 指标更易于计算，由于在训练和测试的过程中样本是固定的，因此在构建稳定评估规则的过程中使用 *PG* 指标即可。

8.2.5　灰色地带处理方法

在实时阶段若评估结果落入灰色地带有以下三种处理方式：

（1）直接判定故障后系统不稳定，触发紧急控制措施，保证保守性。

（2）对样本与 CSVM 和 ASVM 边界的相对关系进行分析，评估样本为不稳定样本的概率，为调度运行人员的决策提供辅助信息。

（3）利用其他信息进一步对灰色地带中的样本进行识别。

本小节重点介绍后两种处理方法。

8.2.5.1 不稳定概率评估

落入灰色地带的样本，用 CSVM 训练得到的分类规则判定为不稳定，用 ASVM 训练得到的分类规则判定为稳定，如式（8-14）所示

$$f^{\text{CSVM}}(\boldsymbol{X})<0$$
$$f^{\text{ASVM}}(\boldsymbol{X})>0$$

（8-14）

式中：$\boldsymbol{X}$ 为落入灰色地带样本的输入向量。

实际上，在稳定评估过程中仅利用了 $f^{\text{CSVM}}(\boldsymbol{X})$ 和 $f^{\text{ASVM}}(\boldsymbol{X})$ 的正负符号，而这两个值的大小信息没有被利用。下面分析 $f^{\text{CSVM}}(\boldsymbol{X})$ 和 $f^{\text{ASVM}}(\boldsymbol{X})$ 的数值特征，考察灰色地带样本与稳定区域和不稳定区域的距离关系。以 CSVM 为例，$f^{\text{CSVM}}(\boldsymbol{X})$ 的大小主要由两部分决定，如式（8-15）和式（8-16）所示

$$UN^{\text{CSVM}}(\boldsymbol{X})=\sum_{i=1}^{k}\lambda^{\text{CSVM}}_{i}y^{\text{un}}_{i}K(\boldsymbol{X}^{\text{un}}_{i},\boldsymbol{X})$$

（8-15）

$$ST^{\text{CSVM}}(\boldsymbol{X})=\sum_{i=1}^{m}\beta^{\text{CSVM}}_{i}y^{\text{st}}_{i}K(\boldsymbol{X}^{\text{st}}_{i},\boldsymbol{X})$$

（8-16）

式中：$UN^{\text{CSVM}}(\boldsymbol{X})$ 是由不稳定样本主导的部分；$ST^{\text{CSVM}}(\boldsymbol{X})$ 是由稳定样本主导的部分。根据核函数定义，向量 $\boldsymbol{X}_i$ 和向量 $\boldsymbol{X}_j$ 越相似，$\|\boldsymbol{X}_i-\boldsymbol{X}_j\|$ 越小，则 $K(\boldsymbol{X}_i,\boldsymbol{X}_j)$ 越大，因此 $K(\boldsymbol{X}^{\text{un}}_i,\boldsymbol{X})$ 可以看作是 $\boldsymbol{X}$ 和支持向量 $\boldsymbol{X}^{\text{un}}_i$ 的相似度。$\boldsymbol{X}$ 和 $\boldsymbol{X}^{\text{un}}_i$ 越相似 $K(\boldsymbol{X}^{\text{un}}_i,\boldsymbol{X})$ 值越大，乘以 y^{un}_i（即 -1）以后，样本越倾向于被判定为不稳定。若样本更接近不稳定区域，其与不稳定样本相似度较高，则 $|UN^{\text{CSVM}}(\boldsymbol{X})|$ 大于 $|ST^{\text{CSVM}}(\boldsymbol{X})|$，不稳定部分起主导作用，$f^{\text{CSVM}}(\boldsymbol{X})$ 为负。样本越接近不稳定区域，$|UN^{\text{CSVM}}(\boldsymbol{X})|$ 比 $|ST^{\text{CSVM}}(\boldsymbol{X})|$ 大得越多，$f^{\text{CSVM}}(\boldsymbol{X})$ 的绝对值越大。综上，$f^{\text{CSVM}}(\boldsymbol{X})$ 的符号表明样本和 CSVM 分界面的位置关系，而 $f^{\text{CSVM}}(\boldsymbol{X})$ 的大小显示样本和 CSVM 分界面的距离。同理，$f^{\text{ASVM}}(\boldsymbol{X})$ 的大小显示样本和 ASVM 分界面的距离。

解析几何方法能够定量描述点到超平面的距离。在高维空间中样本点到 CSVM 超平面的距离如式（8-17）所示

$$d^{\text{CSVM}}(\boldsymbol{X})=\frac{\left|\boldsymbol{w}^{\text{CSVM}T}\boldsymbol{\varphi}(\boldsymbol{X})+b^{\text{CSVM}}\right|}{\left\|\boldsymbol{w}^{\text{CSVM}}\right\|}$$

（8-17）

将 $\boldsymbol{w}^{\text{CSVM}}$ 用式（8-3）的第一式代替，并将映射函数的内积用核函数表示，式（8-17）转化为式（8-18）

$$d^{\text{CSVM}}(\boldsymbol{X})=\frac{\left|\sum_{i=1}^{k}\lambda^{\text{CSVM}}_{i}y^{\text{un}}_{i}K(\boldsymbol{X}^{\text{un}}_{i},\boldsymbol{X})+\sum_{i=1}^{m}\beta^{\text{CSVM}}_{i}y^{\text{st}}_{i}K(\boldsymbol{X}^{\text{st}}_{i},\boldsymbol{X})+b^{\text{CSVM}}\right|}{\left\|\boldsymbol{w}^{\text{CSVM}}\right\|}$$

（8-18）

式中：分母 $\|\boldsymbol{w}^{\mathrm{CSVM}}\|$ 为定值，其计算方法如式（8-19）所示

$$
\begin{aligned}
\left\|\boldsymbol{w}^{\mathrm{CSVM}}\right\| = {} & \sum_{i=1}^{k}\sum_{j=1}^{k}\lambda^{\mathrm{CSVM}}{}_{i}\lambda^{\mathrm{CSVM}}{}_{j}y^{\mathrm{un}}{}_{i}y^{\mathrm{un}}{}_{j}K(\boldsymbol{X}^{\mathrm{un}}{}_{i},\boldsymbol{X}^{\mathrm{un}}{}_{j}) \\
& + \sum_{i=1}^{m}\sum_{j=1}^{k}\beta^{\mathrm{CSVM}}{}_{i}\lambda^{\mathrm{CSVM}}{}_{j}y^{\mathrm{st}}{}_{i}y^{\mathrm{un}}{}_{j}K(\boldsymbol{X}^{\mathrm{st}}{}_{i},\boldsymbol{X}^{\mathrm{un}}{}_{j}) \\
& + \sum_{i=1}^{k}\sum_{j=1}^{m}\lambda^{\mathrm{CSVM}}{}_{i}\beta^{\mathrm{CSVM}}{}_{j}y^{\mathrm{un}}{}_{i}y^{\mathrm{st}}{}_{j}K(\boldsymbol{X}^{\mathrm{un}}{}_{i},\boldsymbol{X}^{\mathrm{st}}{}_{j}) \\
& + \sum_{i=1}^{m}\sum_{j=1}^{m}\beta^{\mathrm{CSVM}}{}_{i}\beta^{\mathrm{CSVM}}{}_{j}y^{\mathrm{st}}{}_{i}y^{\mathrm{st}}{}_{j}K(\boldsymbol{X}^{\mathrm{st}}{}_{i},\boldsymbol{X}^{\mathrm{st}}{}_{j})
\end{aligned}
\tag{8-19}
$$

在高维空间中样本点到 CSVM 超平面的距离实际上是 $|f^{\mathrm{CSVM}}(\boldsymbol{X})|$ 除以定值 $\|\boldsymbol{w}^{\mathrm{CSVM}}\|$。对于灰色地带中的样本，$|f^{\mathrm{CSVM}}(\boldsymbol{X})|$ 越大则在高维空间中与稳定区域的距离越远。同理，高维空间中样本到 ASVM 超平面的距离 $d^{\mathrm{ASVM}}(\boldsymbol{X})$ 为 $|f^{\mathrm{ASVM}}(\boldsymbol{X})|$ 除以定值 $\|\boldsymbol{w}^{\mathrm{ASVM}}\|$。灰色地带样本的 $d^{\mathrm{CSVM}}(\boldsymbol{X})$ 和 $d^{\mathrm{ASVM}}(\boldsymbol{X})$ 的物理意义如图 8-4 所示。

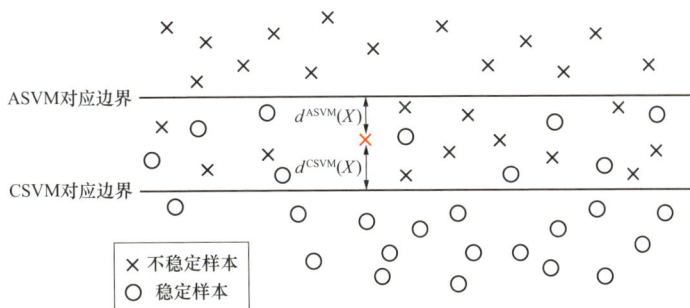

图 8-4　灰色地带样本到 CSVM 和 ASVM 边界距离示意图

定义 DD（Distance Difference）指标，用以描述灰色地带样本到 ASVM 边界的距离和到 CSVM 边界的距离之差指标，如式（8-20）所示

$$
\begin{aligned}
DD(\boldsymbol{X}) &= d^{\mathrm{ASVM}}(\boldsymbol{X}) - d^{\mathrm{CSVM}}(\boldsymbol{X}) \\
&= \frac{\left|f^{\mathrm{ASVM}}(\boldsymbol{X})\right|}{\left\|\boldsymbol{w}^{\mathrm{ASVM}}\right\|} - \frac{\left|f^{\mathrm{CSVM}}(\boldsymbol{X})\right|}{\left\|\boldsymbol{w}^{\mathrm{CSVM}}\right\|} \\
&= \frac{f^{\mathrm{ASVM}}(\boldsymbol{X})}{\left\|\boldsymbol{w}^{\mathrm{ASVM}}\right\|} + \frac{f^{\mathrm{CSVM}}(\boldsymbol{X})}{\left\|\boldsymbol{w}^{\mathrm{CSVM}}\right\|}
\end{aligned}
\tag{8-20}
$$

DD 值越大说明样本到不稳定区域的距离大于样本到稳定区域的距离。因此 DD 指标可以用于表征灰色地带中样本与稳定区域和不稳定区域的相对位置关系。

利用小系统算例数据训练 CSVM 和 ASVM 并增加灰色地带中的样本，

计算这些样本的 DD 指标。图 8-5 展示了 10 个故障号下的灰色地带样本的 DD 指标。图中横轴表示样本的故障号，同一列样本的故障号相同但故障清除时间不同，样本的纵坐标为样本对应的 DD 指标值。所有故障号下稳定样本的 DD 值皆大于不稳定样本。这是由于稳定样本距离稳定区域更近，于是 DD 值更大。不同故障号下稳定与不稳定样本的 DD 值范围不同。例如，故障号 1 下稳定样本的 DD 值在 0 到 0.07 之间，不稳定样本的 DD 值在 -0.08 到 0 之间；故障号 2 下稳定样本的 DD 值在 -0.03 到 0.02 之间，不稳定样本的 DD 值在 -0.08 到 -0.03 之间。由此可知，灰色地带中不同的 DD 值下两种样本的占比不同，DD 值越大稳定样本占比越大，DD 越小不稳定样本占比越大。

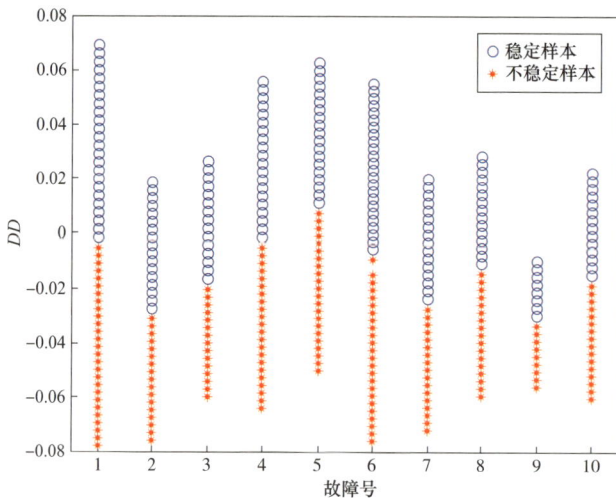

图 8-5　10 个故障号下灰色地带样本的 DD 指标

图 8-6 展示了灰色地带中稳定样本和不稳定样本的 DD 指标分布情况。

图 8-6 中红线为灰色地带中不稳定样本的 DD 指标概率密度曲线，蓝线为灰色地带中稳定样本的 DD 指标概率密度曲线，两条曲线基本关于 $DD=0$ 对称。灰色地带中样本的 DD 指标分布在 -0.1 ～ 0.1，稳定样本的 DD 指标分布偏向正半轴，而不稳定样本偏向负半轴，中间有重叠的区域。不稳定样本的占比随 DD 值增大由 100% 变为 0，如图 8-7 所示。

根据不同 DD 值下不稳定样本的占比可拟合不稳定概率曲线。实时应用中，若判定结果落入灰色地带，计算该样本 DD 值并利用不稳定概率曲线评估故障后系统不稳定概率，为调度运行人员提供决策依据。不稳定概率曲线的生成步骤如图 8-8 所示。

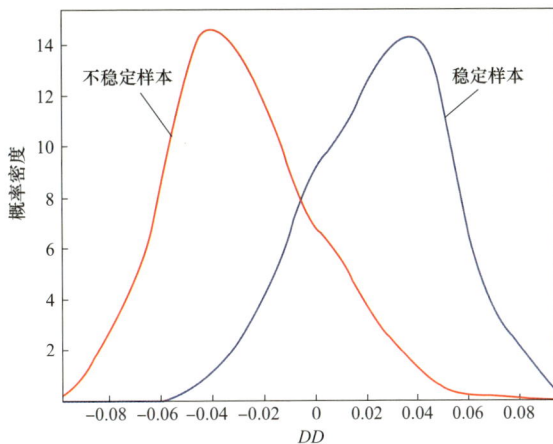

图 8-6　灰色地带中稳定样本和不稳定样本的 DD 指标分布情况

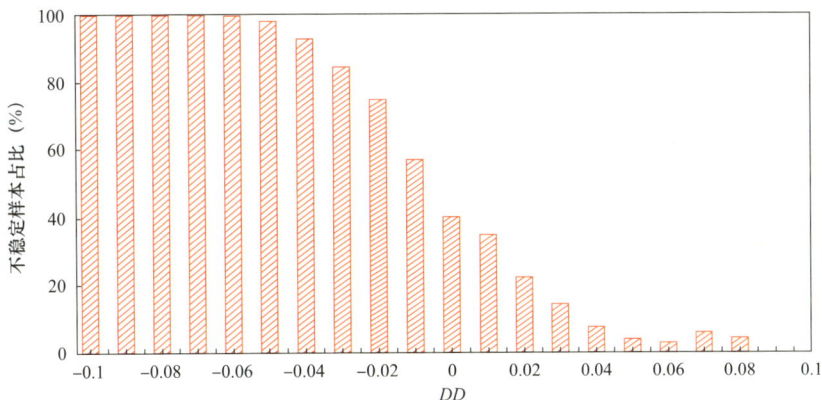

图 8-7　不同 DD 取值区间下不稳定样本比例

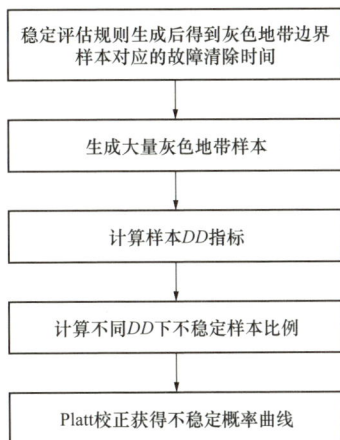

图 8-8　利用 DD 指标评估不稳定概率流程图

在稳定评估规则生成后，记录灰色地带边界样本对应的故障清除时间。在这些时间范围内做故障仿真，加密灰色地带样本。然后计算新生成的灰色地带样本的 DD 指标值。将 DD 指标值分为若干区间，计算各区间中不稳定样本数占两种样本总数的比例。将该区间中点的 DD 值设为该比例对应的 DD 值。利用 Platt 校正对所有区间的结果进行拟合，最终得到不稳定概率曲线。

Platt 校正的原理是将稳定概率曲线拟合为 sigmoid 曲线。选用 sigmoid 曲线的原因如下：设稳定概率 $P^{st}(y=1|DD)=p$，则不稳定概率为 $P^{un}(y=-1|DD)=1-p$，稳定概率与不稳定概率之比如式（8-21）所示

$$\frac{P^{st}(y=1|DD)}{P^{un}(y=-1|DD)}=\frac{p}{1-p} \qquad (8-21)$$

由于 $0<p<1$，因此该比例随 p 单调递增。另外，由于 $p/(1-p)$ 在 $(0,+\infty)$ 范围内，如式（8-22）所示

$$0<\frac{p}{1-p}<+\infty \qquad (8-22)$$

因此可以对 $p/(1-p)$ 取对数，如式（8-23）所示

$$-\infty<\ln\frac{p}{1-p}<+\infty \qquad (8-23)$$

p 为 DD 的函数，$ln(p/(1-p))$ 与 DD 的函数关系记为 $g(DD)$，可以用关于 DD 的线性函数拟合 $ln(p/(1-p))$，如式（8-24）所示

$$\ln\frac{p}{1-p}=g(DD)=-a_1DD-a_2 \qquad (8-24)$$

式中：a_1 和 a_2 为线性函数的参数。用式（8-24）可解出 p 的形式，即为 Sigmoid 函数形式，如式（8-25）所示

$$p=\frac{1}{1+\exp(a_1DD+a_2)} \qquad (8-25)$$

下面用 Platt 校正将稳定概率曲线拟合为 Sigmoid 曲线，方法如下：
根据样本类型求得各样本的 t 值，如式（8-26）所示

$$t_i=\begin{cases}\dfrac{N_++1}{N_++2}, & y_i=1 \\[2mm] \dfrac{1}{N_-+2}, & y_i=-1\end{cases} \quad i=1,...,N \qquad (8-26)$$

式中：N 为新生成的大量灰色地带样本的总数；N_+ 为其中稳定样本的数量；N_- 为其中不稳定样本的数量。稳定样本的 t 值接近 1，不稳定样本的 t 值接近 0。

解式（8-27）所示的优化问题得到参数 a_1 和 a_2。

$$\min_{a_1,a_2} \quad -\sum_{i=1}^{N}[t_i \ln(p_i)+(1-t_i)\ln(1-p_i)]$$

$$\text{其中，} p_i = \frac{1}{1+\exp(a_1 DD_i + a_2)} \tag{8-27}$$

优化问题的目标函数为交叉熵损失函数，这是概率分布极大似然估计常用的损失函数。优化问题为非线性无约束问题，可以利用信赖域算法求解。

灰色地带样本不稳定概率为 $1-p$，如式（8-28）所示

$$1 - \frac{1}{1+\exp(a_1 DD + a_2)} \tag{8-28}$$

8.2.5.2 灰色地带再识别

利用故障后更多时刻的系统信息能够进一步识别灰色地带中的样本。图 8-9 展示了单机无穷大系统的稳定边界与两个不同的故障轨迹。故障清除时刻系统的状态在稳定域内则故障后系统稳定，故障清除后的状态保持在稳定域内。而对于不稳定的情况，故障清除后，其轨迹很可能逐渐远离稳定域。换言之，随着时间的推移两种情况下系统状态差别逐渐增大，更易于稳定性判别。因此，灰色地带再识别的思想是利用故障清除时刻后一系列时刻的系统信息来进一步判断稳定性。

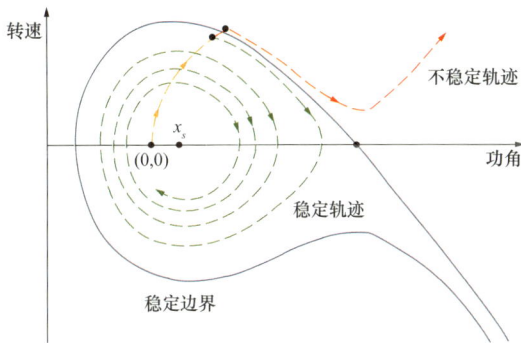

图 8-9 单机无穷大系统的稳定边界与两个不同的故障轨迹示意图

灰色地带再识别的流程如图 8-10 所示。

第一轮的稳定评估利用故障清除时刻（记为 CT 时刻）输入特征的量测量进行分析。设 WAMS 系统的采样间隔为 ΔT_{PMU}，则在 $CT+\Delta T_{PMU}$ 时刻进行第二轮暂态稳定评估。评估对象为第一轮中被判定落入灰色地带的样本。以此类推，第 $k+1$ 轮评估使用的物理量为 $CT+k\Delta T_{PMU}$ 时刻输入特征的量测量。

采用灰色地带再识别需要注意的问题是：随着故障的发展，通过 PMU

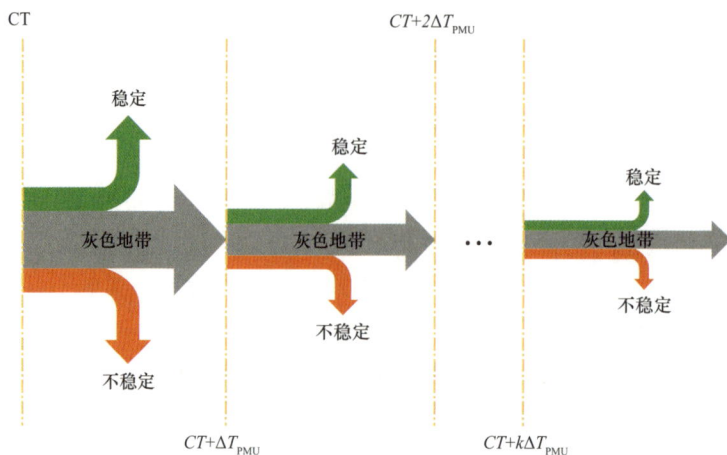

图 8-10 灰色地带再识别示意图

获得的故障后信息增多，灰色地带逐渐缩小，但留给紧急控制的动作时间会相应推迟。灰色地带中样本的切除时间大多在极限清除时间附近。越难被识别的样本其故障清除时间距离极限清除时间越近，这样的样本发展到失稳需要更长的时间，因此对紧急控制的速度要求越低。即便如此，应设置一个评估时长极限，超过这个时间以后不再进一步辨识，而是直接将灰色地带中的样本判定为不稳定样本，或向调度运行人员提供不稳定概率，辅助其决策。

灰色地带再识别过程中各轮评估的稳定规则需要在离线阶段建立。图 8-11 展示了第 k 轮稳定分类器的生成方法（$k \geq 2$）。该流程与第 1 轮稳定评估生成

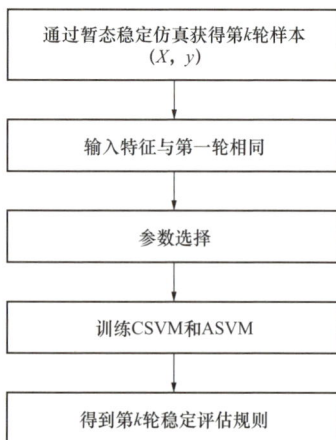

图 8-11 第 k 轮稳定分类器生成流程

步骤类似，不同之处主要在于样本生成和特征选择两个方面。仿真后记录的样本输入 X 由故障清除时刻的输入特征向量变为故障清除后（k–1）$\triangle$ T_{PMU} 时刻的输入特征向量。另外，不再需要进行特征选择，直接利用第一轮选出的特征即可。而模型的参数可能需要进行调整，这是由于随着故障的发展，各物理量会在数值上发生变化，而参数与物理量数值大小密切相关，数值增大程度过大可能会引发过拟合。CSVM 和 ASVM 的训练以及规则的生成方法都与第 1 轮相同。

8.2.6 算例分析

本节基于 IEEE 39 节点系统展示暂态稳定评估流程，验证稳定评估效果。该系统所示，有 10 台发电机，19 个负荷和 46 条线路。利用 PSAT 工具箱进行暂态稳定仿真，获得样本。为了避免出现孤岛，46 条线路中的 35 条参与故障扫描，故障位置为线路两端，因此共有 70 种故障，故障号从 1 编号到 70。故障为线路一端三相短路，经过一段时间切除故障线路。同一故障号下的样本，故障形式、故障位置都相同，不同在于故障清除时间 CT，CT 取 0.1s 到 0.4s 之间的多个值。记录故障清除时刻的线路有功无功、母线电压相角以及发电机的信息作为备选输入特征。共生成 2500 个样本，随机选取其中的 2000 个为训练样本，其他 500 个为测试样本。

8.2.6.1 特征选择和参数选择

采用前向搜索结合封装式评价的特征选择方法。根据本章提出的基于 CSVM 和 ASVM 的稳定评估规则，封装式评价指标由分类准确率改为 PG 指标。每一轮筛选出的输入特征是使得分类器的 PG 指标最小的特征。PG 指标表征灰色地带的大小，也就是两种类型的样本混合在一起的区域大小。从物理意义上看，输入特征组成的输入空间中两种样本区分度越大说明选择的输入特征越优。当某一轮特征选择结束得到的 PG 相较上一轮减小的幅值小于一个阈值时，说明增加特征也难以减小灰色地带，停止特征选择。

特征选择结果显示，随着输入特征数的增长，PG 指标在输入特征数达到 5 之前迅速减小，当输入特征数为 10 时 PG 指标已减小到约 5%，超过 10 以后 PG 减小的幅度很小，如图 8–12 所示。

将 PG 减小量阈值设为 0.2%，则选取 15 个特征量，这些输入特征均为线路上的有功无功，如图 8–13 所示。实际上，多种不同的输入特征组合皆能达到同样的分类水平，这些组合的共同点是包含了全网中各关键区域的特征，囊括了影响系统稳定性的大部分关键因素。基于这 15 个特征量，利用前述的 5 折交叉验证方法考察 400 个 C 和 γ 的组合，平衡分类效果和过拟合问题，最终确定参数 C=1.2，γ=0.5。

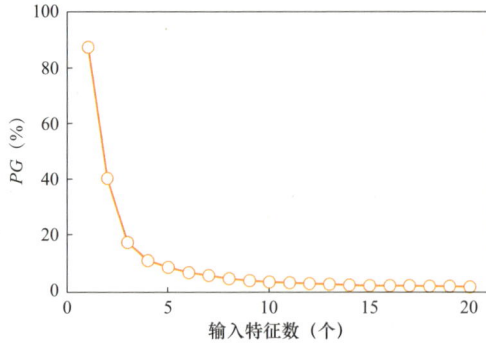

图 8-12　特征选择后 PG 指标与输入特征数关系

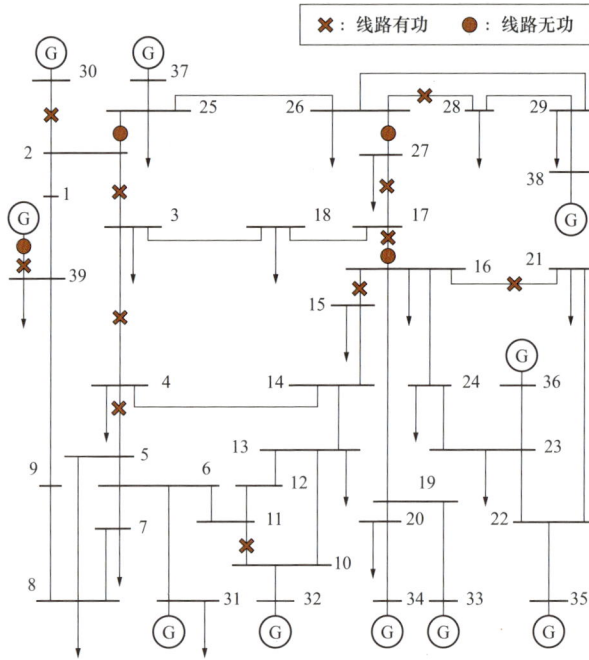

图 8-13　特征选择结果

8.2.6.2　稳定评估规则效果分析

在确定的输入特征和参数下，通过训练 2000 个训练样本得到稳定评估规则，并用 500 个测试样本对其进行测试，结果如表 8-2 所示。

表8-2　　　　基于考虑保守性的暂态稳定评估规则训练与测试结果

分类结果	训练阶段	测试阶段
漏报警个数	0	0
误报警个数	0	0
灰色地带样本数	81	24
评价指标	PG=4.05%	PG=4.8% PFD=0% PFA=0%

在训练样本中有 81 个落入灰色地带中，PG 指标为 4.05%。测试样本落入灰色地带的比例相近，为 4.8%。测试样本中漏报警和误报警数为 0。相比于传统 SVM 训练所得的稳定评估规则，基于 CSVM 和 ASVM 的稳定评估规则更符合电力系统暂态稳定评估的要求。

在训练和测试后，进一步对灰色地带的大小进行讨论。对 70 种故障分别计算 CCT 和 TRAC 指标，图 8-14 展示了其中 5 个故障号的结果。对每一类故障，叉号显示该故障的 CCT，圆圈显示该故障轨迹与灰色地带边界的交点所对应的故障清除时间，边界上清除时间的差值为该故障的 TRAC，即图中圆圈之间连线的长度。如故障 1 的 CCT 大约为 0.19s，其 TRAC 约为 0.02s。这 70 种故障的 CCT 在 0.06s 到 0.5s 之间，平均值为 0.23s。TRAC 的平均值为 0.024s，在数值上比 CCT 的平均值小一个数量级，说明算例中的灰色地带较小。

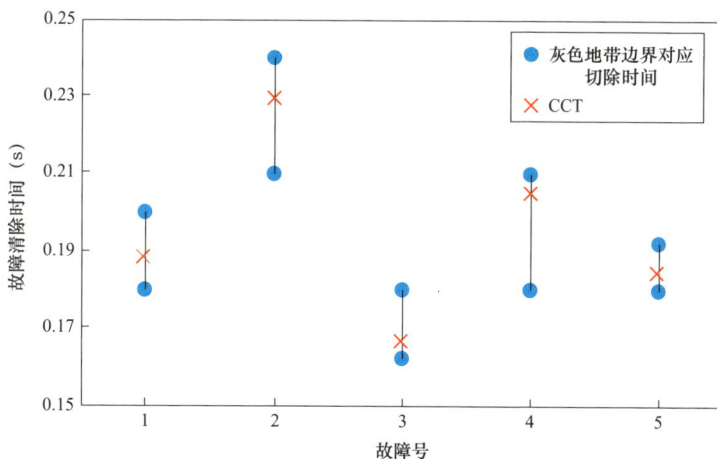

图 8-14　5 类故障的 CCT 与 TRAC

8.2.6.3 灰色地带的不稳定概率评估

下面计算灰色地带中样本不稳定概率评估曲线。首先需要生成大量灰色地带样本。为了提高生成样本落在灰色地带的比例，直接利用计算 $TRAC$ 时得到的灰色地带边界样本对应的故障清除时间范围。每一个故障号对应一个切除时间范围，如图 8-14 中故障号 1 对应的切除时间范围为 $0.18 \sim 0.2s$，故障号 2 对应的切除时间范围为 $0.21 \sim 0.24s$。在各故障号对应的切除时间范围内取大量的切除时间，完成暂态稳定仿真，得到样本。这些样本将用于生成不稳定概率评估曲线。

按照上述方法共生成灰色地带中样本 4156 个，其中 2134 个稳定，2022 个不稳定。首先计算各样本 DD 值：DD 值计算式中的分母 $\|w^{CSVM}\|$=18.02，$\|w^{ASVM}\|$=18.31，这两个值很接近，这是由于稳定样本和不稳定样本比较平衡，加之 CSVM 和 ASVM 训练中对两种样本的处理完全对称。得到所有灰色地带样本 DD 值后，计算不同区间下不稳定样本比例，最后利用 Platt 校正拟合得到样本不稳定概率曲线。不稳定样本占比与样本不稳定概率曲线如图 8-15 所示。其中横轴显示的数值是对应区间的中心点。

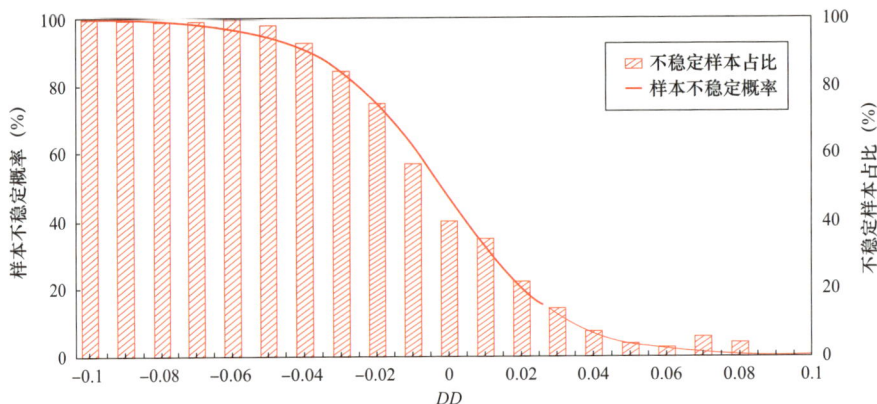

图 8-15　灰色地带不稳定样本占比与样本不稳定概率曲线

图 8-15 中样本不稳定概率曲线为 Sigmoid 曲线，其较好地拟合了不稳定样本占比。不稳定概率曲线表明，该算例中灰色地带中样本的 DD 值在 -0.1 到 0.1 之间变化。随着 DD 值的增加，样本为不稳定样本的概率减小，这符合 DD 值的物理意义——DD 值反映样本点到灰色地带两个边界的距离，DD 值越大样本点距离 CSVM 边界越近，越接近稳定区域。当 DD 值小于 -0.1，不稳定概率接近 100%；当 DD 值大于 0.1，不稳定概率接近 0；当 DD 值等于 0，不稳定概率约为 50%。在实时应用中，落入灰色地带的样本可以根据其 DD 值计算样本不稳定概率，为调度运行人员提供决策参考。

8.2.6.4 灰色地带的进一步识别

利用故障后更长时间范围的信息对灰色地带中的样本进行进一步的判别。将已生成的 2500 个样本作为训练样本。为了反映再识别效果，加密灰色地带，增加 1000 个灰色地带中的样本用于测试。假设 WAMS 系统的采样周期为 0.02s，则每个样本不仅记录故障清除时刻的特征量，还记录故障后 0.02s、0.04s、0.06s，0.08s 和 0.1s 时刻的特征量。

分别用 6 个时刻的样本进行训练，生成 6 个稳定规则，利用 6 个时刻的测试样本进行测试，结果如表 8-3 所示。

表 8-3　　　　　　　　　　　6 轮灰色地带再识别结果

测试指标	第 1 轮	第 2 轮	第 3 轮
评估启动时刻	CT	CT+0.02s	CT+0.04s
测试样本数	1000	911	869
判为稳定样本个数	55	28	22
判为不稳定样本个数	34	14	23
判为灰色地带样本个数	911	869	824
TRAC 平均值	0.0242s	0.0225s	0.0207s
测试指标	第 4 轮	第 5 轮	第 6 轮
评估启动时刻	CT+0.06s	CT+0.08s	CT+0.10s
测试样本数	824	792	757
判为稳定样本个数	16	17	17
判为不稳定样本个数	16	18	22
判为灰色地带样本个数	792	757	718
TRAC 平均值	0.0199s	0.0189s	0.0178s

如表 8-3 所示，随着轮数的增加，灰色地带中的样本能够进一步被识别：灰色地带中的样本不断减少，*TRAC* 的平均值也能进一步缩小。当评估进行到第 6 轮，灰色地带中的样本数由第 1 轮的 911 降到 718，*TRAC* 的平均值由第 1 轮的 0.0242s 缩短到 0.0178s。说明了灰色地带再识别方法的有效性。

8.2.6.5 运行方式偏差情况下的分类器调整

本研究中的稳定规则是基于预测的运行方式建立的，与实际情况可能有所偏差。下面讨论运行方式偏差对评估效果的影响及应对措施。

在 IEEE 39 节点算例系统的潮流基础上随机改变负荷大小，使其为原有负荷的 0.9 到 1.1 倍，并调整发电与之平衡，如此得到多种不同的运行方式。在这些新的运行方式基础上用前文所述的方法生成 1000 个新的样本，用于运行方式的适应性测试。用本章算例中建立好的稳定规则对新生成的样本进行分类，结果显示 PG=5.6%，并存在 2 个漏报警和 3 个误报警。

电力系统不允许漏报警的存在，因此需要分析漏报警产生的原因进而将其消除。图 8-16 展示了漏报警的产生原因。示意图中实线表示原运行方式下的稳定边界，短划线表示原运行方式下的灰色地带边界。点线表示运行方式改变后的稳定边界，一旦这个边界超出了灰色地带的范围，漏报警和误报警就会产生。特别地，这个边界与灰色地带保守边界所夹区域就是漏报警样本所在区域。

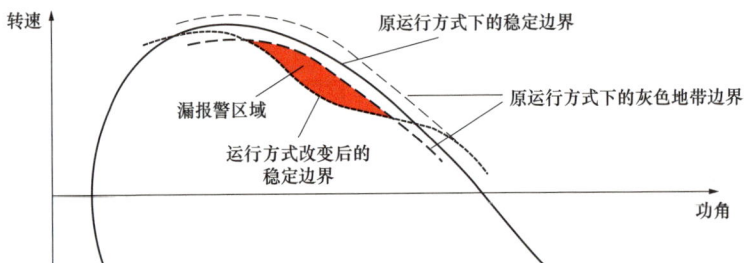

图 8-16　运行方式偏差导致漏报警示意图

图 8-17 展示了一种方法，用以避免运行方式偏差产生的漏报警：离线训练稳定规则后，根据负荷预测可能产生的误差生成不同运行方式下的样本，用稳定规则测试这些样本；然后直接移动灰色地带的保守边界，让漏报警区域逐渐减小直至消除。这可以通过调整 CSVM 模型中的门槛值 b^{CSVM} 来实现，将 b^{CSVM} 减小使得分类器的保守性增强。

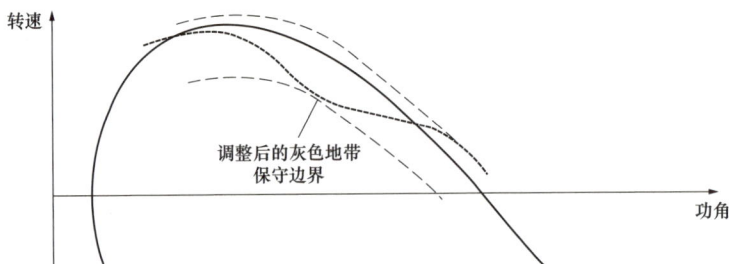

图 8-17　漏报警消除方法示意图

对于本算例，将 b^{CSVM} 减小 0.4 得到调整后的稳定规则。调整后不存在漏报警，但灰色地带增大，PG 指标从 5.6% 增大到 7.7%。实时暂态稳定分析中，若将这些灰色地带中的样本归为不稳定，则调整后误报警数量会有所增多。需要指出的是，预测越准确，b^{CSVM} 的调整越小，灰色地带的扩大也越小。因此可以考虑在计算速度允许的情况下缩短离线训练和实时应用之间的时间间隔。

8.3　基于稳定评估规则的实时紧急控制方法

实时暂态稳定评估的判定结果为不稳定时需要启动紧急控制。紧急控制措施通常包括切除发电机、切除负荷等。切机切负荷位置和大小的选择是紧急控制问题的核心，目前实际电网采用的紧急控制措施一般通过仿真搜索得到。与实时暂态稳定评估相同，由于仿真速度的瓶颈，不可能实时针对系统当前情况提供紧急控制措施。通常的做法是离线仿真典型故障，搜索相应切机切负荷策略，生成紧急控制策略表，供调度员实时匹配。这种做法难以保证控制措施适用于实际情况，存在措施无效的风险。紧急控制决策的本质是对不同控制措施下系统的稳定性分析。前面的章节提出了暂态稳定分析的方法，并通过一系列改进使得评估结果满足电力系统的保守性要求，为进一步的控制研究提供了条件，因此本节在此基础上对实时的紧急控制决策进行初步探索。

8.3.1　紧急控制问题模型

紧急控制问题可建模为优化问题，通过优化切机切负荷的位置和大小，使故障后系统恢复暂态稳定，并尽量减小紧急控制代价。

8.3.1.1　优化变量

优化变量与系统发电机和负荷对应。设系统中共有 N 个可切发电机和 M 个可切负荷，则优化变量有 $N+M$ 个，分别记为 u_1，u_2，$\cdots$，u_N，v_1，v_2，$\cdots$，v_M。其中，u_i 为第 i 个可切发电机对应的优化变量（$i=1$，2，$\cdots$，N），v_j 为第 j 个可切负荷对应的优化变量（$j=1$，2，$\cdots$，M），记 $u=[u_1$，u_2，$\cdots$，$u_N]^{\mathrm{T}}$，$v=[v_1$，v_2，$\cdots$，$v_M]^{\mathrm{T}}$。

为了保证紧急控制的动作速度，切机时一般直接切除整台发电机。因此，与可切发电机对应的变量为离散变量，取值为 0 或 1。$u_i=1$ 表示切除第 i 台发电机，$u_i=0$ 表示不切除第 i 台发电机（$i=1$，2，$\cdots$，N）。

与可切负荷对应的变量则为连续变量，取值在 0 到 1 之间。v_j 表示切除该母线下负荷的比例，$v_j=1$ 表示切除该母线下所有的负荷，$v_j=0$ 表示不切除该母线下的任何负荷。

综上，该优化问题为混合整数规划问题。

8.3.1.2　约束条件

（1）切机切负荷量约束：如式（8-29）所示

$$u_i = 0 \ or \ 1, \ i = 1, 2, \cdots, N$$
$$0 \leqslant v_i \leqslant 1, \quad j = 1, 2, \cdots, M \tag{8-29}$$

（2）稳定约束：稳定约束需要满足两个要求：一是能够准确表示紧急控制后系统稳定性，二是能够实时计算。离线训练的稳定评估规则能够满足以上两个要求。例如，可利用 CSVM 训练得到的保守性评估规则建立稳定约束，如式（8-30）所示。

$$f_{u,v}^{CSVM}(\boldsymbol{X}_{u,v}) > 0 \tag{8-30}$$

式中：$f_{u,v}^{CSVM}(\boldsymbol{X})$ 为切机切负荷后系统对应的稳定评估规则表达式；$\boldsymbol{X}_{u,v}$ 为紧急控制后系统输入特征向量的值，若式（8-30）成立样本一定落在稳定区域。

（3）有功平衡约束：紧急控制后系统可能存在发电与负荷不平衡的问题。若不平衡程度较小，可以通过故障后的一、二次调频恢复平衡。若不平衡程度过大，将导致频率问题，因此需要对切机切负荷量进行有功平衡限制，如式（8-31）所示

$$F_{inf} \leqslant \sum_{i=1}^{N} p_{ui} u_i - \sum_{j=1}^{M} p_{vi} v_j \leqslant F_{sup} \tag{8-31}$$

式中：p_{ui} 为第 i 台发电机的稳态有功功率；p_{vj} 为第 j 个负荷的稳态有功功率；F_{inf} 和 F_{sup} 分别为有功不平衡量的下限和上限。

除以上三个主要约束外，还可根据实际情况的需要增加其他约束条件。

8.3.1.3 优化目标

优化目标为紧急控制代价最小。紧急控制代价由两部分组成：切机代价与切负荷代价，因此这是一个多目标优化问题。

当切机切负荷代价数值上可比时，将两者加权求和得到目标，如式（8-32）所示

$$\min_{u,v} \boldsymbol{c}_u^T \boldsymbol{u} + \boldsymbol{c}_v^T \boldsymbol{v} \tag{8-32}$$

式中：$\boldsymbol{c}_u = [c_{u1}, c_{u2}, \cdots, c_{uN}]^T$，$c_{ui}$ 为切除第 i 台发电机的惩罚系数（$i=1$，2，$\cdots$，N）；$\boldsymbol{c}_v = [c_{v1}, c_{v2}, \cdots, c_{vM}]^T$，$c_{vj}$ 为切除第 j 个负荷的惩罚系数（$j=1$，2，$\cdots$，M）。

两种目标根据重要程度存在先后顺序，可采用层次分析法。在实际系统中，由于失负荷影响大，一般先保证失负荷最小，在失负荷最小化的前提下考虑切机量最小化。将问题分解为两个优化问题：第一个优化问题的优化目标是失负荷量最小，求出最小失负荷量；第二个优化问题在第一个优化问题的基础上增加最小失负荷量约束，并将最小切机量作为优化目标。如式（8-33）和式（8-34）所示

$$\min_{v} \quad \boldsymbol{c}_v^{\mathrm{T}} \boldsymbol{v}$$
$$\text{s.t.} \quad f_{u,v}^{\mathrm{CSVM}}(\boldsymbol{X}_{u,v}) > 0$$
$$u_i = 0 \ or \ 1, \quad i = 1,2,\cdots,N \tag{8-33}$$
$$0 \leqslant v_j \leqslant 1, \quad j = 1,2,\cdots,M$$
$$F_{\mathrm{inf}} \leqslant \sum_{i=1}^{N} p_{ui} u_i - \sum_{j=1}^{M} p_{vj} v_j \leqslant F_{\mathrm{sup}}$$

$$\min_{u} \quad \boldsymbol{c}_u^{\mathrm{T}} \boldsymbol{u}$$
$$\text{s.t.} \quad \boldsymbol{c}_v^{\mathrm{T}} \boldsymbol{v} = (\boldsymbol{c}_v^{\mathrm{T}} \boldsymbol{v})_{\min}$$
$$f_{u,v}^{\mathrm{CSVM}}(\boldsymbol{X}_{u,v}) > 0$$
$$u_i = 0 \ or \ 1, \quad i = 1,2,\cdots,N \tag{8-34}$$
$$0 \leqslant v_j \leqslant 1, \quad j = 1,2,\cdots,M$$
$$F_{\mathrm{inf}} \leqslant \sum_{i=1}^{N} p_{ui} u_i - \sum_{j=1}^{M} p_{vj} v_j \leqslant F_{\mathrm{sup}}$$

在实时决策阶段，量测系统物理量，建立并依次求解以上优化问题，确定切机切负荷的位置和大小，指导紧急控制动作。

8.3.1.4 稳定性约束简化

紧急控制最重要的目标是恢复系统稳定性，稳定约束是以上优化问题的关键点。同时，稳定约束难以实时建立，也是以上优化问题的难点。因此稳定约束的实时建立方法是研究的重点。

首先考察式（8-30）所示的稳定约束。由于切机切负荷后系统运行方式改变，$f_{u,v}^{\mathrm{CSVM}}(\boldsymbol{X})$ 与切机切负荷前系统的稳定评估规则表达式不同，不能直接使用稳定评估阶段所使用的评估规则，需要另外训练。然而，切机切负荷措施的组合方式有无数种，对每一种可能的切机切负荷后系统都进行稳定评估规则训练是不现实的，需要对式（8-30）所示的稳定约束进行简化。

首先，将稳定约束看作稳定性指标大于某一阈值的形式，如式（8-35）所示

$$f_{u,v}(\boldsymbol{X}_{u,v}) > F_{\mathrm{stable}} \tag{8-35}$$

式中：$f_{u,v}(\boldsymbol{X})$ 为紧急控制后系统的稳定性指标表达式；$\boldsymbol{X}_{u,v}$ 为紧急控制后稳定性指标表达式的输入向量值；F_{stable} 为系统暂态稳定阈值参数，通过设定 F_{stable} 值可以调整紧急控制的保守程度。

然后，利用灵敏度方法将稳定约束线性化。从稳定域角度看，切机切负荷措施恢复系统稳定性的原理是改变稳定边界，使系统状态点重新回到稳定域

内。由于研究假设电力系统的平衡点都是双曲平衡点，双曲平衡点附近的系统结构稳定，切机切负荷（参数变化）不会引起稳定边界的突变，因此可以通过线性化的方式，分析不同措施对稳定边界的影响。基于稳定域概念的稳定评估规则与之类似，在切机切负荷后稳定规则发生变化，使原本落入灰色地带或不稳定区域的系统回到稳定区域。同样假设切机切负荷不会引起稳定评估规则的突变，因此可以将式（8-35）的左式线性化，如式（8-36）所示

$$f_{u,v}(\boldsymbol{X}_{u,v}) \approx f_0(\boldsymbol{X}_0) + \sum_{i=1}^{N} s_{u_i} u_i + \sum_{j=1}^{M} s_{v_j} v_j \qquad （8-36）$$

式中：$\boldsymbol{X}_0$ 为紧急控制前系统输入特征的向量值；$f_0(\boldsymbol{X})$ 为紧急控制前系统对应的稳定性指标表达式；s_{u_i} 为切除第 i 台发电机造成的稳定性指标改变量，称之为第 i 台发电机的切机灵敏度；s_{v_j} 为切除第 j 个负荷造成的稳定性指标改变量，称之为第 j 个负荷的切负荷灵敏度。

综上，优化问题的关键是实时建立稳定约束，而实时建立稳定约束的关键是实时求解切机切负荷灵敏度。在求灵敏度之前需要确定稳定性指标的表达式。

8.3.2 稳定性指标

8.3.2.1 稳定性指标要求

稳定约束中的稳定性指标需要满足以下要求：

（1）稳定性指标能够反映系统稳定性。当该指标大于 0 判定系统稳定。紧急控制的过程就是将该指标从负变正的过程。例如，保守支持向量机的表达式 $f^{\mathrm{CSVM}}(\boldsymbol{X})$ 满足该要求，当 $f^{\mathrm{CSVM}}(\boldsymbol{X}) > 0$ 能够确保系统稳定。

（2）稳定性指标的绝对值大小反映系统与边界的距离，绝对值越大表示距离边界越远。只有满足该要求才能通过指标的变化掌握单个紧急控制措施对系统稳定性的影响，以求解切机切负荷灵敏度。

（3）不同系统的稳定性指标在数值上具有可比性，即两个不同的系统稳定性指标值大的稳定程度更大。只有满足该要求才能比较不同切机切负荷措施对系统稳定性的影响。

对于故障后系统，定义 DT（Difference of Time）指标，令 $DT=CCT-CT$。DT 指标表征系统的故障极限清除时间与故障实际切除时间之差。DT 指标天然满足以上三个要求：当 $CCT>CT$，故障清除及时，系统稳定，$DT>0$；反之，当 $CCT<CT$，$DT<0$，系统不稳定。然而，在实时阶段并不能得到故障的 CCT 值，DT 指标无法实时求取，无法在故障后实时建立稳定约束，因此不能直接将 DT 指标作为稳定性指标。

不同于 DT 指标，f^{CSVM} 能够实时求得，但其不满足要求（2）和要求（3）。利用小系统算例中的样本和 CSVM 训练结果，观察同一故障号下不同故障清除时间样本的 f^{CSVM} 值，如表 8-4 所示。以其中一个故障号为例，该故障的极限清除时间为 0.255s 左右，表 8-4 所列样本的切除时间在 0.21s 到 0.31s 之间。按照要求（2），DT 值越小的样本稳定程度越低，稳定性指标应该越小，然而 f^{CSVM} 并不满足该要求。如图 8-18 所示，DT 与 f^{CSVM} 的关系并不满足单调性：极限清除时间附近样本的 f^{CSVM} 基本随着 DT 的增大而增大，但远离极限清除时间的样本并不符合该要求。

表 8-4 同一故障号下不同切除时间对应样本的 f° 值

CT（s）	DT（s）	稳定性	f^{CSVM}
0.21	0.045	1	1.0166
0.22	0.035	1	1.1254
0.23	0.025	1	1.2413
0.24	0.015	1	1.0000
0.25	0.005	1	0.1241
0.26	−0.005	−1	−1.0000
0.27	−0.015	−1	−1.5869
0.28	−0.025	−1	−1.4426
0.29	−0.035	−1	−1.1077
0.3	−0.045	−1	−1.0000
0.31	−0.055	−1	−1.0036

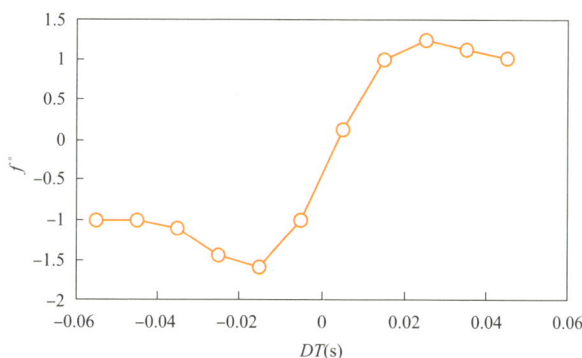

图 8-18 同一故障号下样本的 f° 与 DT 的关系

同样的方法考察式（8-20）所示的 DD 指标。本书 8.2 的分析表明，在灰色地带中 DD 指标表示样本与不稳定区域和稳定区域的距离差，DD 值越大越接近稳定区域。将该指标扩展到灰色地带以外，考察在灰色地带外 DD 指标是否依然能够反映样本与两个区域的距离差，即稳定程度。观察同一种故障下不同切除时间对应样本的 DD 值，如表 8-5 所示。图 8-19 展示了同一故障号下 DD 值随 DT 的变化，趋势与图 8-18 大致相同，因此 DD 指标也不满足稳定性指标要求（2）。

表 8-5　　　　　　　　同一故障号下不同切除时间对应样本的 DD 值

CT（s）	DT（s）	稳定性	DD
0.21	0.045	1	2.0166
0.22	0.035	1	2.2385
0.23	0.025	1	2.6113
0.24	0.015	1	2.4861
0.25	0.005	1	1.1241
0.26	−0.005	−1	−1.0673
0.27	−0.015	−1	−2.5869
0.28	−0.025	−1	−2.6981
0.29	−0.035	−1	−2.2098
0.3	−0.045	−1	−2.0164
0.31	−0.055	−1	−2.0088

f^{CSVM} 指标和 DD 指标的绝对值没有在远离边界时不断增大的原因是：两个指标的构成形式都是样本输入 X 与所有支持向量相似程度的加权求和。当样本距离边界较近时，样本输入 X 与稳定支持向量或不稳定支持向量的相似程度都较大，加权求和的结果主要取决于系统的稳定程度。当样本到边界距离增大后，样本输入 X 与稳定支持向量或不稳定支持向量的相似程度都减小，因此加权求和结果的绝对值也随之减小，f^{CSVM} 指标和 DD 指标与 DT 非正相关。

f^{CSVM} 指标和 DD 指标都存在不能反映系统稳定程度的问题，不满足要求（2）。不满足要求（2）的稳定性指标，在同一系统内尚且不可比，更不可能满足要求（3）。因此这两种指标只能用于稳定分析不能用于稳定控制。

综上，已有指标均不能满足要求，需要构造满足以上三个要求并能够实时计算的稳定性指标。

8.3.2.2　稳定性指标构造

由于稳定性指标是对 DT 的拟合，与 f^{CSVM} 相比 DD 指标关于 DT 更对称，

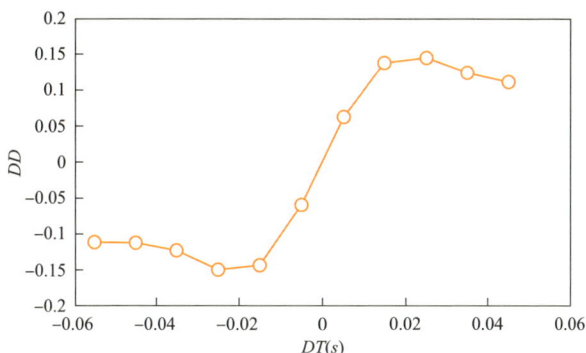

图 8-19 同一故障号下样本的 *DD* 与 *DT* 的关系

另外 *DD* 指标中还包含了 f^{ASVM} 的信息，拟合效果更好，因此考虑改造 *DD* 指标。另外，由于训练样本中稳定和不稳定样本较为平衡，*DD* 指标表达式中的两个分母 $\|w^{\text{CSVM}}\|$ 和 $\|w^{\text{ASVM}}\|$ 数值上很接近，在构造过程中为了简化稳定性指标表达式，直接用 $f^{\text{CSVM}}(X) + f^{\text{ASVM}}(X)$ 代替 *DD* 指标。

构造稳定性指标 *ff*，其表达式如式（8-37）所示

$$
\begin{aligned}
ff(X) = &\frac{f^{\text{CSVM}}(X) + f^{\text{ASVM}}(X)}{Similarity(X, X^{\text{Training}})} \\
&+ \frac{\sum\limits_{i=1}^{k} \lambda^{\text{CSVM}}_{\ i} y^{\text{un}}_{\ i} K(X^{\text{un}}, X) + \sum\limits_{i=1}^{m} \beta^{\text{CSVM}}_{\ i} y^{\text{st}}_{\ i} K(X^{\text{st}}_{\ i}, X) + b^{\text{CSVM}}}{\sum\limits_{i=1}^{n} \alpha_{\text{i}} K(X^{\text{Training}}_{\ i}, X)} \\
&+ \frac{\sum\limits_{i=1}^{k} \lambda^{\text{ASVM}}_{\ i} y^{\text{un}}_{\ i} K(X^{\text{un}}, X) + \sum\limits_{i=1}^{m} \beta^{\text{ASVM}}_{\ i} y^{\text{st}}_{\ i} K(X^{\text{st}}_{\ i}, X) + b^{\text{ASVM}}}{\sum\limits_{i=1}^{n} \alpha_{\text{i}} K(X^{\text{Training}}_{\ i}, X)}
\end{aligned}
\tag{8-37}
$$

式中：X^{Training} 为离线训练 CSVM 和 ASVM 使用的训练样本输入；X^{st} 和 y^{st} 为稳定样本的输入和输出（稳定样本的数量记为 *m*）；X^{un} 和 y^{un} 为不稳定样本的输入和输出（不稳定样本的数量记为 *k*）；上标为 CSVM 的参数由 CSVM 训练得到，上标为 ASVM 的参数由 ASVM 训练得到；分母中的参数 α_{i} 与第 *i*（$i=1, 2, \cdots, n$，$n=k+m$）个训练样本相对应，用以控制样本的 *ff* 指标等于 *DT* 值，通过求解拟合方程组得到。

ff 指标表达式的构造关键有以下两点：

（1）表达式的分母为相似度表达式 $Similarity(X, X^{\text{Training}})$。相似度表达式是样本输入 *X* 与训练样本输入 X^{Training} 相似度的加权求和形式。分母的引入是为了解决样本远离边界后 $f^{\text{CSVM}}(X) + f^{\text{ASVM}}(X)$ 的绝对值无法持续增大的问

题。对于远离边界的样本其 $ff(\boldsymbol{X})$ 表达式的分母较小，从而抵消分子绝对值减小带来的问题。

（2）表达式分母中的相似度加权系数 α_i（$i=1$，2，$\cdots$，n）用于拟合 DT 指标，通过求解拟合方程组实现，如式（8-38）所示

$$ff(X^{\text{Training}}_j) = DT(X^{\text{Training}}_j), j = 1,2,\cdots,n \qquad (8-38)$$

将式（8-38）化为式（8-39）

$$\sum_{i=1}^{n} \alpha_i K(X^{\text{Training}}_i, X^{\text{Training}}_j) = \frac{f^{\text{CSVM}}(X^{\text{Training}}_j) + f^{\text{ASVM}}(X^{\text{Training}}_j)}{DT(X^{\text{Training}}_j)} \qquad (8-39)$$

$$j = 1,2,\cdots,n$$

式（8-39）的右边为常数，左边为关于 α_i（$i=1$，2，$\cdots$，n）的线性表达式。因此该拟合方程组为线性方程组，记为式（8-40）

$$\boldsymbol{K\alpha=d} \qquad (8-40)$$

式中：$\boldsymbol{\alpha}=\begin{bmatrix} \alpha_1, & \alpha_2, & \cdots, & \alpha_n \end{bmatrix}^{\text{T}}$；$\boldsymbol{K}$ 为 $n \times n$ 的核函数矩阵；$\boldsymbol{d}$ 为 $n \times 1$ 的向量，$\boldsymbol{d}$ 的表达式如式（8-41）所示

$$d_j = \frac{f^{\text{CSVM}}(X^{\text{Training}}_j) + f^{\text{ASVM}}(X^{\text{Training}}_j)}{DT(X^{\text{Training}}_j)} \qquad (8-41)$$

$$j = 1,2,\cdots,n$$

参数 $\boldsymbol{\alpha}$ 可直接通过矩阵求逆得到，如式（8-42）所示

$$\boldsymbol{\alpha=K^{-1}d} \qquad (8-42)$$

然而，式（8-40）所示的方程组中 $\boldsymbol{K}$ 的行列式往往接近于 0，方程组奇异度高，为病态线性方程组，核函数矩阵难以求逆，无法直接通过式（8-42）解出参数 $\boldsymbol{\alpha}$。从拟合的角度看，要求所有样本的 ff 指标值准确等于其 DT 值，过拟合程度大，因此需要通过求方程式（8-40）的近似解，降低过拟合程度。本研究利用岭回归的方法求取。

下面简述岭回归方法。岭回归一般用于线性拟合问题。多元线性拟合模型如式（8-43）所示

$$y = \sum_{i=1}^{k} \beta_i x_i + \varepsilon \qquad (8-43)$$

式中：y 为因变量；x_i 为自变量（$i=1$，2，$\cdots$，k）；β_i 为与自变量 x_i 对应的待求参数，记 $\boldsymbol{\beta}=\begin{bmatrix} \beta_1, & \beta_2, & \cdots, & \beta_k \end{bmatrix}$；$\varepsilon$ 为随机误差。利用 n 个（x_1，x_2，$\cdots$，x_k，y）的观测量可以得到 $\boldsymbol{\beta}$ 的估计值。因变量的观测值组成 $n \times 1$ 的向量 $\boldsymbol{Y}$，自变量的观测值组成 $n \times k$ 的向量 $\boldsymbol{X}$。$\boldsymbol{\beta}$ 的最小二乘估计值 $\hat{\boldsymbol{\beta}}$ 如式（8-44）所示

$$\hat{\pmb{\beta}} = (\pmb{X}^{\mathrm{T}}\pmb{X})^{-1}\pmb{X}^{\mathrm{T}}\pmb{Y} \tag{8-44}$$

当 $\pmb{X}^{\mathrm{T}}\pmb{X}$ 的各列线性相关性较大，即 $\pmb{X}^{\mathrm{T}}\pmb{X}$ 的行列式接近 0 时，$\hat{\pmb{\beta}}$ 在数值上不稳定，$\|\hat{\pmb{\beta}}\|$ 非常大。在这种情况下，把 $\pmb{X}^{\mathrm{T}}\pmb{X}$ 加上对角阵 ηI 削弱各列的线性相关性，增大矩阵行列式。$\pmb{\beta}$ 的岭回归估计值 $\hat{\pmb{\beta}}^*$ 如式（8-45）所示

$$\hat{\pmb{\beta}}^* = (\pmb{X}^{\mathrm{T}}\pmb{X}+\eta I)^{-1}\pmb{X}^{\mathrm{T}}\pmb{Y} \tag{8-45}$$

式中：I 为单位矩阵；η 为岭回归参数。

岭回归是一种有偏估计，其估计值是最小二乘估计值的线性变换。可以证明 $\|\hat{\pmb{\beta}}^*\| < \|\hat{\pmb{\beta}}\|$，$\hat{\pmb{\beta}}^*$ 的数值稳定性优于 $\hat{\pmb{\beta}}$。调整 η 可以控制估计的偏差大小与数值稳定性的大小。η 越大数值稳定性越大但估计偏差越大，反之 η 越小偏差越小但数值上越不稳定。从拟合角度看，η 的调整实际上是对拟合误差和过拟合度的权衡。

下面将岭回归方法用于式（8-42）的求解。$\pmb{K}$ 为 $n \times n$ 的矩阵，因此可以将式（8-42）变换为式（8-46）

$$\pmb{\alpha} = (\pmb{K}^{\mathrm{T}}\pmb{K})^{-1}\pmb{K}^{\mathrm{T}}\pmb{d} \tag{8-46}$$

$\pmb{K}$ 的行列式接近于 0 则 $\pmb{K}^{\mathrm{T}}\pmb{K}$ 的行列式也接近于 0。于是该问题与式（8-44）所示问题相同，引入对角阵 ηI，$\pmb{\alpha}$ 的近似值 $\pmb{\alpha}^*$ 如式（8-47）所示

$$\pmb{\alpha}^* = (\pmb{K}^{\mathrm{T}}\pmb{K}+\eta I)^{-1}\pmb{K}^{\mathrm{T}}\pmb{d} \tag{8-47}$$

将 $\pmb{\alpha}^*$ 代入稳定性指标 ff 的表达式（8-38）就完成了 ff 值对 DT 值的拟合。岭回归参数 η 控制拟合度，η 越小拟合误差越小但过拟合程度越大。当 $\eta=0$，式（8-47）与式（8-42）等价。

至此，稳定性指标 ff 构造完毕。利用小算例中的样本观察同一种故障下不同切除时间对应的样本的 ff 值，如表 8-6 所示。第二列的 DT 值和第四列的 ff 值相差很小，各样本的稳定性指标值基本准确地显示了样本与边界的距离关系。

表 8-6　　　　　　　　　同一故障号下不同切除时间对应样本的 ff 值

CT（s）	DT（s）	稳定性	ff 值
0.1900	0.0450	1	0.0473
0.2000	0.0350	1	0.0366
0.2100	0.0250	1	0.0238
0.2200	0.0150	1	0.0142
0.2300	0.0050	1	0.0055

续表

CT（s）	DT（s）	稳定性	ff值
0.2400	−0.0050	−1	−0.0046
0.2500	−0.0150	−1	−0.0155
0.2600	−0.0250	−1	−0.0250
0.2700	−0.0350	−1	−0.0345
0.2800	−0.0450	−1	−0.0457
0.2900	−0.0550	−1	−0.0542

图 8-20 展示了同一故障号下样本 ff 值与 DT 值的关系。不同于图 8-18 和图 8-19，ff 值随 DT 值单调递增。而且 ff 值和 DT 值的关系几乎为一条斜率为 1 的直线。这说明稳定性指标 ff 较好地拟合了样本的 DT 值。因此构造的 ff 指标满足前述稳定性指标要求，且能够实时求取。

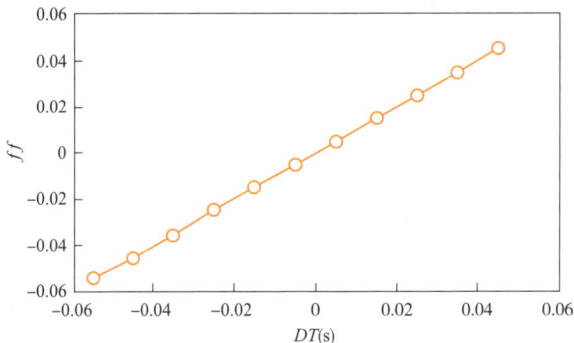

图 8-20　同一故障号下样本的 ff 值与 DT 值的关系

综上，稳定性指标 ff 的构造实际上是用支持向量机方法实现了拟合，可用于实时判断系统稳定裕度。在离线阶段，$ff(X)$ 的各参数通过训练 CSVM 和 ASVM 以及求解拟合方程组获得。在实时阶段把系统的 X 代入 $ff(X)$ 即得到系统稳定性指标值，即系统稳定裕度。

8.3.3　紧急控制灵敏度实时计算方法

本节在稳定性指标 ff 的基础上，提出切机切负荷灵敏度的实时计算方法，进而实现稳定约束的实时构建。

切机切负荷灵敏度的含义是切除发电机或负荷后系统稳定性指标 ff 的改变

量。切机灵敏度 s_{ui} 和切负荷灵敏度 s_{vj} 的计算方法如式（8-48）和式（8-49）所示

$$s_{ui}=ff_{ec\_ui+}\left(X_{ec\_ui+}\right)-ff_0\left(X_0\right) \tag{8-48}$$

$$s_{vj}=ff_{ec\_vj+}\left(X_{ec\_vj+}\right)-ff_0\left(X_0\right) \tag{8-49}$$

式中：$ff_0\left(X_0\right)$ 为故障清除时刻的稳定性指标值，X_0 是稳定评估阶段所使用的输入特征量测值，不需要重新求取。切机后系统的稳定性指标表达式以及输入特征向量值分别为 $ff_{ec\_ui+}\left(X\right)$ 和 X_{ec_ui+}，切负荷后系统的稳定性指标表达式以及输入特征向量值分别为 $ff_{ec\_vj+}\left(X\right)$ 和 X_{ec_ui+}，其中下标的 ec 表示 emergency control，+ 表示切机后时刻。

不论是切机切负荷前的稳定性指标值还是切机切负荷后的稳定性指标值，其计算都由两部分组成：离线求取稳定性指标表达式以及实时获得输入特征向量值。下面分别对这两部分进行介绍。

8.3.3.1 稳定性指标表达式求取方法

稳定性指标 ff 基于 CSVM 和 ASVM 的训练结果，经过样本生成、样本训练、样本拟合三个步骤得到，这三个步骤都在离线阶段完成。其中，ff_0 的求取无需重新生成样本并训练 CSVM、ASVM，直接利用稳定评估的训练结果进行样本拟合即可。下面以 ff_{ec_ui+} 为例介绍表达式生成的三个步骤。

（1）样本生成：与第 6 章介绍的生成方法类似，皆在固定的运行方式下通过故障仿真生成样本；不同之处在于故障清除后还需切除发电机 i。记录切机后一瞬间的输入特征向量值作为输入，记录切机后系统的稳定性作为输出。从故障清除到切除发电机的时间间隔为定值，记为 ECT。对 ECT 的分析如图 8-21 所示。

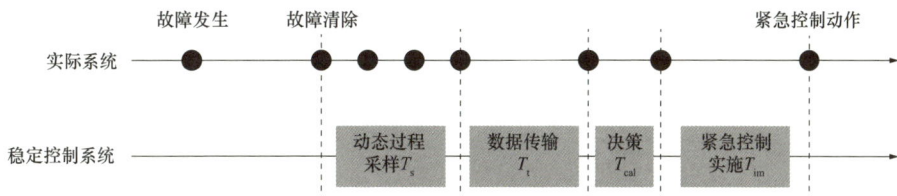

图 8-21 紧急控制过程各步骤的时序关系

图 8-21 展示了紧急控制过程中各步骤的时序关系，包括采样时间 T_s、数据传输时间 T_t、决策时间 T_{cal} 和实施时间 T_{im}。ECT 由式（8-50）求得

$$ECT=T_s+T_t+T_{cal}+T_{im} \tag{8-50}$$

由于不同故障后切机操作相同，在系统规模足够大的情况下，仿真样本对应的故障后系统的稳定域近似为同一稳定域。

（2）样本训练：根据第8.2节的方法，对以上样本进行 CSVM 和 ASVM 训练，得到 λ^{CSVM}、$\boldsymbol{\beta}^{CSVM}$、$b^{CSVM}$、$\lambda^{ASVM}$、$\boldsymbol{\beta}^{ASVM}$、$b^{ASVM}$。

（3）样本拟合：首先利用式（8-41）计算 $\boldsymbol{d}$，然后利用式（8-47）计算 $\boldsymbol{\alpha}$ 的估计值。至此，$ff_{ec\_ui+}(\boldsymbol{X})$ 表达式中的所有参数都已得到。

8.3.3.2 输入特征向量值求取方法

紧急控制后的输入特征向量值无法通过量测得到，需要通过故障后的系统信息预测得到。输入特征向量的求取有两个步骤：第一，由于紧急控制决策到动作有一段时间间隔，需要通过故障后一段时间的量测值预测紧急控制前一时刻的发电机机端电压值；第二，利用紧急控制动作前发电机机端电压值求控制动作后时刻输入特征向量值。

（1）紧急控制动作前时刻物理量预测。记预测物理量为 V，其故障清除时刻的量测值记为 V_0，后续时刻的量测值依次记为 V_1V_0、V_2 到 V_n，这些量测值的采样间隔为 PMU 的采样间隔，采样点数 n 越大预测越准确但决策越晚。设紧急控制动作时刻与 V_n 对应时刻相隔 m 个 PMU 采样周期，待预测的物理量记作 V_{n+m}。

利用 V_0 到 V_n 这 $n+1$ 个动态轨迹量测值可以近似求出动态轨迹在 V_n 的 1 到 n 阶导数。V_i 的一阶导数近似值 d_{1_i} 如式（8-51）所示

$$d_{1\_i} = (V_i - V_{i-1})/\Delta T_{PMU}$$
$$i = 1, 2, \cdots, n \tag{8-51}$$

V_i 对应时刻的 j 阶（$j=2$，$\cdots$，n）导数近似值 d_{j_i} 如式（8-52）所示

$$d_{j\_i} = (d_{j-1\_i} - d_{j-1\_i-1})/\Delta T_{PMU}$$
$$i = j, j+1, \cdots, n \tag{8-52}$$

如此，从 1 阶导数近似值递推可得到 n 阶导数的近似值。

利用 V_n 对应时刻的各阶导数近似值可递归得到 V_{n+m}，如式（8-53）所示

$$V_{n+i} = V_{n+i-1} + d_{1\_n+i-1}\Delta T_{PMU}$$
$$i = 1, 2, \cdots, m \tag{8-53}$$

其中，d_{j_n+i} 由式（8-54）所示的递归的方法求得。

$$d_{j\_n+i} = d_{j\_n+i-1} + d_{j+1\_n+i-1}\Delta T_{PMU}$$
$$i = 1, 2, \cdots, m-1$$
$$j = 1, 2, \cdots, n-1 \tag{8-54}$$

设 V 的动态轨迹的 n 阶导数为定值，则

$$d_{n\_n+m-1} = d_{n\_n+m-2} = \cdots = d_{n\_n} \tag{8-55}$$

考虑实际情况，设 ΔT_{PMU} 为 20ms，PMU 取四个量测值 V_0、V_1、V_2 和 V_3，

则 T_s=60ms，另外设 T_t=40ms，$T_{cal}+T_{im}$=100ms。以上问题具体为通过 V_0、V_1、V_2 和 V_3 求 V_{10}。经过式（8-51）～式（8-55）的推导可得

$$V_{10}=92V_3-231V_2+196V_1-56V_0 \tag{8-56}$$

（2）紧急控制动作后时刻输入特征向量计算。由切机切负荷前时刻系统求解切机切负荷后时刻系统是一个代数量跃变计算问题。控制后系统状态变量不发生改变，非状态量发生突变，可以直接参考时域仿真中该步骤的求解算法。为了突出计算原理，首先采用经典二阶模型对发电机进行建模，忽略凸极效应，如图 8-22 所示。其中 $\dot{E}'=E'\angle\delta$，E' 为恒定值，δ 为状态量，在紧急控制动作瞬间不变，Y_G=1/(jX'_d) 为发电机暂态导纳。

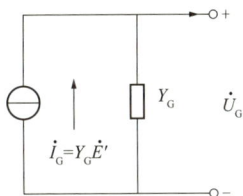

图 8-22　经典模型发电机等值电路

计算过程中将负荷等值为导纳 Y_L。将所有的 Y_G 和 Y_L 并入网络的节点导纳阵，然后将网络收缩到发电机节点，得到发电机节点电压和电流的表达式，如式（8-57）所示

$$\dot{I}_G=Y_{eq}\dot{U}_G \tag{8-57}$$

式中：Y_{eq} 为节点消去后的等效导纳阵；$\dot{I}_G$ 和 $\dot{U}_G$ 分别为全网所有发电机电流和电压组成的向量。

在离线阶段准备好导纳阵参数，实时决策时通过以下三个步骤求得控制动作后时刻的输入特征向量值：

1）通过前述（1）中提供的方法预测得到紧急控制动作前的 $\dot{U}_G$，然后利用式（8-57）计算得到紧急控制前的 $\dot{I}_G$。

2）根据紧急控制动作内容修改 Y_{eq} 以及 $\dot{I}_G$。若动作为切负荷则 $\dot{I}_G$ 不变，若切机则 $\dot{I}_G$ 中被切发电机的项置为 0。由于非发电机节点不注入电流，因此收缩前系统的注入电流向量 $\dot{I}$ 由 $\dot{I}_G$ 和 0 向量拼接而成。

3）利用收缩前的电网的导纳阵和 $\dot{I}$ 可以求全网的节点电压向量 $\dot{U}_G$。利用 $\dot{U}_G$ 和网络导纳可以得支路有功无功等输入特征的大小。

推广至更高阶的发电机模型，考虑凸极效应，则等值模型中的发电机暂态导纳 Y_G 的表达式更加复杂，由 X'_d、X'_q 等参数共同决定。发电机注入系统的电流由状态变量和发电机机端电压共同决定，因此注入电流在紧急控制动作瞬

间会发生改变，可以通过迭代求得。

8.3.3.3 线性稳定约束构建

完成了切机切负荷灵敏度的实时求取后，紧急控制模型中的稳定约束就能实时构建。线性化以后的稳定性约束如式（8-58）所示

$$ff_0(X_0) + \sum_{i=1}^{N} s_{u_i} u_i + \sum_{j=1}^{M} s_{v_j} v_j > F_{\text{stable}} \tag{8-58}$$

稳定约束中各项的求解方法与求解阶段总结在表 8-7 中。

表 8-7   稳定约束中各项的求解方法与求解阶段总结

变量	离线阶段求取内容	实时阶段求取内容
$ff_0(X_0)$	$ff_0(X)$：样本生成、CSVM 和 ASVM 训练、DT 指标拟合	X_0：PMU 量测得到
S_{ui} $(ff_{\text{ec\_ui+}}(X_{\text{ec\_ui+}}) - ff_0(X_0))$	$ff_{\text{ec\_ui+}}(X)$：样本生成、CSVM 和 ASVM 训练、DT 指标拟合	$X_{\text{ec\_ui+}}$：轨迹预测结合代数量跃变计算
S_{vj} $(ff_{\text{ec\_vj+}}(X_{\text{ec\_vj+}}) - ff_0(X_0))$	$ff_{\text{ec\_vj+}}(X_{\text{ec\_vj+}})$：样本生成、CSVM 和 ASVM 训练、$DT$ 指标拟合	$X_{\text{ec\_vj+}}$：轨迹预测结合代数量跃变计算
F_{stable}	以上所有 CSVM 和 ASVM 训练得到的灰色地带中的样本 DT 值的最大值	无

综上，系统发生故障后若被判定为不稳定，通过实时构建稳定约束进而建立决策模型，将大量仿真搜索从实时阶段转移到离线阶段，实现实时紧急控制决策。

8.3.4 紧急控制决策方法实时性分析

本节对以上提出的紧急控制决策方法进行实时性分析。根据图 8-21 展示的紧急控制过程各步骤的时序关系，从故障发生到数据采集、数据传输、决策计算最后到控制动作需要在秒级以下的时间内完成，而决策计算的时间只能占其中很小一部分，约几十到上百毫秒。下面对决策方法的各环节进行分析，研究计算的复杂性和用时范围。

紧急控制决策方法本质上是解式（8-33）和式（8-34）所示的优化问题。计算时间包括两个方面：优化问题的建立和优化问题的求解。

优化问题的建立方面：除了稳定性约束，其他约束以及目标函数中的参数都可以直接获得，无需计算。稳定性约束线性化后的参数为系统稳定性对各切

机切负荷措施的灵敏度。其计算方法在 8.3.3 节中进行了介绍，主要计算环节为：①切机切负荷后的输入特征向量值；②特征向量值代入稳定性指标表达式求灵敏度。前者通过轨迹预测和代数量跃变计算得到，该过程完全是代数表达式的计算；后者中稳定性指标表达式在离线阶段已备好，代入求解灵敏度的计算也同样是代数表达式的计算。因此，在优化问题建立部分的计算是代数表达式的计算，计算耗时几乎可以忽略。

优化问题求解方面：首先分析优化问题的类型和规模。建立的优化问题是线性混合整数规划问题。优化变量的数目为电网中可以参与紧急控制的发电机和负荷总数。除了变量上下限约束外，约束条件只有两个，稳定性约束和有功平衡约束。优化问题的规模由变量个数决定。虽然电网中可以参与紧急控制的发电机和负荷总数较多，可能达到上百个，但对于固定的暂态稳定问题而言，能够在故障后对系统起到稳定恢复作用的发电机和负荷不多。换言之，灵敏度较大的发电机和负荷变量较少、灵敏度接近零或为负的控制措施可以不纳入优化问题。因此，优化问题是小规模的线性混合整数规划问题，该问题有较为成熟的解法。本章中算例的优化问题规模约为十几到二十几个优化变量，利用 Cplex 进行计算，决策时间 T_{cal} 大约在几十毫秒数量级范围内。

综上，本研究提出的紧急控制实时决策方法的各计算环节计算并不复杂，计算量小，具有实时应用的潜力。

8.3.5　算例分析

8.3.5.1　稳定性指标验证

本章设计的稳定性指标 ff 是对样本 DT 值的拟合，若拟合准确则稳定性指标能够满足 8.2 提出的要求，因此本节通过考察拟合准确度来验证所设计的指标。利用 8.2 生成的 2500 个样本进行验证，其中 2000 个样本为训练样本，500 个样本为测试样本。

首先利用训练样本训练 CSVM 和 ASVM，求得 ff 表达式中分子部分的参数。然后计算各训练样本的 DT 值，并利用式（8-41）求得各样本的 d 值。接着，确定拟合度控制参数 $\eta=0.01$，利用样本的核函数矩阵和 d 值通过式（8-58）求得 ff 表达式中分母部分的参数。于是，得到与该算例运行方式相对应的稳定性指标表达式。分别将训练样本和测试样本代入 ff 表达式计算稳定性指标值，记各样本的 ff 值和 DT 值的差值为拟合误差。表 8-8 展示了训练样本和测试样本拟合误差值的统计量。

表 8-8   训练样本和测试样本拟合误差（*ff-DT*）的统计量

训练样本拟合误差			测试样本拟合误差		
绝对值平均值	最大值	最小值	绝对值平均值	最大值	最小值
0.004s	0.055s	−0.042s	0.004s	0.026s	−0.031s

测试结果与训练结果差距较小，说明其拟合程度小。不论是训练样本还是测试样本拟合误差绝对值的平均值都在 0.005s 以下，误差绝对值的最大值在 0.01s 数量级，所有样本中误差的最大值为 0.055s。说明该稳定性指标能够准确比较 *DT* 值间隔在该数量级以上的任意两个样本的稳定裕度大小。

再分析误差的分布情况，图 8-23 展示了所有样本拟合误差的分布。大部分样本的拟合误差集中在 0 附近。随着误差绝对值的增大，样本数迅速减小。进一步分析误差绝对值的累积分布，如图 8-24 所示。其中，80% 左右的样本拟合误差绝对值小于 0.005s，90% 的样本拟合误差绝对值小于 0.01s。以上结果说明了 *ff* 值对 *DT* 值良好的拟合效果。换言之，通过实时求解 *ff* 值基本能够准确掌握系统稳定裕度。

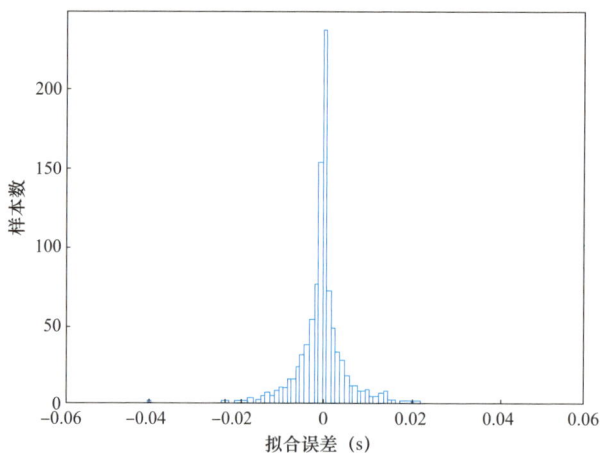

图 8-23   *ff* 指标对 *DT* 值的拟合误差分布图

8.3.5.2   控制效果验证

在 IEEE 39 节点系统上进行验证，选取部分发电机和负荷参与紧急控制。可切负荷和可切发电机如图 8-25 所示。

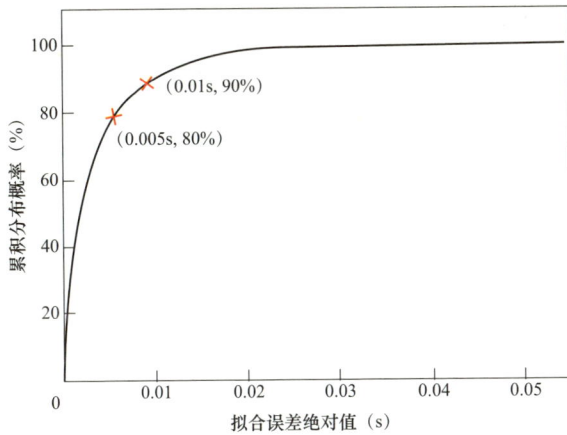

图 8-24 拟合误差绝对值累积分布曲线

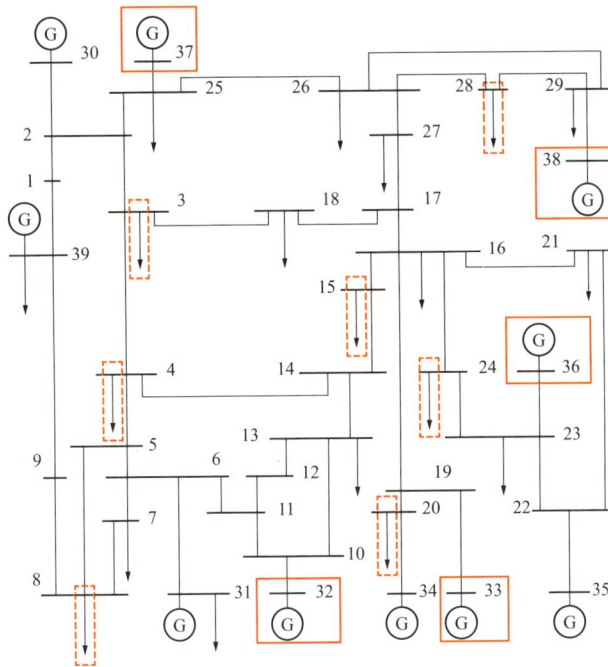

图 8-25 可切发电机与负荷示意图

可切发电机包括 G32、G33、G36、G37、G38，可切负荷包括 L3、L4、L8、L15、L20、L24、L28，（G 表示发电机，L 表示负荷，数字表示所在母线号），以上的五个可切发电机母线下均有 5 台完全相同的发电机，紧急控制时可全部切除亦可部分切除。可切负荷母线下的负荷在紧急控制决策中为连续变量，即可按照任意比例切除。因此该算例系统中的紧急控制决策优化模型有 25

个 0–1 变量和 7 个连续变量。

固定故障前运行方式，通过样本生成、样本训练和拟合得到不同的切机或切负荷操作下系统的稳定性指标表达式。样本生成阶段的 ECT 值取 200ms，其中设采样时间 T_s 为 60ms（即取 4 个 PMU 量测点用于输入特征量的预测），数据传输时间 T_t 为 40ms，决策时间 T_{cal} 和实施时间 T_{im} 共 100ms。切除 1 台母线 32 下的发电机后系统的稳定性指标表达式记为 $f\!f_{ec\_G32+}(\boldsymbol{X})$，则其他 11 个稳定性指标表达式分别为 $f\!f_{ec\_G33+}(\boldsymbol{X})$、$f\!f_{ec\_G36+}(\boldsymbol{X})$、$f\!f_{ec\_G37+}(\boldsymbol{X})$、$f\!f_{ec\_G38+}(\boldsymbol{X})$、$f\!f_{ec\_L3+}(\boldsymbol{X})$、$f\!f_{ec\_L4+}(\boldsymbol{X})$、$f\!f_{ec\_L8+}(\boldsymbol{X})$、$f\!f_{ec\_L15+}(\boldsymbol{X})$、$f\!f_{ec\_L20+}(\boldsymbol{X})$、$f\!f_{ec\_L24+}(\boldsymbol{X})$ 和 $f\!f_{ec\_L28+}(\boldsymbol{X})$。另外利用生成的样本直接生成故障清除时刻对应的系统稳定性指标表达式 $f\!f_0(\boldsymbol{X})$。

考察以下三种不同的失稳情况，这三种故障均不在离线仿真生成的样本集里。

（1）情况一：系统相对于外网摆开。故障：线路 1–2 的 2 侧三相短路，0.206s 后切除该线路。失稳情况：母线 39 上的发电机相对于系统中其他发电机功角摆开，如图 8–26 所示。

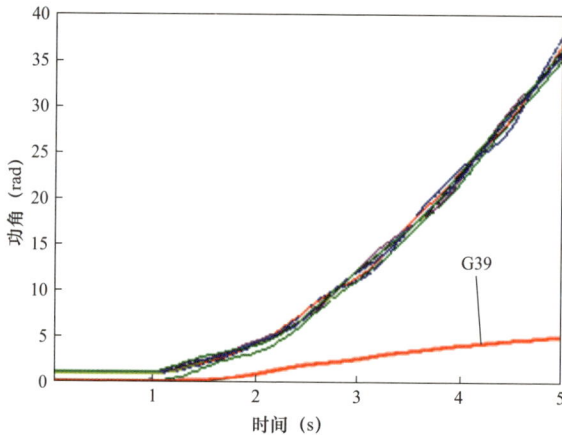

图 8–26　失稳情况一功角曲线

由于母线 39 在该系统中为等值外网，因此情况一为系统相对于外网摆开。将故障清除时刻的输入特征向量值代入 $f\!f_0(\boldsymbol{X})$，得到故障清除时刻系统稳定性指标值为 −0.0410，该值显示故障后系统不稳定，极限清除时间约比故障清除时间晚 0.04s。

量测故障清除时刻开始的发电机机端电压，包括电压的幅值和相角。每隔 20ms 取一个采样点，共 4 个采样点。利用前述方法预测紧急控制动作前时刻的机端电压，即故障清除后 200ms 的机端电压，预测值与实际值的对比如

表 8-9 所示。

表 8-9　　　　　IEEE 39 节点系统紧急控制动作前时刻机端电压预测效果

发电机母线	预测电压相角 (rad)	实际电压相角 (rad)	预测电压幅值 (p.u.)	实际电压幅值 (p.u.)
30	0.8836	0.8764	0.9796	0.9811
31	0.8230	0.8248	0.8949	0.8977
32	0.9096	0.9115	0.8907	0.8921
33	1.0420	1.0433	0.9283	0.9299
34	0.9804	0.9804	0.9589	0.9619
35	1.0545	1.0532	0.9820	0.9861
36	1.1349	1.1371	1.0021	1.0055
37	1.1135	1.1180	0.9147	0.9230
38	1.3058	1.3091	0.9279	0.9352
39	−0.0133	−0.0123	0.9983	0.9993

电压相角的预测误差在 10^{-3}rad 数量级，电压幅值的预测误差在 10^{-3}p.u. 数量级，预测值和实际值十分接近，证明了该预测方法的有效性。

分别计算不同切机切负荷措施动作后时刻系统输入特征向量值，代入对应的稳定性指标表达式，得到切机切负荷后系统的稳定性指标值 $ff_{ec\_G32+}(X_{ec\_G32+})$ $ff_{ec\_G33+}(X_{ec\_G33+})$、$ff_{ec\_G36+}(X_{ec\_G36+})$ $ff_{ec\_G37+}(X_{ec\_G37+})$ $ff_{ec\_G38+}(X_{ec\_G38+})$、$ff_{ec\_L3+}(X_{ec\_L3+})$、$ff_{ec\_L4+}(X_{ec\_L4+})$、$ff_{ec\_L8+}(X_{ec\_L8+})$、$ff_{ec\_L15+}(X_{ec\_L15+})$、$ff_{ec\_L20+}(X_{ec\_L20+})$ $ff_{ec\_L24+}(X_{ec\_L24+})$ 和 $ff_{ec\_L28+}(X_{ec\_L28+})$。将以上稳定性指标值与故障清除时刻系统稳定性指标值 $ff_0(X_0)$ 相减得到紧急控制灵敏度，如表 8-10 所示。稳定性指标提升量为正表示该切机切负荷操作有利于系统恢复稳定，为负表示该切机切负荷操作会恶化失稳情况。表 8-10 显示，切除 L4、L8 以及五个发电机母线上的发电机均能提升系统稳定性，各操作的提升量不同代价也不同。

表 8-10　　　　　　　　情况一紧急控制灵敏度

动作母线	切机切负荷量 (MW)	稳定性指标提升量
3	322	−0.0292
4	500	0.0008
8	522	0.0096
15	320	−0.0058

动作母线	切机切负荷量 (MW)	稳定性指标提升量
20	680	−0.4152
24	310	−0.0446
28	206	−0.0042
32	130	0.0038
33	126	0.0051
36	112	0.0047
37	108	0.0049
38	166	0.0085

通过两阶段多目标优化模型进行紧急控制决策。模型中参数取法如下：发电机的惩罚系数取故障前发电机有功功率，负荷的惩罚系数为故障前负荷的有功功率；紧急控制后发电机和负荷有功的不平衡量限制取决于故障恢复后系统频率的偏差值限制，取最大允许频率偏差为 0.1Hz，系统的频率响应特性系数为 6150MW/Hz；暂态稳定阈值参数 F_{stable} 为 0.02。利用 Cplex 软件包求解优化问题，得到该情况下的紧急控制策略，如表 8–11 所示。切除母线 8 下 88% 的负荷，切除母线 33 下的 1 台发电机、母线 37 下的 1 台发电机和母线 38 下的 5 台发电机。这些措施对稳定性指标的影响之和为 0.0609，与 $ff_0(X_0)$ 相加得到线性近似的紧急控制后系统稳定性指标值，刚好大于 F_{stable}。

表 8–11　　　　　　　　　　　　情况一紧急控制策略

动作母线	8	33	37	38
切除量 (MW)	460	126	108	830

紧急控制效果如图 8–27 所示，图中展示了系统中所有未被切除的发电机的功角曲线。曲线显示利用以上切机切负荷策略，系统恢复稳定。该紧急控制共失负荷 460MW，切除发电机约 1000MW，紧急控制后系统有功不平衡量为 540MW。

（2）情况二：单个母线上的发电机相功角摆开。故障：线路 28–29 的 28 侧三相短路，0.355s 后切除该线路。失稳情况：母线 38 上的发电机相对于系统中其他发电机功角摆开，如图 8–28 所示。故障清除时刻的系统稳定性指标值为 −0.2827。该值的绝对值很大，说明一旦发生该故障，不论故障清除时间多短，故障后系统都会失稳。

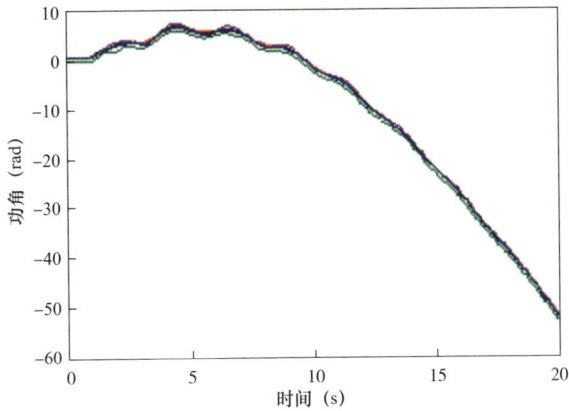

图 8-27 情况一紧急控制效果

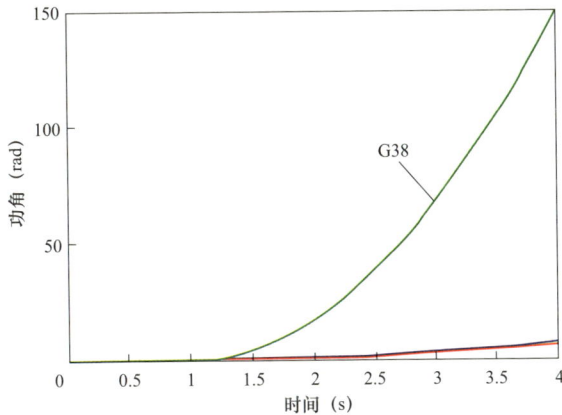

图 8-28 失稳情况二功角曲线

重复情况一的步骤，得到该情况下的紧急控制策略，切除母线 38 下的 5 台发电机。紧急控制效果如图 8-29 所示，曲线显示利用以上切机切负荷策略，系统恢复稳定。该紧急控制无失负荷，切除发电机 830MW。

（3）情况三：多个机群相对摆开。故障：线路 16-17 的 17 侧三相短路，0.153s 后切除该线路。失稳情况：分为三个机群相对摆开，G31、G32 一群，G33、G34、G35、G36 一群，G30、G37、G38、G39 一群，如图 8-30 所示。故障清除时刻的系统稳定性指标值为 -0.0162。

重复情况一的步骤，得到该情况下的紧急控制策略，如表 8-12 所示。切除母线 28 下 65% 的负荷，切除母线 33 下的 1 台发电机、母线 36 下的 5 台发电机。

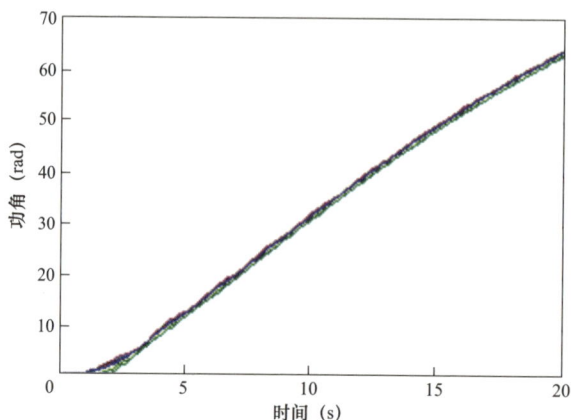

图8-29 情况二紧急控制效果

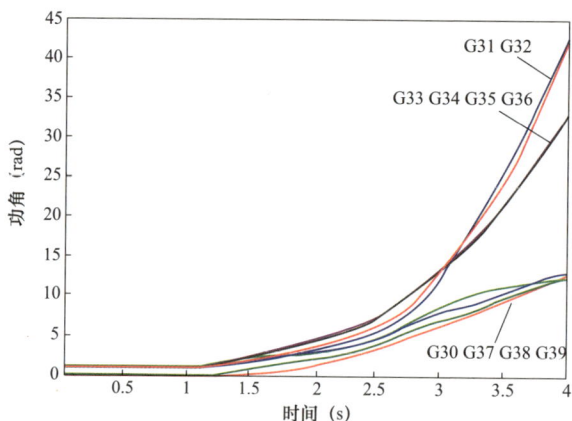

图8-30 失稳情况三功角曲线

表8-12 情况三紧急控制策略

动作母线	28	33	36
切除量 (MW)	135	126	560

 紧急控制效果如图8-31所示，图中展示了系统中所有未被切除的发电机的功角曲线。曲线显示利用以上切机切负荷策略，系统恢复稳定。该紧急控制共失负荷135MW，切除发电机约700MW。

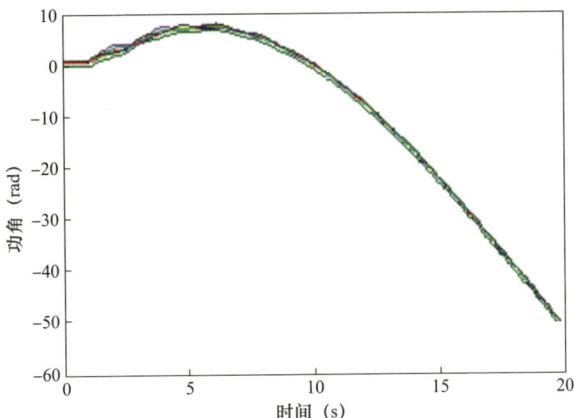

图 8-31　情况三紧急控制效果

综上三种不稳定情况，本章提出的紧急控制策略均能找到有效的切机切负荷措施，使得系统恢复稳定。

8.4　小结

由于模型误差、稳定域近似以及输入空间维数限制等因素的影响，稳定评估规则的输入空间中稳定和不稳定区域不能完全分开，存在灰色地带。基于传统的数据挖掘分类方法，即使准确率达到极高的水平，任何一次评估也都存在错判的可能性，无法避免漏报警。针对上述问题，本章提出一种新的评估思路：不再寻找两个区域的分界面，而是通过界定灰色地带，确保灰色地带以外区域的评估结果准确可信，落入灰色地带的情况通过其他方法进一步评估。然后在实时暂态稳定评估研究成果的基础上，对实时紧急控制决策进行初步探索，提出一种实时紧急控制决策方法。该方法的关键在于利用离线训练得到的稳定裕度指标表达式，实时计算系统稳定性对不同紧急控制措施的灵敏度，利用灵敏度进行实时决策。主要成果总结如下：

（1）提出适应电力系统稳定分析特殊需求的分类方法，通过界定输入空间中稳定和不稳定区域相交的灰色地带，确保灰色地带以外区域的评估准确性，解决了数据挖掘方法在电力系统稳定评估中难以避免漏报警的问题。在传统 SVM 模型的基础上，通过调整不同类型样本对应的约束条件，得到 CSVM 和 ASVM，其中 CSVM 保证边界的一边全为稳定样本，ASVM 保证边界一边全为不稳定样本。利用 CSVM 和 ASVM 构造的稳定评估规则能够有效地界定稳定区域、不稳定区域和灰色地带。这种方法使得大部分稳定评估结果准确可信，而少部分稳定性无法确定的故障后系统可以判定其为不稳定从而避免漏报警，确保稳定评估的保守性。

（2）与暂态稳定评估规则相适应，提出稳定评估效果指标，特别是灰色地带的量化指标。本研究的稳定评估规则关注漏报警、误报警和灰色地带大小，其中灰色地带大小的评价指标有 PG 指标和 TRAC 指标，前者表示灰色地带样本数的占比，后者为灰色地带样本对应的故障清除时间范围。

（3）完善灰色地带处理方案，提出灰色地带不稳定概率计算与灰色地带再识别方法。提出 DD 指标衡量落入灰色地带的故障后系统到不稳定和稳定区域的距离差，DD 指标越大则系统越接近稳定区域。根据 DD 指标评估落入灰色地带中的系统不稳定的概率，为调度人员提供参考。灰色地带再识别方法利用故障后更长时间范围的信息进行多轮暂态稳定评估，有效减小灰色地带范围。

（4）提出了一种可以实时计算的稳定性指标 ff，表征系统稳定裕度。稳定性指标 ff 由 CSVM 和 ASVM 的规则表达式改造得到，在离线阶段通过岭回归拟合训练样本故障清除时间和故障极限清除时间的差距。在实时阶段获得 ff 表达式的输入就能掌握系统的稳定裕度。该方法实际上是利用支持向量机实现了拟合。

（5）基于稳定性指标 ff 提出了切机切负荷灵敏度的实时计算方法。灵敏度计算涉及切机切负荷后系统的稳定性指标表达式生成和切机切负荷后输入特征向量的获取。前者在离线阶段完成，后者在实时阶段通过轨迹预测和代数量跃变计算完成。

参考文献

［1］ Niculescu-Mizil A and Caruana R. Predictinggood probabilities with supervised learning［C］. ICML '05 Proceedings of the 22nd International Conference on Machine Learning. 2005，625-632.

［2］ Platt J C. Probabilistic outputs for support vector machines and comparison to regularized likelihood methods［J］. Adv. in Large Margin Classifiers：61-74，Cambridge：MIT Press，1999.

［3］ Hoerl A，Kennard R. Ridge Regression：Biased Estimation for Nonorthogonal Problems［J］. Technometrics，1970，12（1）：55-67.

［4］ 顾卓远，汤涌，张健，等 . 基于相对动能的电力系统暂态稳定实时紧急控制方案［J］. 中国电机工程学报，2014，34（7）：1095-1102.

［5］ 任伟，房大中，陈家荣，等．基于最优控制原理的电力系统紧急控制及应用［J］．电网技术，2009，33（2）：8-13.

［6］ 倪以信，陈寿孙，张宝霖．动态电力系统的理论和分析［M］．北京：清华大学出版社，2002.

［7］ 张玮灵，胡伟，闵勇，等．稳定域概念下考虑保守性的电力系统在线暂态稳定评估方法．电网技术，2016，40（4）：992-998.

［8］ 胡伟，张玮灵，闵勇，等．基于支持向量机的电力系统紧急控制实时决策方法［J］．中国电机工程学报，2017，37（16）：4567-4576+4881.DOI:10.13334/j.0258-8013.pcsee.170399.

［9］ 汤必强，邓长虹，刘丽芳．复合神经网络在电力系统暂态稳定评估中的应用．电网技术，2004，28（15）：62-66.

［10］ 李大虎，曹一家．基于PMU和混合支持向量机网络的电力系统暂态稳定性分析．电网技术，2006，30（9）：46-52.

［11］ 顾卓远，汤涌，张健 等．基于相对动能的电力系统暂态稳定实时紧急控制方案．中国电机工程学报，2014，34（7）：1095-1102.

［12］ 滕林，刘万顺，貟志皓 等．电力系统暂态稳定实时紧急控制的研究．中国电机工程学报，2003，1：65-70.

［13］ 张瑞琪，闵勇，侯凯元．电力系统切机/切负荷紧急控制方案的研究．电力系统自动化，2003，18：6-12.

［14］ 张雪敏，梅生伟，卢强．基于功率切换的紧急控制算法研究．电网技术，2006，30（13）：26-31.

［15］ 王云．电力系统动态参数辨识及暂态稳定紧急控制算法研究［博士学位论文］．杭州：浙江大学，2014.

［16］ 余贻鑫，刘辉，曾沅．基于实用动态安全域的最优暂态稳定紧急控制．中国科学：工程科学材料科学，2004，34（5）：556-563.

［17］ 吴为，汤涌，孙华东．基于系统加速能量的切机控制措施量化研究．中国电机工程学报，2014，34：6134-6140.

［18］ 李扬，顾雪平．基于改进最大相关最小冗余判据的暂态稳定评估特征选择．中国电机工程学报，2013，33（34）：179-186.

［19］ Kalyani S, Shanti S S. Classification and assessment of power system security using multiclass SVM. IEEE Transactions on Systems, Man, and Cybernetics–Part C: Applications and Reviews, 2011, 41(5): 753-758.

［20］ 叶圣永，王晓茹，刘志刚 等．基于支持向量机的暂态稳定评估双阶段特征选择．中国电机工程学报，2010，30（31）：28-34.

［21］Jensen C A, El-Sharkawi M A, Marks R J. Power system security assessment using neural networks: feature selection using Fisher discrimination. IEEE Transaction on Power System, 2001, 16(4): 757-763.

［22］叶圣永，王晓茹，刘志刚 等．基于受扰严重机组特征及机器学习方法的电力系统暂态稳定评估．中国电机工程学报，2011，31（1）：46-51.

［23］向丽萍，王晓红，王建 等．基于支持向量机的暂态稳定分类中的特征选择．继电器，2007，35（9）：17-21.

［24］Geeganage J, Annakkage U D, Weekes T, Archer B A. Application of energy-based power system features for dynamic security assessment. IEEE Transaction on Power System, 2015, 30(4): 1957-1965.

［25］任伟，房大中，陈家荣 等．基于最优控制原理的电力系统紧急控制及应用．电网技术，2009，33（2）：8-13.

［26］倪以信，陈寿孙，张宝霖．动态电力系统的理论和分析．北京：清华大学出版社，2002.

［27］王睿．关于支持向量机参数选择方法分析．重庆师范大学学报：自然科学版，2007，24（2）：36-38.

［28］童晓阳，叶圣永．数据挖掘在电力系统暂态稳定评估中的应用综述．电网技术，2009，20：88-93.

［29］仇向东，禹成七，龚仁敏．基于人工神经网络与遗传算法的暂态稳定评估．华北电力大学学报，2002，3：48-51.

［30］戴仁昶，张伯明．基于人工神经网络的暂态稳定性分析．电力系统自动化，2000，12：1-3.

［31］姚德全，贾宏杰，赵帅．基于复合神经网络的电力系统暂态稳定评估和裕度预测．电力系统自动化，2013，20：41-46.

［32］汤必强，邓长虹，刘丽芳．复合神经网络在电力系统暂态稳定评估中的应用．电网技术，2004，15：62-66.

［33］王曦冉，章敏捷，邓敏 等．基于动态安全域的最优时间紧急控制策略算法．电力系统保护与控制，2014，12：71-77.

［34］Sobajic D J, Pao Y. Artificial neural-net based dynamic security assessment for electric power systems. IEEE Transaction on Power System, 1989, 4(1): 220-228.

［35］Edwards A R, Chan K W, Dunn R.W, Daniels A R. Transient stability screening using artificial neural networks within a dynamic security assessment system. IEE Proceedings–Generation, Transmission and Distribution, 1996, 143(2): 129–134.

［36］李海英，刘中银，宋建成．电力系统静态安全状态实时感知的相关向量机法．中国电机工程学报，2015，35（2）：294–301.

［37］李扬，顾雪平．基于改进最大相关最小冗余判据的暂态稳定评估特征选择．中国电机工程学报，2013，33（34）：179–186.

［38］Jensen C A, El-Sharkawi M A, Marks R J. Power system security assessment using neural networks: feature selection using Fisher discrimination. IEEE Transaction on Power System, 2001, 16(4): 757–763.

［39］James G, Witten D, Hastie T, Tibshirani R. An Introduction to Statistical Learning: with Applications in R. Berlin: Springer, 2013.

［40］王睿．关于支持向量机参数选择方法分析．重庆师范大学学报：自然科学版，2007，24（2）：36–38.

［41］余贻鑫，王成山．电力系统稳定性理论与方法．北京：科学出版社，1999.

［42］Peng H C, Long F H, Ding C. Feature selection based on mutual information: Criteria of max–dependency, max–relevance, and min–redundancy. IEEE Transactions on Pattern Analysis and Machine Intelligence, 2005, 27(8): 1226–1238.

［43］Milano F. An open source power system analysis toolbox. IEEE Transaction on Power System, 2005, 20(3): 1199–1206.

［44］Chang C Lin C. LIBSVM: a library for support vector machines. ACM Transactions on Intelligent Systems and Technology, 2001, 2(3): 1–27.

［45］Niculescu–Mizil A and Caruana R. Predictinggood probabilities with supervised learning. ICML '05 Proceedings of the 22nd International Conference on Machine Learning. 2005, 625–632.

［46］Platt J C. Probabilistic outputs for support vector machines and comparison to regularized likelihood methods. Adv. in Large Margin Classifiers: 61–74, Cambridge: MIT Press, 1999.

［47］Hoerl A, Kennard R. Ridge Regression: Biased Estimation for Nonorthogonal Problems. Technometrics, 1970, 12(1): 55–67.

［48］Platt J C. Fast training of support vector machines using sequential minimal optimization. In Bernhard Scholkopf, Christopher J. C. Burges, and Alexander J. Smola, editors, Advances in Kernel Methods–Support

Vector Learning, Cambridge: MIT Press, 1998.

［49］ Fan R, Chen P, Lin C. Working set selection using second order information for training SVM. Journal of Machine Learning Research, 2005, 6: 1889–1918.

［50］ Keerthi S S, Shevade S K, Bhattacharyya C, Murthy K R K. Improvements to Platt's SMO algorithm for SVM classifier design. Neural Computation, 2001, 13: 637–649.

［51］ Hush D, Scovel C. Polynomial–time decomposition algorithms for support vector machines. Machine Learning, 2003, 51: 51–71.

［52］ Platt J C. Sequential minimal optimization: A fast algorithm for training support vector machines. Microsoft Research, Redmond, USA, 1998, Tech. Rep. MSR–TR–98–14.

［53］ 童晓阳，叶圣永.数据挖掘在电力系统暂态稳定评估中的应用综述.电网技术，2009，20：88–93.